CCTV纪录片主题图书

环球同此凉热

Warm and Cold　We Share Together

中央电视台　华风气象传媒集团　中央新影集团　编

人民出版社

写在前面的话

中央电视台副台长 高峰

中国古代有个成语叫“杞人忧天”，今天来看，那个忧天的杞人或许是个真正的智者。面对全球气候变化所引起的一系列灾难性的后果，我们还能找到“乐天知命”的理由吗？

两年前我们决定推出这样一部纪录片，最初的动因是2009年年底召开的哥本哈根世界气候大会。这次会议被称为“拯救人类的最后一次机会”。在那次大会上，中国政府作为会议主角之一，向全球作出庄严的承诺，在世界舞台上发出了自己的声音。相比某些西方发达国家的锱铢必较，中国政府表明了一个正在崛起的、负责任的大国应有的态度，受到全世界尤其是发展中国家的广泛赞赏。人类能否抓住“最后的机会”拯救地球？世界各国都在高度关注这一问题，而我们也开始思考，作为中国纪录片人，我们是否可以用影像的方式为此做点什么。毕竟，面对这样一个全球共同关注的话题，我们需要阐明自己的观点，这是每一个有担当的纪录片人的职责所在。

从专业角度，我们希望拍出一部具有全球意识的纪录片。国内纪录片界早已开始拍摄关于世界的纪录片，我自己作为主创人员曾经参与过许多这样的拍摄，比如《极地跨越》《穿越非洲》《文明之路》等。但是在我看来，那时候我们的纪录片还停留在报道和记录世界的阶段。我们的纪录片人不再话说长江和运河，而是走出国门把摄像机架在世界的各个角落，我们的纪录片让观众看到了域外风光、奇风异俗、文明变迁。但是在那样的纪录片里面还没有我们自己的态度，没有我们的世界观。换句话说，我们的纪录片是“有它无我”的。事实上，长久以来，“纪录片”这个概念曾经被很多人误解，以为它的功能无非就是忠实记录这个世界本身，如同一本“家庭相册”立此存照。但是我们认为，纪录片也是创作者用影像的方式对世界、宇宙和人生的思考、分析甚至干预，而不是一个静态的档案。因此，在这部纪录片的创作之初，我们就有一个共识：要在这部纪录片里融入我们对世界的认识，它不再仅仅是一部关于全球变暖警示录式的科教专题片，而是从人类文明史的角度，去思考人与自然的关系。我们试图为今天处于困惑中的人们提供一些关于未来文明走向的有益的启示。

纪录片毕竟是一种艺术性很强的创作，好的理念要和恰当的形式相融合，才能产生有震撼力的审美效果。从这个意义上，这是一部很“好看”的纪录片。我们不想做概念化的说教，而是高度强调该片的观赏性和故事性，因为只有让观众看进去，他们才能接受我们传达的理念。显然，比之于文献式的流水账记录，有情节和悬念的故事更加令观众感到亲切自然，从而让观众产生看下去的兴趣。事实上，用讲故事的手法拍摄纪录片的技巧被称为“纪录片的故事化”，已经是今天国际纪录片发展的一个重要潮流。但和以往对故事讲述浅尝辄止的纪录片不同，讲故事的手法在这部纪录片里被推到了一个新的高度。当然，对于纪录片的导演来说，讲好故事绝非易事：有感染力的人物、强大的戏剧张力、准确的细节呈现以及让人信服的结局等等都是对导演功力的考验。事实证明，我们年轻的编创人员经受住了考验。锻炼了创作队伍，是我们这次最大的收获之一。

我们的拍摄历时两年多，跑了十几个国家，摄制组的每一个成员都付出了大量艰苦并且具有创造力的劳动。在这里我们特别感谢北京华风气象传媒集团为我们提供的气象专业和资金方面的支持，感谢中央电视台纪录片频道提供了优质的播出平台，这些是节目得以顺利制作和播出的基本前提。

幸运的是，这部纪录片在海外部分的拍摄意外地顺利，我们在各地的拍摄和采访都得到了当地人民和政府的积极配合。这其中的原因不言而喻：在全球变暖这个全人类共同的难题面前，没有哪个国家可以成为世外桃源；我们未来可能面对的气候灾难，没有人能够幸免。我曾经跟随摄制组登上了因海明威的小说《乞力马扎罗的雪》而闻名于世的乞力马扎罗山，我们目睹了那里的冰川和积雪正在大面积消失。这也是我们把这部纪录片命名为《环球同此凉热》的原因：我们只有一个地球，携手面对共同的气候危机，是人类自我拯救最后的希望。

作为《环球同此凉热》纪录片的主题图书，本书收录了纪录片剧本和相关重要嘉宾的采访实录，以及剧组主创人员的创作手记。考虑到图书与电视不同，书中用不同的字体和颜色以区分剧本中的解说词部分和角色旁白部分。另外剧本中个别部分根据阅读习惯做了调整，与电视播出版本会有细微差异。

目 录

附录：《环球同此凉热》纪录片创作手记

第一部 黑色·困惑

海平面·大气层·世界末日

白棉纱·黑化石·自然之死

先农坛·珍珠街·适者生存

美国梦·黑金子·全球变暖

工业革命带来了现代文明

也导致了日益严重的环境问题

如今的发展模式能否持续到未来

海平面·大气层·世界末日

太阳照常升起，世界又开始了新的一天，似乎所有的一切都没有发生变化。

生长在这个星球的人们，依然像昨天一样，尽情享受着我们所拥有的美好，一切看上去都是那么理所当然。很少有人会因为那个天方夜谭般的问题困惑或者忧虑：如果在未来的某一天，这看似自然而然的一切都不存在，我们将何去何从？

那一天真的会到来么？那一天距离我们究竟有多远？

“末日穹顶”种子库

斯匹次卑尔根岛(Spitsbergen)是一座位于北纬78度没有人烟的荒岛，在这座岛上，一个巨大的永久性仓库深藏在地下120米的山体之中。这是一个耗资300万美元打造的地下粮仓，将贮藏全世界数百万种农作物的种子。这里是世界上保存条件最好也是最为安全的基因储存库。

挪威斯匹次卑尔根岛

种子库外景

诺兰德·冯·波斯梅尔（Roland Von Bothmer，瑞典农业大学教授）：山里的温度保持在零下4摄氏度到零下5摄氏度之间。种子库位于海拔130米的高度。如果地球上所有的冰都融化，海平面会上升100米，种子库高于那个高度，所以应该是安全的。

“末日穹顶”种子库

种子库内景

种子库的墙壁确保室内低温

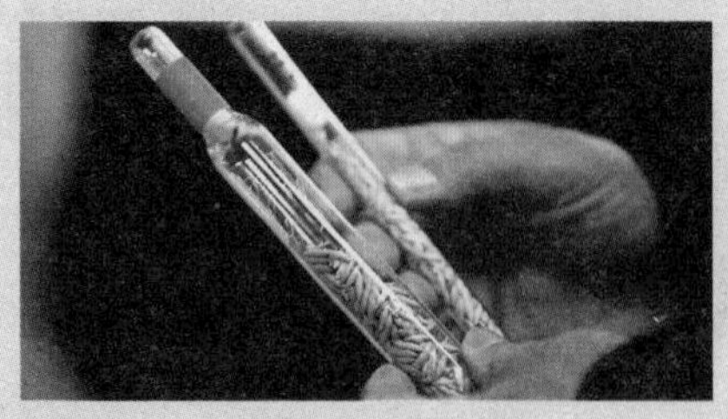
种子被工作人员精心地分类与保存

迄今为止，种子库已经接收到228个国家送来的种子样本，这些种子在零下18摄氏度左右的温度下长期保存。种子库的设计考虑到各种可能发生的意外，包括核战争、自然灾难以及气候变化带来的影响。

诺兰德·冯·波斯梅尔：我们有24小时监测上报系统，电力备份系统以及温度、气体、火等的遥感系统。如果有异常情况发生，警报会立刻传到相关机构，如果情况重大，相关人员会在5分钟内赶到。

种子库的墙壁是厚达1米的钢筋水泥，即使里面的冷藏隔热装置失灵，环绕四周的永久冻土带也可以确保室内温度仍然保持在零下4摄氏度左右，这个温度足够保护大多数种子存活。如果未来某一天，地球真的遭遇某种灭绝性灾难，用作储备的作物种子可以保证幸存下来的人类基本食物供应，从而使残存下来的文明得以延续。挪威人给这里取了个名字——“末日穹顶”（Global Seed Vault）。

诺兰德·冯·波斯梅尔：现在世界上很多国家都决定使用这个仓库，我们希望它能长期运作。但最好是这些种子永远都用不上。

今天的人类将面对世界末日的来临么？我们一次又一次见证了一个又一个末日传说的破灭，我们的担忧仅仅是杞人忧天么？

来自IPCC的报告

2007年11月，联合国政府间气候变化专门委员会（IPCC）发表了针对全球气候变化的第四次评估报告书，报告明确指出，全球气候系统毫无疑问正在变暖。根据

科学观测的数据，在已经过去的20世纪里，全球平均温度上升幅度为0.74摄氏度。

詹姆斯·汉森（James Hanson，美国航空航天局戈达德空间研究所主任）：一个多世纪的时间里，全球温度上升了约0.8摄氏度，接近1摄氏度。这远远超出了温度的自然波动范围，如果没有某种力量迫使地球变暖的话，不应该出现这样巨幅的波动。

在最近的1万年中，地球表面平均温度稳定在14摄氏度左右，由此人类得以用一种最令人叹为观止的方式组织自己的生活，并创造出辉煌的文明。

詹姆斯·汉森：当然，人类可以在气候迥异的环境下生存，问题是现代文明是在一个非常稳定的气候环境下，经过几千年的时间发展起来的。全新世（11500年前至今，是最年轻的地质时代。——编者注）已经持续了1万到1.2万年左右，是一个气候和海平面都十分稳定的时期。

科学研究显示，20世纪气温演变模式明显异于过去的1000年。气温以极快的速度偏离平衡位置，这种趋势至今仍未呈现出任何扭转的迹象。

詹姆斯·汉森：目前气候的变化比以往数百万年生物进化走过的历程中的任何自然变化都快，快10倍，所以现在的气候状态很不正常。

极地的海冰

气温的升高导致地球表面冰川大幅度融化，这种趋势在冰雪覆盖的北极更为显著。在位于挪威北部特罗姆瑟市的挪威极地研究所，科学家们从1979年开始详细记录北极冰盖面积的数据。相对于30年前，在每年气候最为温暖的夏季，北极地区海冰覆盖率大概减少了35%，即使在冬季最低温度下，海冰厚度也大大降低。

简-甘纳·温特（Jan-Gunnar Winther，挪威极地研究所主任）：我们过去5至7年的观察显示，冰层变化的情况比10年前预期的所有模型都要严重。也就是说，冰层消退得更快。我们现有的模型根本无法跟上。所以，从某种程度来说，我们无法预知到底多长时间后，我们会进入一个北冰洋夏季海面无冰的时期。

诺兰·考克斯（Nolan Kocs，挪威极地研究所冰、气候与生态系统中心主任）：我们看到（北极区域）出现蓝色、黑暗的地表，而北极冰雪覆盖的地表可以

世界气象组织大厦

挪威极地研究所

反射百分之八九十的阳光。现在这样一个黑暗的地表正在不断地吸收阳光，使得北冰洋变暖。

北极地区的暖化比全球平均速度要高出1倍左右，科学家预测，到2030年前后，北冰洋也许将迎来第一个无冰的夏天。但是，现实的情况来得比预计还要快。

简-甘纳·温特：2011年，我们又一次看到了北冰洋的西北和东北航道被打通。船只可以畅通无阻地通过东北通道。几年前，我们需要借助核动力破冰船才能通过，而现在一只小游艇就行了。两条航道上基本没有海冰。如果这种趋势继续下去，就在未来几年里，虽然还不知道具体时间，船只就有可能驶入北冰洋更为中心的地带，而现在那里还有漂浮着的海冰。

欧海姆（Olav Orheim，挪威研究理事会执行秘书长）：每年9月份在这里都可以看到从欧洲去亚洲，以及从亚洲到欧洲的货船，现在（2011年10月。——编者注），也有很多船往返，最快的船只需1周时间就能从挪威到达白令海峡，所以，比起从非洲绕行，或从苏伊士运河走，这条航道要短得多。

开通一个无冰阻隔的西北航道是航海家们延续了几个世纪的梦想，而今这个梦想竟然伴随着全球变暖的事实实现了。对于期待开拓极地资源的牟利者而言，气温的升高也许是一件好事，然而当我们的目光转向整个星球，我们也许就再也高兴不起来了。

“人间最后的乐园”

马尔代夫，这个位于印度洋上的岛国，因其异乎寻常的美丽风景成为世界知名的旅游国度，被誉为“人间最后的乐园”。然而全球气候的变暖，正让这个“人间天堂”面临着“失乐园”的危机。在过去的100年间，由于气候变暖造成的海水膨胀和地表冰川融化，全球平均海平面已经上升了大约17厘米。科学家们预测，到本

马尔代夫美景

人造岛屿胡鲁马累景象

世纪末，全球平均海平面会普遍升高20至60厘米甚至更高。如果这样的趋势继续下去，马尔代夫，这个低海拔岛国很快就会面临“灭顶之灾”。

穆罕默德·纳希德（Mohamed Nasheed，马尔代夫前总统）：马尔代夫最高处海拔不足1米，所以海平面的任何细微变化都会对马尔代夫造成巨大影响。我们经历了3种由于海平面上升引起的变动，其中一种是岛屿被淹没。随着海平面上升，海水会淹没土地，因此，我们不得不把岛上居民全部转移到其他岛屿。

2004年的南亚大海啸，马尔代夫一度有2/3的国土惨遭淹没。现在，首都马累的许多海滩上都建造了防洪堤坝，用于防止风暴中的海浪把街道淹没。在政府的公共投资项目中，有60%的资金用于海岸防护，其次才是教育和医疗。即使是这样，人们心中依然充满忧虑。

穆罕默德·纳希德：我一直在强调我们需要陆地，这是我们的最低要求。现在，我们不得不未雨绸缪，为应对灾难作打算，到时候有很多马尔代夫人都会无家可归，我们要为这些做好准备。所有马尔代夫的管理者都必须意识到并时刻记住这一点。可是人们总会说，你不可能重新安置文明，你带不走马尔代夫美丽的色彩、动听的声音，带不走蝴蝶，带不走生物多样性，也带不走我们自己全部的生活。讨论迁移是一个痛苦的话题，但是最终我们必须做好准备。

人造岛

没有人愿意背井离乡，离开世代居住的家园。从20世纪90年代，马尔代夫人就开始了一个试验性自救项目——建造一座海拔足够高的、不会轻易被淹没的人工岛屿。这座岛屿的名字叫作胡鲁马累（Hulhumale），意思是临近首都马累的地方。

阿里·里卢万（Ali Rilwan，马尔代夫“蓝色和平”环保组织执行总监）：15至18年前，这里是一个很浅的潟湖，水深约一两米。而这个岛的另外一边现在是一个深水港。我们用机器把那里的沙子挖出，搬运至此。人工岛就是这样建成的。

写有“让我们保持胡鲁马累干净”牌子的施工现场

胡鲁马累平均海拔2米，最高的地面达到3米，如果海平面上升或遭遇极端风暴袭击，它很有可能将是马尔代夫人拥有的最后一块留在海面上的陆地。

苏哈·艾哈迈德（Suhail Ahmed，胡鲁马累住宅发展公司总经理）：在胡鲁马累岛开发的设计阶段，我们把重心放在了马累状况的缓解上。但是，在开始建设的时候，我们又考虑到了另外一点——我们是应该把它建得跟其他马尔代夫的小岛一样高呢，还是应该把它稍微加高，使它更为安全。

如今的胡鲁马累岛上，居民区以及配套的学校、医院、商店都陆续建成。从2001年起，开始有越来越多的马尔代夫人搬到这座新岛屿上工作、生活。

胡鲁马累居民：我以前住在马累，我的家就在马累。马累跟胡鲁马累比起来，我更喜欢胡鲁马累，因为它更漂亮，平静，而且目前还不那么拥挤。马累非常拥挤，我们根本看不到任何自然美景了。而在胡鲁马累，你可以看见大自然的美丽，这里更加平静、和谐。

阿里·里卢万：很多人会选择留在这里，因为我们已经在这生活了两千多年。不会有很多人想去国外当二等公民。我们希望问题能够在当地解决。

不确定的未来

人造岛屿胡鲁马累成了首都马累的一块备用陆地，但并非马尔代夫的每座岛屿都有条件在附近建造出一座完美的人工复制品。而且，即使海水不可能在几十年内把岛屿淹没，但因为海水温度的上升，珊瑚的生长和捕鱼业都开始受到影响，海平面的上升也污染了许多地下淡水资源。一个没有足够淡水和渔业资源的岛屿，也不再适宜人们居住。这些已经不是仅仅依靠建造几座人工岛屿就能够解决的问题了。

穆罕默德·纳希德：我孩子的孩子可能没有自己的国家，没有可以立足的土地，很可能会成为环境难民。没有任何父母或祖父母希望看到自己的孩子进难民营，而没有自己的土地。对我们，也是对我个人来说，这是一个非常严峻的问题。它并不那么遥远，很可能就会发生在我们的孙辈身上。

亚洲水塔

马尔代夫不过是海平面上升的诸多受害者之一。在世界上人口超过500万的城市中，将近2/3的城市部分处于0到10米的海拔，全球有数十亿人居住在海岸或者距离海岸不远的地方，而亚洲可能是在海平面上升面前最脆弱的地区。

魏伯乐（Ernst Ulrich Von Weizsacker，国际可持续资源管理委员会联合主席）：所有那些美丽的海滨城市都在劫难逃，比如说上海、香港，欧洲的哥本哈根、汉堡以及阿姆斯特丹，美国的佛罗里达，还有非洲、印度等的沿海城市。当今世界经济中，沿海地区所占比例很大。

气候变暖带来的威胁远远不止海平面上升这么简单。青藏高原号称“世界屋脊”，中国80%以上的冰川都集中于此。这里不仅仅是黄河、长江的源头，也是湄公河、萨尔温江、印度河等众多亚洲大河的源头，十几亿人的用水问题与之息息相关。

查尔斯·F.肯内尔（Charles F. Kennel，加州大学斯克里普斯海洋研究所所长）：越来越多的人依靠冰雪消融的水生存，例如喜马拉雅山脉的中国人和印度人。11条最大的亚洲河流的源头都在喜马拉雅山脉，而事实上那个地区的冰川已经显著消退。几乎世界上所有的冰川都在消退。我们已经亲眼目睹了。

青藏高原上的冰川，素有“亚洲水塔”之称，而因为气候变暖，它们正以前所未有的速度消融。数以亿计的居民正在失去他们赖以生存的水源，由此引发的气候系统的剧烈变化将使他们不得不背井离乡。

青藏高原

尼古拉斯·斯特恩(Nicholas Stern，英国伦敦政治经济学院格兰瑟气候变化与环境研究所主席）：即使不离开，他们也只能通过其他途径获取水资源。洪水泛滥的程度及其防护，冷暖变化，都会有所不同。这些都是巨大的变化，其破坏性甚至会比世界大战和大萧条更为严重。

詹姆斯·汉森：高温会导致更多更严重的干旱和热浪，同时，高温也会增加大气中水蒸气含量，这意味着会有更强的降雨和更大的洪灾。通过统计数据我们会发现，已经有充分证据表明，极端天气愈发频繁。另外，由潜热和水汽引发的龙卷风、飓风和雷暴等风暴类型将会或者说有一些将会更加强烈。

孟加拉国的危机

位于喜马拉雅山脉南麓和印度洋之间的孟加拉国，是一个遍布河流的低地国家，也是世界上最容易受到气候变化影响的国家之一。孟加拉国人口超过1亿，是如今世界人口密度最高的国家，平均每平方公里就有一千多居民。

哈桑·马穆德（Hassan Mamud，孟加拉国环境与森林部部长）：我们常年遭到洪水的侵袭，近年来，由于气候变化，洪水的规模越来越大，其他自然灾害也频繁发生。例如，洪水的破坏程度、强度以及频率都在上升。为什么？因为那些发源于喜马拉雅山脉、流经孟加拉的河流，河床承载能力下降，因此，洪水的破坏力加强，影响范围更大了。

除了洪水泛滥，超级热带风暴也开始频繁袭击孟加拉国。2009年，孟加拉国南部遭受代号“艾拉”的热带风暴袭击，上千个村庄被毁，数百万人无家可归。孟加拉国南部村庄苏西兰（Shushilan），在“艾拉”风暴中被彻底冲毁淹没。即使两年过去，这里看上去仍然像是一片绝望的泥潭。

苏西兰村村长：发生“艾拉”之前，这里是柳暗花明的乡村，有滋润的田地，还有茂密的树木和生机勃勃的花草，那时人们过得很幸福，但那天上午11点25分突袭而来的浪高4.5至6米的海啸，扰乱了我们平静的生活。

苏西兰村村民：当时我在家里制毯子，突然听到三号水坝破了。一眨眼的工夫水浪冲了进来。一开始我没太重视，还以为这水可能跟上次差不多，水深不会超过膝盖。当水深提升到胸口高的时候我才感到真正的危险。我没有家属，我和我的一个表哥带着一个小侄子很艰难地上船过河，然后上水坝逃命。

风暴后的苏西兰村

被风暴破坏的家园

一个当地男孩在家园重建现场

气候难民的“美好未来”

风暴来临的噩梦一直在苏西兰村民的头脑中挥之不去，更令人绝望的是，“艾拉”过后，海湾里的海水每天涨潮后都会再次灌注到村子里来，这样的浸泡在灾后持续了1年的时间。在苏西兰，人们的确感觉到水位比以前更高了，海浪比以前更凶猛了，如果想继续在这里住下去，就得加高原有的堤坝。然而，他们所能利用的资源十分有限。村民们只能用铁锹和锄头把原有堤坝背后的泥土挖出来，垒成一堵墙。他们很乐观地相信，这样简陋的办法，能够抵抗住今后海啸和风暴的侵袭。

苏西兰村村民：水浪袭击了所有的房屋和树林，冲走了生活日用品、家具、牲畜以及周边的一切。我现在身无分文、一无所有、露宿街头。地势较低的地方积了很多海水，两年都没有完全晒干。目前种地是不可能的，所以我现在没有工作，主要依靠村长和一些非政府机构的救济和帮助，过着艰苦的日子。

谈到未来的生活，没有人愿意离开曾经的家，即使它已经变成了脚下的一地烂泥，即使未来还会有更极端的风暴发生。他们不知道该把愤怒投向何处，似乎只能抱怨命运的不公。

苏西兰村村民：现在我们看不到未来，也无法离开这个地方去另寻出路。其实我们就是没有其他地方可去，所以只能认命低着头留下。

苏西兰村村民：除了这个村，外边我没有什么可住的地方。这里有工作就做。可能命中注定我只能生活在这里，要死也死在这里。

在孟加拉语里，苏西兰，意思是“美好未来”。

来自南极冰芯的报告

在刚刚过去的20世纪里，我们创造了发达的现代文明。而也正是在这个人类引以为豪的世纪里，地球的温度却偏离了它的平衡点。究竟是什么原因打破了地球的固有规律呢？

埃里克·沃尔夫（Eric Wolff，英国南极调查局科学家）：通过研究过去的天气变化，我们发现随着二氧化碳浓度的增加，温度的确也随之升高了。这说明我们对气候变化的理解基本正确。我们也可以看到，二氧化碳的浓度变化相比过去要快得多。

2006年9月，埃里克·沃尔夫通过对南极冰芯的研究观测得出结论：在过去80万年的绝大多数时间里，大气二氧化碳浓度的变化相对平缓，在公元1000年至1800年间，大气中二氧化碳的浓度为280ppm（ppm意为百万分之一体积），仅仅过了200年，这一数字迅速上升到395ppm，大气二氧化碳浓度在短短的200年里增加了40%。

埃里克·沃尔夫在冰芯研究室

埃里克·沃尔夫：过去200年中，二氧化碳含量一直呈上升状态，从1800年开始，二氧化碳含量超出其正常水平，并从那时起一直加速上升，现在其上升速度达到每年0.5%。速度之快是我们前所未见的。从数据中可以看到，冰期之后，二氧化碳以每千年几个百分点的速率上升，然而，我们现在的二氧化碳含量十年就会上升几个百分点。

基林曲线

究竟是什么原因导致了大气中二氧化碳含量的急剧增加呢？科学家们经过研究发现，造成近百年来全球变暖的根源，最大可能在于人类自身的活动。工业化以来人类文明方式的改变以及煤炭、石油等化石燃料的过量开采使用，正是导致全球变暖的主要原因。

拉尔夫·基林（Ralph Keeling，美国加州大学斯克里普斯海洋地理研究所教授）：毫无疑问，二氧化碳含量上升的主要原因是燃烧化石燃料。化石燃料是一种能源，人们需要能源，使用能源。当你燃烧能源的时候，它去哪儿了呢？它变成了二氧化碳，释放到空气之中。之后，它无处可去，只能在大气中不断累积。起码这一点是肯定的。

拉尔夫·基林在工作室

基林曲线

从1958年开始，拉尔夫·基林的父亲查理斯·大卫·基林，就在工作室里默默地研究着大气中二氧化碳含量的变化。用于测量的空气取自太平洋中部的夏威夷，这里远离城市和森林，能够得到稳定的二氧化碳含量数据。

拉尔夫·基林：基林曲线图展示了大气中二氧化碳浓度的上升趋势，从315ppm一直上升到395ppm。人类也会对大气产生影响，而且，随着时间的推移，你会看到人类对环境产生的影响远远超过了自然自身的影响。

规则上升的基林曲线，几乎成了气候变暖最有力的证据。它记录了从1958年

起，大气中二氧化碳含量稳定升高的事实。拉尔夫·基林如今仍在进行着和父亲相似的工作，延续着这条持续增长的曲线。

拉尔夫·基林：早在1958年，我父亲开始测量二氧化碳浓度。他在第一年看到数据有些上下波动，那是季节性变化。但是看看随着时间推移，发生了什么。二氧化碳浓度一直在上升、上升、上升。我们知道这是人类活动的结果。

温室效应

在大气层中，存在着一类温室气体，二氧化碳是其中非常重要的成分。它们的作用就像温室的玻璃，波长较短的太阳光能够穿透它照射到地球表面，但是从地球表面反射出的波长较长的辐射，却会受到它们的重重阻碍。阳光照射在地球的表面，光线带来的能量转变为热能。受热后的地面反射出红外线，红外线被大气中的温室气体大量接收，将大气重新加热，从而使得气温升高，这就是我们通常所说的温室效应。

詹姆斯·汉森：温室气体的效应很简单。这些气体吸收红外波长的热量，这使得大气层变得更不透光，就好像在地球表面盖上了一条毛毯，这样可以保留来自太阳的热量。更多这样的热量被保存在大气层，容易使地球变暖。

末日并不遥远

隶属于英国国家气象局的英格兰哈德利气候研究中心是世界最权威的气候研究预测机构之一。在这栋综合性研究大楼中，上百名研究学者正在努力制造更为精密的模型来模拟因为温室气体增加而改变的地球未来气候，以降低预测的不确定程度。

保罗·冯·德·林登（Paul Van der Linden，哈德利气候研究中心国际项目指导）：假设人类的经济活动和技术发展水平不受温室气体排放的制约。在这样的情境中，我们看到，气候预测模型告诉我们，到本世纪末，全球平均气温将上升4摄氏度。

科学家经过观测得出结论，如果地球平均气温相对工业革命之前持续快速上升超过两摄氏度，不仅会使冰川融

英格兰哈德利气候研究中心

化海平面上升，而且全球气候系统都会陷入一种紊乱状态，各种灾难性天气会日益频繁，这个平静了1万年的星球将会再无宁日。

如果按照人类现在对于温室气体的排放速度，人类超越两摄氏度这个上限也许只有数十年的时间。人类的末日也许并不遥远。

詹姆斯·汉森：我们知道，上一次地球气温升高两摄氏度的时候，海平面升高了25米。所以（如果地球气温再次升高两摄氏度），整个佛罗里达州将会被水淹没，曼哈顿和白宫也将沉没水中。

尼古拉斯·斯特恩：欧洲南部也许会变成另一个撒哈拉沙漠。中国的沙漠地带也许要更大。河流分布也会发生巨大变化。这些都是我们会受到的影响。

詹姆斯·汉森：我认为我们不能让那样的气候变化发生，因为那将彻底改变地球。事实上，我们甚至根本无法承受两摄氏度以上的气温升高。

泰晤士河的洪水

根据哈德利气候研究中心气候预测系统的显示，在人口居住密集的大陆，将发生更为极端的变化。如果全球平均温度上升两摄氏度，那么欧洲、亚洲、美洲的温度上升幅度将会更大。英格兰温暖湿润的花园气候将会因此而终结。

凯文·安德森（Kevin Anderson，英国东英吉利大学廷德尔气候变化研究中心主任）：我们已经看到，英国的一些地区遭受了海岸侵蚀以及海平面上升的轻微影响。我们也开始看到一些地区的干旱期持续时间超出正常预期，这在东南地区尤为明显。

泰晤士河及周边景象

伦敦塔桥

罗伯·艾伦（Rob Allan，哈德利气候研究中心国际项目负责人）：在过去10年，英国境内发生了多次地区性及地方小范围强降雨和洪涝灾害，这些使得人们真正开始关注气候变化。

穿越伦敦的泰晤士河，是伦敦的母亲河，也是这个国际大都市的标志。然而，进入20世纪

以来，日益频繁的洪水导致泰晤士河多次决堤泛滥。为了保护伦敦免于劫难，英国政府投资7亿英镑筑起了拦潮大坝防御系统。由于造价昂贵，当时指责声不绝于耳，但事实最终证明了决策者的正确。

泰晤士大坝外景

泰晤士大坝内景

蒂姆·瑞德（Tim Reeder，英国环境署区域气候变化项目负责人）：巨大的隧道位于4扇60米高的闸门之下，这4扇闸门是泰晤士大坝的重要组成部分。修建泰晤士大坝是为了保护伦敦免受来自北海的风暴及其可能造成的洪涝灾害。自25年前泰晤士大坝建成以来，大坝的闸门已经关闭过119次，以保护伦敦免受海洋风暴潮的侵害，这无疑证明了大坝是非常可靠而且成功的系统。

据统计，早在20世纪80年代，每年泰晤士河水闸都要被提高两三次以应付上升的水位。而在2003年，这个数次是破纪录的19次。随着全球气候变暖的影响，工程师们正在计算2100年的海潮高度，考虑继续加高大坝。

蒂姆·瑞德：我们有一个灵活的计划，这样即使遇到海平面水平的极端情况，我们也能够顺利度过本世纪。我们已经为世纪末海平面上升90厘米左右做好了准备。但是我们意识到，格陵兰和南极西部的冰盖融化，海平面可能会上升两米，这是最坏也是发生几率很小的情况。所以在本世纪，随着时间的推移，我们需要不断适应和调整。假设海平面上升90厘米，我们依然有信心，大坝以及现有的设施可以在未来25年里继续保护伦敦。

工业革命发源地的觉醒

“减排二氧化碳，现在就行动。”这是在英国广泛宣传的应对全球变暖的口号，面对日益严峻的气候变化危机，英国政府给自己确定了明确的减排计划：2030年，减排60%。这一目标超越整个欧盟承诺的减排计划。

尼古拉斯·斯特恩：如果再多等10年、20年，因为温室气体浓度的上升，因为我们被自己创造的基础设施所束缚，比如燃煤电站和燃油汽车，我们没办法作出很快的改变。如果继续维持现状，10年、20年之后，我们将会很难将危险和风险控制在我们可以承受的范围之内。

蒂姆·瑞德：如果我们能正确地发展节能经济，那将会是一场新的工业革命。我想，那将会是未来社会发展的巨大动力。

两百多年前，在这个古老的国度里，轰轰烈烈的第一次工业革命诞生并席卷了整个世界，由此奠定了今天世界文明的方式，当时的人们也像今天的人们追求低碳一样狂热地沉醉于煤与石油的能源进步。而同样是来自于那一次工业革命的环境问题，正在一天天加剧着地球的变化，同时也在加剧着人类的恐惧。

是地球太脆弱了，还是人类过于放纵了自己的行为？在博大的地球母亲面前，人类像一个犯了错的孩子。我们是否应该反思自己，在那一段过去的时光里，我们在地球母亲面前究竟做了些什么呢？

受访者说

——拉尔夫·基林（Ralph Keeling）

美国加州大学斯克里普斯海洋地理研究所教授，著名的"基林曲线"绘制者查理斯·大卫·基林之子。基林曲线记录了半个世纪以来地球大气中二氧化碳含量的变化情况，为大气二氧化碳含量的观测提供了最为关键和令人信服的证据。

记者：您是从什么时候开始了解到父亲所从事工作的意义的？

拉尔夫·基林：我第一次领悟到父亲所从事工作的重要性是在我读大学的时候。在那之前，我知道父亲在全球各地包括夏威夷进行测量工作，测量二氧化碳浓度，我知道这件事很有意义，但是并不懂得这项工作的具体内容和重要之处。基林曲线大概在20世纪60到70年代引起人们的关注，随着时间的推移，越来越多的人意识到了这个问题。

我的许多同事，都是在看到二氧化碳浓度的确在上升后才开始从事这方面研究。虽然仍有一些人质疑二氧化碳浓度的增加，但是测量出来的结果令大多数人信服。在我父亲的研究还没有得出比较清楚的关于二氧化碳浓度上升的结论之前，一些人怀疑燃烧化石燃料是否真的能改变气候，因为二氧化碳能够被海洋吸收。但是我父亲的研究成果向这些人证明了一些二氧化碳仍然残留在大气中，并且浓度在不断上升。

记者：二氧化碳浓度的检测是如何进行的？

拉尔夫·基林：我父亲在开始夏威夷的检测工作之前就说过，在远离森林和城市的地方，才能够得到比较稳定的二氧化碳浓度数值。他选择夏威夷是因为它位于太平洋中间，远离城市和森林，能够采集到清洁的空气。当然，因为它是美国领土，用于研究的费用也不会太高，所以夏威夷是进行这一研究的绝佳地点。我父亲在进行检测的第一年（1958年。——编者注）就十分吃惊。通过测出的数值，可以看到地球的呼吸，也能得知二氧化碳在逐年增加。当年测量的浓度是315ppm，后来最高浓度达到395ppm。这些增加源于人类的活动。如果我们在限制化石燃料的燃烧上没有进展，那么气候变化会更快。海洋吸收二氧化碳的能力越来越低，速度越来越缓慢。我们现在比1958年燃烧了更多的化石燃料，所以二氧化碳浓度快速上升。从1958年开始，上升的幅度越来越大，现在的情况是，二氧化碳浓度每年约增长2ppm。

我觉得气候变暖问题的重要性可以和20世纪解放殖民地与19世纪废除奴隶制相提并论，它们都对社会产生了深远影响。解放殖民地、废除奴隶制等事件都是在得到人们的充分关注后发生的，气候变暖影响着我们每一个人，影响着生存环境，世界需要统一标准，来共同应对。但限制化石燃料的使用对我们的工业文明来说会有重大影响。在过去50年间，我们为更多的人创造了史上不曾有过的繁荣，人们的生活比我父亲刚开始做检测时要好，我们使用以前贮藏的能源建设了富裕的社会，我们几乎所有工业化进步都依赖化石能源。

阻止气候变化不是一朝一夕的事情，我们以及我们的下一代将为父辈们创造的繁荣付出代价。有人问我该如何处理这一问题，我回答说，我们把自己卷进去，就能自己爬出来。随着文明程度的增加，未来的几十年间，我们有足够的能力应对气候变化。但是我认为解决这个问题可能需要一个世纪，而且不会很容易。这一方面是因为人们为了经济繁荣还在使用碳基能源，制造了更多的温室气体；另一方面，人们期待的许多新技术，比如风能、太阳能、生物能源等都还处于起步阶段，还不能对目前的碳排放现状作出非常重大的影响，也许还要再过30至40年才行。

记者：您认为我们能够改变基林曲线目前的上升趋势吗？

拉尔夫·基林：2005年，加州官员召开减排会议，计划到2050年，加州二氧化碳排放量要在1990年的水平上降低80%。问题是，我们能否做到。我们的科学技术委员会在研究有没有能源技术可以使我们做到这一点，答案是否定的。没有任何一种单一的做法能让我们实现减排目标，必须通过多种途径才能做到。委员会考察了电力汽车、生物能源、核能和清洁的碳捕捉技术、提高燃料效率等方法，最后得出结论，只能减排60%，而不是80%，其余20%的碳排放我们还没有办法解决。但是，为了实施减排计划，我们要下很大的决心并作出快速的决定。

记者：为了改变基林曲线的上升趋势，需要付出怎样的代价？

拉尔夫·基林：看看现在就知道了。2011年，美国密西西比河发生了70年一遇的大洪水，美国中西部地区发生了50年一遇的灾害。没有任何一个气象学家能够预测出这种具体的灾害，因为技术达不到。但是我们可以告诉人们极端天气会越来越频繁，密西西比河会更加频繁地发生灾害，我们也很担心加州不断增多的森林大火，无人区更容易起火，因气候原因而产生的沙漠在增加。人们会说处理这个问题的花费太高。但是他们不知道，如果不这么做，将会付出什么样的代价。世界上每个城镇、每个社区都要决定他们会对环境变化造成什么影响。对于一些地区或国家来说，他们并不知道为什么要花这笔钱，但是另一些地方的人则认为自己将要面对的是一个严重的问题。

——尼古拉斯·斯特恩（Nicholas Stern）

英国伦敦政治经济学院教授，世界银行前首席经济学家，世界著名气候变化专家，被称作“气候经济学之父”。2006年，由他负责提交的《斯特恩报告》引起了全世界对气候变化问题的关注。这份报告向世界指出，不断加剧的温室效应将会严重影响全球经济发展。

记者：您在2006年发表的《斯特恩报告》中提到全球经济发展会被日渐增强的温室效应严重影响，其严重程度不亚于世界大战或是大萧条。您如何得出这样的结论？

尼古拉斯·斯特恩：我的依据就是科学，将科学与经济联系起来。气候变化的科学研究表明空气中温室气体含量的升高会导致全球变暖，从而产生气候变化。气候变化大多数的影响都以水的形式表现出来，且都是以灾难的形式：洪水，干旱，沙漠化，海平面上升。

在中国，绝大多数人口都集中在东海岸。大家都知道，中国人非常依赖的两条河，长江和黄河，它们的发源地都在喜马拉雅山脉。那里的整个气候都有可能发生剧烈的变化，并会导致全球成千上万的人不得不迁徙。这是很有破坏性的，因为他们为了搬家不得不抛弃原有的东西。即使不离开，他们也只能通过其他途径获取水资源。这些都是巨大的变化，其破坏性会比世界大战和大萧条严重得多。我们现在的行为，会影响到20到30年之后的地球。我们20年之后的行为会影响到下半个世纪。

如果我们不作任何改变，继续保持现状，那么这个世纪末或是下个世纪初，气温大概会上升4到5摄氏度甚至更高。19世纪上升的温度没有超过5摄氏度，这个数是个基准测量值。我们的星球已经3.3亿年没有到过这个数字了，我们可以预见变化会是巨大的。举一两个例子来说，欧洲南部也许会变成另一个撒哈拉沙漠。中国的沙漠地带也许要更大。河流分布也会发生巨大变化。这些都是我们会受到的影响。一提到全球变暖，人们一般都会想到温度，当然没有错，但是更重要的是水的变化。

记者：目前，国际间进行着有关气候变化的协商和谈判，您对这种谈判的前景如何看待？

尼古拉斯·斯特恩：我指出两点问题。

一、人们不明白大规模破坏环境会从本质上破坏人类与地球的关系。所以第一件需要人们理解的事就是，无论在哪里，人类都是风险的起源。认识到人类引发了危机，这点非常重要。第二件事是要让人们明白，替代品是很吸引人的，与过去的增长方式不同的新的经济增长方式非常有创造性、有活力，并且更清洁、更安全。第三件事就是国家间的关系。现在大气中温室气体主要来自于富裕国家。富裕国家是靠高碳发展致富的。现在我们都知道这不是个长久之计，因为这样会破坏环境，而我们的发展依赖于环境。所以如果继续这样下去的话，会制约发展。但是对于发展中国家来说,他们会觉得这很不公平。但是我们确实都在面对这个问题。我想这时候，富裕国家在技术方面和财政方面的作用该显现了。国家之间的互相理解必须建立在对历史逻辑、历史遗留的不公平的理解之上，同时还有对科学的理解，它要求我们要协力共同前进。

二、新科技十分具有创造性，并且有巨大潜能。比如说太阳能，在出租车的设备中使用，效果非常明显。大约10年之内，它就能与石油相提并论。这就开启了一扇大门，因为太阳能作为自然元素，可以说是取之不尽的。还有很多别的方法：第一，我们可以利用废物。举例来说，大米、小麦等粮食我们都只是利用其中的一小部分，剩余的部分都浪费了。我们可以将它们变作更为经济的燃料。第二，我们可以利用那些正在使用的能源，但是改用更经济的方式使用它。这些都是提高国民生活质量，让国家更好发展的方法。如果好好重视这个问题，我们一定能做好。其实回头看看历史，不难发现那些我们开创出新方法的时代正是高速发展的时代。

我觉得这些新科技正在蓬勃发展，比如说中国的“十二五”规划，鼓励发展可再生能源、环保技术、新材料、生物技术、信息和通讯科技以及高端制造业。它们都是将低碳与创新结合的产业。中国正逐步成为新科技和节能减排的领导者，这个角色非常重要。当中国许下一个承诺，通常都会兑现。这同时也是一个很重要的展示形象的方式。从“十二五”规划来看，就能发现中国一直在努力思考，不仅仅是承诺的问题，同时也是抓住科技发展带来的机遇。我相信到2015年，中国会有很多新发现，会积累很多经验和技巧。

——詹姆斯·汉森（James Hanson）

世界顶级气候科学家之一、美国航空航天局戈达德空间研究所主任、哥伦比亚大学教授。在20世纪80年代早期指出气候变暖的危险性，是最早提出气候变化威胁的科学家之一，被称为“气候变暖研究之父”。

记者：您是从什么时候开始关注气候变化严重性的？您如何看待全球变暖这一情况？

詹姆斯·汉森：如果你指的是温室气体，我从学生时代就开始研究了。我曾经探索金星，并试图弄清楚金星为什么这么热。地球上，人们燃烧化石燃料改变了二氧化碳在大气中的含量，这是全球气候变暖的主要原因。我第一次研究全球变暖是在1976年，那时我们开始意识到人类正在释放各种气体，碳排放量很大。我们得出结论并在科学杂志上发表文章，揭示其他气体加在一起的温室效应和二氧化碳造成的温室效应差不多。地球比金星更引人关注，因为它正在发生改变。这一变化的影响已经明显显现出来。所以，那时候我就开始研究气候变化并试图建立一个模型，来模拟全球气候变暖这一现象。

记者：如果温度上升到某个临界点会导致什么后果？

詹姆斯·汉森：早在1981年，我们发表了一篇文章，在《纽约时报》的头版刊登。文中我们对于20世纪和21世纪作了一些预言。我们认为在20世纪90年代，全球变暖的信号将会大大增强，事实上，它在90年代的确出现了。我们预测21世纪全球变暖将取决于我们使用了多少化石燃料，尤其是取决于我们烧了多少煤炭。石油、天然气和煤炭中含有很多碳，但煤炭的碳含量远远超过石油和天然气。我们在30年前的预言都应验了。

记者：能描述一下您在1988年国会陈述的一些细节吗？您为什么选择那样一个特殊的场合让美国人了解气候变化的严重性？您有什么样的期待？

詹姆斯·汉森：继1981年发表文章之后，我们知道应该让公众和政府对气候变化有所醒悟。80年代，我同一些环境部门的官员商谈，他们安排了几次国会听证会，但没有达到预期效果。1988年，我的文章在《大众物理研究》上发表，那年的

I wish you success with your project.
We are counting on China to help
preserve our planet for young people
& future generations!

詹姆斯·汉森题词

夏天特别热，密西西比河因为大旱而干涸了，我意识到这是一个吸引公众注意力的机会，可以让他们关注全球变暖。所以我通知了环境部门，请他们保证媒体的报道，因为我要作的关于全球变暖的陈述非常重要。那是非常潮湿闷热的一天，华盛顿的气温超过了100华氏度（约合37.8摄氏度）。这样异常的气温吸引了许多媒体的注意力，可能也帮助公众意识到了这个问题。

记者：如果不采取行动阻止气候变暖将会产生怎样的后果呢？

詹姆斯·汉森：我认为最重要的是，危险并不遥远。目前有两个问题是我最关注的，其一是冰层融化，我们知道，上一次地球气温升高两摄氏度的时候，海平面升高了25米。冰层下沉和海平面上升都要经历一段时间，但是我认为本世纪内还是有危险的，我们不能让海平面上升数米，因为数百万的人居住在仅比海平面高几米的地方，我们不希望这些地方被淹没。危险发生之后再补救就太晚了。另一个问题是物种灭绝。一些物种离开了特定的气候条件就不能生存，所以如果气候变化，生物就需要转移到适合生存的气候环境中去，但有些物种无法完成迁徙。所以气候变化会带来越来越多的物种的灭绝。历史上曾经发生过类似的事件，地球上约一半物种走向灭绝。数百万年后，新物种产生。如果人类使得众多物种灭绝，我们将无法想象地球会变成什么样。所以我们不希望类似的极端变化发生。

(根据采访录音翻译整理)

白棉纱·黑化石·自然之死

在我们的眼中，这个蓝色的星球已经存在了46亿年，如果把时间压缩，用1年代表5000万年，那么地球的寿命是92岁，而人类仅仅出生了8小时。而就在短短的两分钟以前，人类世界爆发了轰轰烈烈的工业革命。

然而，就在这看似微不足道的两分钟里，地球似乎已经变得不堪重负、气喘吁吁。在这两分钟里，这个养育了亿万生物的星球上，究竟发生了什么呢？

离开土地

（工业革命时期英国工厂主詹姆斯的故事）我还记得，当我从昏睡中睁开眼睛时，久违的阳光照在了脸上。马车夫回头看了看我，说我们的终点就要到了，这里就是我的新家，诺丁汉。我叫詹姆斯，那一年我才5岁。由于连绵的阴雨，我家的田地几乎颗粒无收。姐姐得伤寒死去了，父母决定把我送到城里的远房亲戚家里。第一次离家来到这个陌生地方，我似乎已经忘记了离开母亲的恐惧和绝望，开始好奇地打量这个和曼彻斯特的乡村完全不同的世界。

18世纪末繁盛的羊毛纺织小镇诺丁汉（片中动画）

18世纪中期的英格兰是欧洲西部的一个宁静岛屿。100年前的“光荣革命”，卸下了君主手中的权力，更多的自由降临到了贵族、商人、冒险家甚至平民的身上。十多年

英格兰的广阔牧场

前结束的海外战争，让这个小岛拥有了从美洲到印度的广阔原野。天然优质的耕地和牧场，为英格兰也为世界提供着丰富的小麦和羊毛制品。跨越太平洋和大西洋的通畅航线，则把本土丰富的物产，源源不断地销往一个个遥远的陌生大陆，为帝国换来丰厚的利润。后来的人们，把这一段时间称作“快乐的英格兰”。然而，正像任何一个农业国度都会面临的自然法则一样，气候的冷暖变化依然决定着国民的命运走向。多数人还察觉不到，一次即将发生的巨变正在这个宁静的岛屿上酝酿，一个崭新的文明正从这里开始，悄悄降临人间。

羊毛与棉纱

那可能是我6岁以来吃到的最饱的一顿饭，之后我洗了澡，换上了新的毛料衣服。我感到奇怪，托马斯叔叔一家没有田地，是什么让他们过着如此富有的日子？第二天，我就看到了那些织机。托马斯家的女人们用这些机器把羊毛纺成毛线，男人则把这些毛线织成布匹。13岁的夏天，郡上的一个子爵买下了附近许多家的织机，把它们集合在了一间大厅里，数十台织机同时开动时，那声响把我吓了一跳，更令人想不到的是，天黑前，我们的产品就堆满了小小的储藏间。

但是每天这样的劳作使人疲惫不堪，按工作天数结算的酬劳却并没有提高，平均下来甚至不如从前。老托马斯因此经常闷闷不乐，变得少言寡语，只愿意每天晚上喝到烂醉。这种情绪终于在燥热的初秋爆发出来，工人们纷纷罢工并要抢回自家

织工操作珍妮纺纱机（片中动画）

水力纺织工厂设计图纸

的机器。在这场骚乱中，老托马斯受了重伤，不到一个礼拜，就离我们而去了。饥饿和绝望伴随了托马斯家整个冬天。

18世纪中叶的英格兰，英国传统的毛纺织业面临着一个寒冷的冬天。印度生产的棉纺织品价廉物美热销一时，新兴的棉纺织业迅速在英国繁荣起来。更重要的是，在棉纺织行业中诞生的新技术开启了整个社会的变革。

1768年，一个名叫理查德·阿克莱特的精明商人发明出用水力驱动的纺纱机，于是在英格兰许多人迹罕至但水源充沛的峡谷里，出现了许多壮观的“大磨坊”工厂。这种形式的工厂开始使用不知疲惫的自然力量来转动机器。在短短几年时间里，新式水力纺纱机迅速取代了传统的手摇纺车，新兴的纺织技术使得纺织品的产量和质量都得到大大提升。

理查德·阿克莱特

棉纺织品不但价格便宜，而且具有毛织物的保暖性、丝织物的柔软性和麻织物的透气性，既可到炎热的赤道地区倾销，又能到寒冷的西伯利亚兜售，成为任何时候都能畅销全球的产品。为此，人们纷纷扩大这种广受欢迎的白色商品的生产，一场更为深刻的革命，就将在它的生产线上诞生。

《新大西岛》之梦

一年后，子爵解散了毛纺工厂，离开了诺丁汉，工厂里的设备被哄抢一空。在一个小房间里，我发现了一本破旧的小书。那一整个下午，我都在空荡荡的工厂角落，忍着饥饿，一知半解地读着这本书，直到太阳落下。这是一本不到40页的小册子，名字叫《新大西岛》。

一群航海探险家在从秘鲁到日本的途中，发现了一片不曾为人所知的土地——本萨勒，这是个由科学家领导的小岛，它的统治者不是皇族，而是一个叫作所罗门学院的机构。在所罗门宫里，到处是使人眼花缭乱的具有摄人心魄能力的设备和仪器。科学家们通过奇特的技术手段，可以采集矿藏锻造金属，可以去除疾病长生不老，可以让土地肥沃物产丰富，形形色色的科学发明让岛上的人民过着富裕而文明的生活。

1624年，时至暮年被逐出宫廷的培根，把自己一生的科学追求和理想，写成了这部名为《新大西岛》的书。培根以所罗门学院院长对欧洲人民的演讲作为书的结局："我们这个机构的目的是了解事物的生成原因及运动的秘密，扩展人类帝国的边界，实现一切可能实现之事。"这样的声音发出在科学精神伊始的文艺复兴时期，已经表现出足够的自信。之后的时代里，伽利略和牛顿进一步证明了行星运动的规律，人们由此发现，原来整个错综复杂、扑朔迷离的自然界，不过是一个按某种法则运转的巨大的机械装置，而其中并没有上帝的地盘。

兰开夏郡蒸汽动力棉纺织工厂

兰开夏郡棉纺织工厂建于19世纪维多利亚时期，是至今留存下来依然可以运转的以蒸汽机为动力的棉纺织工厂。1769年，英国人瓦特在原有蒸汽机的基础上经过技术改良，生产出真正意义上的工业蒸汽机。在此之前，英国工业生产动力主要依靠的是水力和森林，这样的动力缺陷十分明显：受地点、季节、气候、运输、劳力数量等不利条件的限制。生产的发展，对一种不受自然条件制约的"万能动力"机表示出了巨大的渴望。蒸汽机使得人类第一次将如此巨大的能量掌握在了自己手中，只要有煤作燃料，就可以开动蒸汽机。迟缓的工厂手工业进程瞬间转变成了生产的狂飙，人类的科学幻想，开始迅速转换成现实。

利·肖-泰勒（Leigh Shaw-Taylor，剑桥大学人口史和社会结构研究所副主任）：越来越多的工厂开始使用蒸汽动力技术，由于它是以燃煤、蒸汽而不是以水作为动力的，所以才可能在城市中集中使用。这也是大规模城市化出现的原因。

站在那些冒着热气的机器前，我愣了好长一段时间。这些机器像魔鬼附身一样，在没人推动的情况下自己运转得飞快——这像所罗门宫里一样的场面，是我一辈子都不会忘记的壮观景象！

工厂主是一个相貌精干的中年男人，据说他就是发明了水力纺纱机的人理查德·阿克莱特，如今他又进一步把先进的蒸汽机技术应用到生产当中。因为产业领域的成就，他受到了国王的嘉奖，身份变成了爵士。我曾经问过理查德爵士，你是不是到过新大西岛，学到了新科学。他神秘地笑了笑，告诉我："如果你不能变得更聪明，那你就会变得更贫穷！"

新世纪幻想

改良后的工业蒸汽机最先只是在煤矿和棉纺织行业里得到了运用，效率的提高大大超出了人们的预期。这时，已经开始有人对蒸汽技术的真正力量作出热情的想象了。当时的诗人用这样的诗句歌颂了这种蒸汽动力：你的武器——解放了的蒸汽／必将拖拽缓慢的驳船和飞快的车辆／或驱动空中飞驰的战车／……高傲地让方巾随风飘扬／战斗的鼓声让平民目瞪口呆／军队也畏缩在云层阴影的下方。的确，下一个世纪的技术史，直接或间接就是蒸汽机的历史。

工业蒸汽机在煤矿和棉纺织行业应用的场景

我站在东印度公司开往南美的轮船上，兴奋地享受海风的吹打，幻想与那个传说中的新大西岛不期而遇。这恐怕是我年轻时做过的最任性的一件事情。在即将完成学徒生涯的时候，我通过包买工厂货物的经理商，得到了一次跟随船队出行的机会。那本小册子里记录的神奇国度，一直是在我心中萦绕的梦想，只不过这时的目标更加清晰了——如果可以将新大西岛上的先进技术带回英格兰，那会不会带来如同蒸汽一样的另一场技术进步，那时，我也会像阿克莱特爵士一样，拥有自己庞大的工厂。

1791年，阿克莱特在德比郡工厂里的一个学徒，名叫塞缪尔·斯莱特的21岁年轻人，装扮成农场雇工悄悄逃往了美国。在罗德岛上，塞缪尔凭着记忆复制出了阿克莱特织机，按照阿克莱特的工厂形式建立了美国第一家新式的棉纺织工厂。谁也想不到，先进的技术就像一只火柴点燃了整个北美大陆，美国从此走上了它的工业革命旅程。而这个学徒，被之后的美国人称为“美国机器制造业之父”和“美国工业革命奠基者”。

塞缪尔·斯莱特

所有人都认为我小孩子似的梦想完全不着边际，我的行程止于孟买，除了失望和疑问，我看到了印度和南美大陆上的各种斑斓景象。这一路的见闻都告诉我，没有知识和技术，那些落后的大陆，只能作为原料产地和英格兰的商品倾销市场。

西蒙·斯瑞特（Simon Szreter，剑桥大学历史及公共政策系教授）：从某种程度上讲，蒸汽机让每个工人都像是有了三头六臂，当然这也意味着他们生产的商品的成本极低。即使是印度最廉价的工人都会发现，在印度市场上他们自己生产的棉制品，都没办法比曼彻斯特运来的更便宜，这无疑给世界市场带来了巨大冲击。

曼彻斯特故乡

1795年，我回到了英格兰，回到了我的故乡曼彻斯特。但是，当我离曼彻斯特越来越近的时候，我发现旧日的田园小镇已经完全变成了另外一个样子。

作为英国的第二大城市，曼彻斯特在英国工业化的进程中占有绝对重要的位置。今天的曼城虽然已辉煌不再，但是在18世纪末到19世纪中期这一段时间里，这里是英国绝对的工业中心。

亚当·达博（Adam Daber，曼彻斯特科学与工业博物馆工业馆馆长）：曼彻斯特无疑是世界上第一个工业城市，有很多人意识到了在曼彻斯特发生的一切，并想到这儿来看看。

我在东印度公司的经理人朋友的推荐下，成为曼彻斯特一座小型棉纺织厂的管理人。凭借对蒸汽纺织机的精通，我重新拟定的工作章程和管理制度让大工厂主刮目相看。半年后，工厂利润增长了将近一半。更让我兴奋的是，我的梦想正一步步成为现实。老厂主年事已高，我鼓足勇气通过贷款商人，把工厂买下来，成为它的真正主人。现在，我手中掌握着这个时代最先进的机器，我终于可以掌握自己的命运。

越来越高的烟囱和越来越黑的天空

曼彻斯特的老工业区现在看来显得安静空旷，但如果时间倒退两百多年，我们将能看到一幅壮观的工业景象。根据一项官方报告，19世纪40年代的曼彻斯特，产业工人的人数占到全城人口的85%，而全城拥有将近500个冒着浓烟的烟囱。

如今的曼彻斯特街景

亚当·达博：在1781年到1803年之间，

曼彻斯特扩张的速度相当之快。在1850年前后，也就是工业化的高峰期，曼彻斯特约有100个工厂。所以你可以想象，每个工厂都有自己的蒸汽机，有时，规模稍大的工厂还会有不止一个蒸汽机。每台蒸汽机都有一个烟囱。所以那里当时应该是浓烟滚滚。

《艰难时世》

狄更斯描述的焦煤城（片中动画）

在小说《艰难时世》中，查尔斯·狄更斯按照曼彻斯特的样子描述了他想象中的焦煤城：这是一个充满着机器和高耸的烟囱的城市，城市之外永远笼罩着无尽的恶毒的烟灰，永不会开散。还有那么多毒瘤一样的建筑物，满墙的窗户内整天地响着咔嗒咔嗒震动的声音，蒸汽发动机的活塞单调地上下运动着，就像一头患了忧郁症而发狂的大象的脑袋。

我再也没能在曼彻斯特找到我的亲生父母，思念的情绪在每一个晚上折磨着我，直到我建立起一个新的家庭。爱丽丝是曼彻斯特一位钟表商人的女儿，我的工厂里每一个可见的角落都悬挂着她父亲制作的时钟，严格度量着每一秒钟的生产。婚后的第二年夏天，爱丽丝生下了一个可爱的女孩，简。为了简，我和爱丽丝把家搬到了贵族们聚集的带有花园的城郊，离开了肮脏的黑色城区。那一年秋天，我站在阁楼上抬头眺望，从这里可以看到远处我的工厂刚刚加高改造好的新烟囱，它神秘而壮观，在雾气中几乎没办法看到它的顶端，那也许是整个曼城最高的烟囱了，我为之自豪，那高耸的烟囱也许是一个工厂主身份地位最好的象征了。

为了尽可能保证曼彻斯特的环境不受更多的影响，工厂主们解决的方法就是尽可能地加高烟囱，这样，大量燃烧的石煤才能在浩瀚的空气海洋里消失得无影无踪，而不是被缠绕在城市的建筑之中。在很长一段时间里，高耸的烟囱都被看作工厂主雄厚财力的标志。

西蒙·斯瑞特：我们能从19世纪早期曼彻斯特的绘画作品中看到，烟囱处处耸立，正在制造浓烟。当时，烟雾被认为是个好东西，而不是有害健康的东西。它是繁荣和创造财富的象征。

后来，因为酸雨的频繁降临，人们才逐渐认识到由高大烟囱排放出去的二氧化硫并不能消失殆尽，而另一种叫作二氧化碳的气体所带来的影响，也直到一百多年之后，才造成了世界范围内的恐慌和焦虑。

能量的源头——煤

这年冬天的一个早晨，我的两座新工厂遭到了有组织的工人的暴力破坏，在他们看来，正是这些巨大的机器夺走了他们工作的机会。这场骚乱使得曼彻斯特多家工厂受到了损失。骚乱平息的第二天，我站在被毁坏的工厂里，看到满地狼藉的机器残片，告诉自己，把这个灾难当成一次机会。没错，如果你不能变得更聪明，那你就会变得更贫穷！

一个月后，我把仅剩的一间能够生产的工厂作了抵押，踏上了由蒸汽机带动的轮船，驶向英格兰北方的纽卡斯尔，那里是英格兰最大的产煤区。不用说，是蒸汽改变了英格兰，但不管蒸汽作用在哪，它的能量的源头，却是这黑色的化石，它是整个工业前进的动力，也是财富的源泉。

19世纪中叶，一位后来被称作“美国的孔子”的学者拉尔夫·爱默生曾这样说道：每一个煤筐里都装着动力和文明。煤靠自身的力量把自己输送到了需要它的地方，而实际上，煤浓缩的是数十亿年前的植物储存的阳光、雨水的能量，从这个意义上，煤移动的是数十亿年前的气候能源。有了煤，我们才有了光明、力量以及文明，否则，我们便只有黑暗、贫穷和野蛮。

我们来到英格兰北部散发着恶臭的原始森林，那就是煤诞生的地方。在深不可测的矿井里，埋葬着从古至今无数矿工的生命，他们为国家的发展而牺牲了自己。今天，是煤支撑着不列颠世界工厂的生产和对法国拿破仑的战争。全国一半以上的产煤，就出自纽卡斯尔。人们会对做傻事的人说一句俗语：你是在往纽卡斯尔运煤。可见，那聪明人就该把纽卡斯尔的煤运出来。

位于纽卡斯尔的废弃的煤矿冬景

西蒙·斯瑞特：纽卡斯尔其实离伦敦有200英里远。但是纽卡斯尔在海岸边就有可以开采的煤矿。煤被装上运煤船，从英格兰东部直接运往伦敦，满足那里巨大的并且在不断增长的家用取暖市场。

位于泰恩河南岸的盖茨黑德，曾经是纽卡斯尔的著名产煤区。20世纪末，由于这里赖以生存的煤炭业的消亡，这座城市走到了衰败的边缘。如今英国的煤矿产业，已经是名副其实的夕阳产业了。

“北方天使”雕塑

现在的纽卡斯尔再也听不到工业文明诞生之初的喧嚣。在城郊的一块高地上，一座气魄惊人的巨型雕塑被树立起来。这具雕塑的材料是当地没落的煤矿业铸造的钢铁，人们把它叫作“北方天使”。建造者对建造的目的作了特别的注释：第一，让我们记住，在这块土地下面，煤矿工人在昏暗的矿坑中劳作了200年；第二，掌握从工业时代向信息时代转变的未来；最后，这座雕塑是希望和敬畏的集中体现。

对工业革命的认识

那几年我有一半的时间都待在纽卡斯尔。拿破仑输了，战争结束了。回到英格兰的士兵们变成了产业工人，填补到各个工厂、码头和矿井之中。欧洲的需求使英国的机器又飞速运转起来。似乎这时候人们才突然意识到自己身处的是一个和以往完全不同的时代，工业革命的胜利比战胜拿破仑更要振奋人心。

这个时期，已经开始有越来越多的人用“革命”来描述英国各个行业因机器生产带来的变化，这个词开始在英法传播开来，然而传播的速度，仍然赶不上蒸汽引擎的飞转。

“铁船”大不列颠号

在如今的布里斯托尔港口，我们还能见到19世纪中期最庞大的蒸汽轮船——大不列颠号。在那个以风帆、明轮和木板为主流的航船世界里，无论它的蒸汽动力、螺旋桨推动器还是铁壳船身，都是技术革命的象征。这个英国航海史上的奇迹，第一次把英国到纽约的旅程从几个月缩短到了14天。几十年后，人们在建造泰坦尼克号游轮时，还特别参考了它的设计观念。从这时起，由化石能源提供动力的交通工具，开始成为人类开辟新世界的一种最强有力的手段。

雾都

1820年冬天，我、爱丽丝带着儿子和女儿，从曼彻斯特迁往伦敦。孩子们第一次乘坐浮在水上的巨大铁船，并没有把它当成怪物，反而异常兴奋。而我却为爱丽丝的身体忧心忡忡。当我还在纽卡斯尔时的一天，爱丽丝晕倒在家里，有一段时间竟然停止了呼吸。医生说这样的肺病在曼彻斯特并不少见，但说不定伦敦的医生会有新的化学办法。

伦敦，曾经是世界上最强大帝国的中心，拥有百万以上的居民，面积是曼彻斯特的10倍之多。在18世纪末的世界版图上，当时的大都市巴黎、北京都无法和伦敦相提并论。和曼彻斯特相似，伦敦城内到处燃烧着工业的火焰。在19世纪初期，伦敦一度被称为“一座有着10万个喷发口的火山”。伦敦人在自己制造的烟雾中生活了太久，至于他们积极创造的这个非自然的新世界对人类居民到底有什么影响，已经没有人再继续追问了。而在来自国外的旅行者中，更多的人会为浓雾的魅力所倾倒。一位居住在伦敦的美国诗人写道：“今天有黄色的雾，连计程车也镶上了一圈光环，过往行人像暗淡壁画中的人物那样，似乎具有无数种暗示，激发着我的想象力。”

西蒙·斯瑞特：当时伦敦已有超过100万户人家，每户人家一年中有6个月，每天都要在壁炉中烧煤取暖。这排放出尤为浓烈且致命的烟雾。这就是20世纪50年代著名的伦敦雾，在英格兰导致数千人死亡。

铁路的神话

1827年春天，爱丽丝终于可以不再受肺病的折磨，到更好的世界去了。女儿简嫁给了一个烟草商人的儿子，儿子亚当也总不在身边，我的生活一下子安静下来。这种平静的生活一直延续到1830年，一次强烈的震撼再次激起了我的欲望和活力。那天的天空中飘洒着小雨，但依然有成千上万的人守候在从利物浦到曼彻斯特的铁路旁边，甚至连当时的英国首相也是那天的贵宾。一辆冒着浓烟的庞然大物咆哮着隆隆驶过，速度飞快。一位牧师当场惊倒在地，脸上写满了惊愕，当他再度清醒的时候，只说了一句话：“知识的边际到底在哪里？”

今天的英国人在当年曼彻斯特通往利物浦的火车站旧址上，建立起一座博物

馆：曼彻斯特科学与工业博物馆。这里陈列着由工程师斯蒂芬孙设计制造的蒸汽机车。随着蒸汽机车的投入使用，铁路的建设成为19世纪工业革命后期的一支有力的强心剂。对于许多人来说，铁路预示着光明的未来。

曼彻斯特科学与工业博物馆

人们对蒸汽机车的痴迷，从那时一直持续到了今天。2008年，一台名叫“旋风”的英国民间自发集资铸建的全新蒸汽机车，成功载客完成了从英格兰东北古城约克到泰恩河畔纽卡斯尔市的试运营，并在2009年新年投入英格兰东北部干线专车客运。

对很多英国人来说，蒸汽所代表的是一个美好的时代。对成千上万喜爱蒸汽机车的人来说，它代表的是英国充满创造力、充满活力的一个时代。用19世纪一位英国贵族的话说，“它是人类在与自然的斗争中取得的伟大、持久而永恒的胜利”。

自然之死　世界之王

1851年秋天，我的79岁生日那天，在连通伦敦和曼彻斯特的铁路线上，一条经过童年家乡的铁路支线开通了。在这条铁路上，我的投资占了绝大部分的股份。新式机车行驶在优质的钢制路轨上，我感觉到了世界上前进得最快的速度。

回到曼彻斯特，老宅子里空无一人，安静得可怕。当我在市里的公园散步时，遇见了一个年轻的工厂主。这个年轻人十分有礼貌，可是他说的话却耸人听闻。他说，人类不要过分陶醉于对自然界的胜利，对于每一次这样的胜利，自然界都报复了我们。我只记得，这个年轻人的名字叫作弗里德里希·恩格斯。我很不明白，这个青年为什么要把神圣的人和匍匐在人脚下的万物混为一谈。

在漫长的农耕文明年代，人类的生存不得不取决于自然界的赐予，自然是人类效仿和学习的对象。而如今，自然只不过是一个按照人类的目的被加以利用、改造、操纵、处理和统治的对象。

这个由工业文明意识形态引起的自然观的变革，最终宣告了“自然之死”。人，终于能够依靠科学和理性法则征服自然，登上“世界之王”的宝座。

受访者说

——亚当·达博（Adam Daber）

曼彻斯特科学与工业博物馆工业馆馆长。

阿克莱特与水力纺织机

在工业革命迅速扩张的时期，阿克莱特深受其影响。刚开始他选择在理发店当学徒作为他的第一份职业，然后他开办了自己的美发店。他去了很多国家和地区旅游，为他的理发店收集迷人的发型设计。大约在1768年，他发现整个社会开始发生变化，传统的理发美发行业已经进入困难时期。

这一时期运用的是人力纺织机，人力纺织机完全手工操作。而阿克莱特发明的水力纺织机通过4个闸门控制水流，来实现通过水力纺织。传统的棉纺织手工业者感觉到了这种新型水力纺织机的威胁，担心阿克莱特发明的这种新机器将会使他们失去自己的工作。

由于纺织机用水力代替了人力，自动化程度大大提高，因此带动了河岸和湖岸地区棉纺织工业的发展，之后约克郡因其拥有丰富的水资源，成为纺织工业的中心。

1771年，阿克莱特建立了自己的工厂，这个工厂是世界上最早的棉纺织工厂，位于曼彻斯特南部40英里远的地方。可以说当这个工厂建立起来的时候，就成了工业革命的开端。阿克莱特可以称得上是“工业时代之父”。

他是一位伟大的商人，也是一位伟大的企业家。他创造了大约2000万英镑的财富或者更多。他是新工业革命的推动力，也促使了大量早期企业家的出现。他在1772年去世，在他生命最后的时光里，他不是忙着挣钱，而是在体验经商的乐趣。

曼彻斯特的浓烟

曼彻斯特曾是一个非常小的城镇，城里没有太多的工厂和市场。1791年阿克莱特在曼彻斯特发明了水力纺织机，这种动力之后又被蒸汽机代替。阿克莱特当时也希望通过蒸汽来驱动整个机械装置，但当时的技术条件还无法完成这一设想，所以他设计的机器用水保持循环往复的运动。

1800年，曼彻斯特开始出现大量的蒸汽机，成为世界上最早被工业革命影响的城镇。这个城市开始让许多人认识到它具有美好的发展前景，并且促进了很多文学家、政治家等社会名流在这一地区的交流与合作，这是一个当时大家都很向往的地方。人们来到曼彻斯特体验工业发展带来的巨大财富，同时也看到了一部分企业的劳动者在工业革命中真实的生活状态。这些劳动者住房条件非常艰苦，工作场所拥挤、条件恶劣。这与英国的传统小镇形成了鲜明的对比。

在1781年到1803年之间，曼彻斯特扩张的速度相当之快。在1850年前后，也就是工业革命的高峰期，曼彻斯特约有100个工厂。所以你可以想象，每个工厂都有自己的蒸汽机，有时，规模稍大的工厂还会有不止一台蒸汽机。每台蒸汽机都有一个烟囱。所以那里当时应该是浓烟滚滚。当时还没有像如今这样的环保方面的法律法规，所以这些烟雾没有得到很好的处理。在这种环境下时间一长，人们就会感到烟味很大、呼吸不舒畅和胸闷，自然环境更会受到负面的影响。工厂之外环境很差，而工厂之内，环境更加恶劣，到处是温度很高、散发着潮湿的蒸汽、噪音很大的机器。与现在相比，当时真是完全不同的世界。

——西蒙·斯瑞特（Simon Szreter）

剑桥大学历史及公共政策系教授。

工业革命与环境问题

我们所说的工业革命，其实是一段很长的时间，差不多有两三个世纪。人们一般认为的工业革命其实是这段时间的高峰期。这段高峰期发生在现代工厂出现之后。蒸汽能量和蒸汽机的应用正是现代工厂出现的基础。现代工厂使得劳动力能够大量集中，将原材料加工成可销售的商品卖到世界市场。由此产生了一小部分企业家，他们作为资本家获得了大量财富，同时也创造了很多就业机会。

有两个世纪的时间，伦敦都是世界第一大都市和商业中心。在18世纪初，它与阿姆斯特丹、巴黎不分胜负，都是经济活动非常频繁的大城市，当然还有中国的长江中下游平原，那时候经济活动也很频繁，可是18世纪末，伦敦完全确定了自己的领头地位。

进入19世纪后，伦敦逐渐失势，而英格兰北部和中部的城市开始迅速发展起来。原因是那里有煤田。跟如今的中国一样，大不列颠因为其易开采的煤炭发了财。这无可置疑使得英国工人的生产力在短期内无人匹敌。蒸汽机的应用让每个工人都像是有了三头六臂，同时也意味着他们生产的商品的成本极低。即使是印度最廉价的工人都会发现，印度市场上他们自己生产的棉制品，都没办法比曼彻斯特运来的更便宜。

这无疑给世界市场带来了巨大冲击。然而，在那些工人高度密集的城镇中，另一些冲击也出现了，比如社会问题、文化问题、健康问题，这些问题都引发了严重的后果。可正是这些地方为工厂主创造了巨大的财富，当然也为国家创造了财富。国家把这笔钱用在殖民扩张和闻名世界的海军身上，那时英国开始了现在被称为“全球统治”的进程，而在19世纪，这被叫作“传播先进的文化和文明”。

其中的关键因素是商业，也就是自由贸易的大量扩张。自由贸易是从19世纪70年代，也就是亚当·斯密首先提出自由贸易理论之后，资本家经常打出的旗号。亚当·斯密认为国家可以通过自由贸易变得强大，因为自由贸易可以使国家的力量得到最大化的扩张。

当时是自由贸易的时代，是出现现代工厂和商业网络萌芽的时代。但是，在英国，这个时期也是一个大变动、大混乱的时期。很多人潮水般涌向了英国的一些大城市，比如伯明翰、谢菲尔德、曼彻斯特。因为在他们的家乡，工作机会相对缺乏。在兰开夏郡，我们可以看到传统商业系统衰败的例子。那个地区的居民发现不容易找到更多的工作，因为在那个时期，更多的工作机会只在新型的工厂里产生。

但是，由移民和新型工厂推动发展起来的城市，比如曼彻斯特，都处于社会压力紧张期，因为很多人来这里找工作，并且会长时间居住在这里，这会给社会的安全系统带来很大的压力。

（根据采访录音翻译整理）

先农坛·珍珠街·适者生存

1859年，英国生物学家达尔文第一次向世界公布了物种起源的猜想，正像蒸汽机最初的出现一般，物竞天择的生物进化理论在西方世界掀起了轩然大波。而后不久，英国社会学家斯宾塞进一步把达尔文的进化理论应用于社会学领域，优胜劣汰、适者生存，这种备受西方世界推崇的社会达尔文主义，伴随着弥散的战火硝烟和工业革命的狂潮一度席卷全球，无论是世界上最古老的还是最年轻的国家，都被卷入了所谓的进化浪潮之中……

大变局

（一位清末中国留洋学生的故事）那是1863年晴朗的仲春，我在江边放着风筝，忽然听到江面传来一阵阵剧烈的雷声。我跑上一片高坡望去，发现雷声来自江面上那一艘艘喷着火舌的怪船，一个个火球掠过江面落在对岸冲来的人群当中，据说那是造反的捻军。那剧烈的爆炸宛若绚烂的焰火，一同飞起的还有支离破碎的尸体。我被眼前的场景和声响惊呆了，在我最初的记忆中，洋人，就是一种可怕的存在。

进入长江水域的英法舰队（片中动画）

先进的西洋炮舰（片中动画）

19世纪中后期，蒸汽带动的钢铁机车已经在英国长达1.5万英里的铁道上驰骋了几十年，巨型邮轮只用8天时间就能横渡大西洋到达美国，煤气街灯点亮了巴黎和伦敦的街道。第一次工业革命使古老的欧洲大陆的面貌发生了巨变，而这样的变化，却以一种直接粗暴的方式，触及了东方世界那块宁静的大陆。

那片叫作圆明园的皇家园林，自从1860年以来，就以废墟的姿态定格在了历史的记忆中。这座绝世园林的毁灭也预示着另一座看不见的建筑的崩溃开端，这座古老的建筑在东方的土地上矗立了几千年，它屋檐下的皇帝和子民，还远远无法理解，为何在这样前所未有的耻辱面前，自己毫无抵抗的能力。因为就在短短的100年前，中华帝国还是这个世界上最富有、最强盛的国家。

师夷长技

连年的战乱和干旱，父亲的橘园几乎没有什么收成，家中生计日益局促。12岁时，经族人推荐，父亲把我送到了上海出洋肄业局。道台大人承诺，官费读书十五载后即可换来一个监生头衔，但是代价却是远渡重洋，到花旗国修习技艺。父亲在写有“倘有生死疾病，各安天命”的契书上颤抖着签上了字，我不得不接受了这个残酷的现实。

当我最终站在出洋的巨型铁皮轮船面前时，脑海里却满是那年江边雷鸣般的火炮声响。更让我惊愕的是，在船舱底部，几个洋人站在一只钢铁大嘴周围，不断往里填充黑色石头，大嘴里面喷出汹涌的火焰，黑暗处的铁轴转动齿轮往复倾轧。我呆住了，认定这就是洋人掌握的乱神怪力。

清政府赴美留学幼童合影

这张合影记录下了清政府当年赴美留学幼童稚嫩羞涩的形象，经过两次鸦片战争，国人终于意识到西洋的坚船利炮背后所蕴含的能量，处于社会前沿的知识阶层开始逐渐转变为西方科技的信徒。

与洋人的竞争

就在总理衙门从上海送幼童出洋留学的当年年底，上海港航道上出现了人们从未见过的挂着中式双鱼龙旗的蒸汽轮船。同时，在上海黄浦区的英租界里，一座洋楼上出现了“轮船招商总局”的牌子。自从《南京条约》五口通商以后，在西洋蒸汽轮船的冲击之下，中国的旧式帆船业渐渐不支，许多国内商人开始雇佣、租用甚至购买洋船，寄名在洋行之下。不过四五年的时间，上海港本地的沙船已从四五千

轮船招商总局（位于现上海黄浦区）

艘锐减至四五百艘。成千的木船搁浅在黄浦滩上，任凭风吹日晒，自然朽腐。

工业时代的迅速崛起，使得此时的世界，已经不可能容忍任何一个国家或者民族紧闭门户、孤芳自赏了。从最初的兵工厂到后来的招商局，形形色色的西方科技被越来越多地引进这个曾经与世隔绝的农业帝国。但是，这时新兴文明给中国带来的影响，还远远比不上发生在大洋彼岸另一块大陆上的变化。

镀金时代

沙漠、峡谷、森林、烟囱高耸的城市，所有这些都在我们耳边飞快地划过，我们乘坐的是一种被火驱使的铁轮车，连最快的骏马牛仔也被瞬间甩至脑后。比火车更快的，是一种叫作电报的东西，它能在刹那之间，就把我们的消息传到万里之外。电报和铁路贯穿了整个国家，我们只用了7天时间，便从西边的旧金山市到了东部的哈特福德。

火车带来的是速度，是利润，是对传统田园牧歌的农业时代的挑战。新的机器和铁路的使用，直接促成了美国轰轰烈烈的西进运动和南北战争，工业革命给这个建国不足百年的国家带来了蓬勃的朝气，而一种叫作“美国精神”的东西，吸引着来自全世界的新移民在这片尚未完全开垦的土地上去实现各自的淘金梦想。

这时，小说家马克·吐温写出了自己的第一部长篇小说《镀金时代》，后来的美国人都喜欢用这个词来形容从南北战争结束到20世纪初期那一段经济快速膨胀的历史。工业革命鼓励通过个人奋斗创造幸福生活，许多普通人在这个时期成为巨富，过上浮华富有的金色生活，洛克菲勒、卡内基和摩根也正是从这个时代开始打造自己的产业帝国，影响着美国和世界的未来。

大卫·M.肯尼迪（David M. Kennedy，斯坦福大学历史学教授）：在我们这个时代，这一观念在全世界已经变得根深蒂固——如果可以选择，人们会选择参加工业和商业革命，提高物质生活水平，因为他们认为这样将让生活更加幸福。

中国的自然法则

我和黄氏兄弟住进了布朗夫妇家里，蓝眼睛的鲍勃很快成了我们的好朋友。我慢慢地发现，洋人的世界并不可怕，简单的礼节、畅快的欢笑、大声说出自己的见解、不断得到的表扬和鼓励，都让我们感觉到自由的味道。我最喜欢诗人惠特曼的诗集，我和鲍勃常常在阳光下大声朗读，“我赞美我自己，歌唱我自己，我承担的你也将承担，因为属于我的每一个原子也同样属于你”。除此之外，我读得最多的则是在留学教育事务局每七天宣读一次的《圣谕广训》：“敦孝悌以重人伦，重农桑以足衣食……”

在中国这个延续数千年的农业国度，对于祖先和自然的崇拜成为历朝历代不变的精神支柱。先农坛位于今天的北京南城，在明清时期，每年仲春，皇帝都会率领百官到这里祭祀农神。皇帝在具服殿更换亲耕礼服，随后举行亲耕礼，完毕后在观耕台观看王公大臣耕作，这是一个农业帝国重要的典礼仪式，皇帝用他的实际行动表明了对于祖先和天地的景仰。

先农坛

具服殿

罗桂环（中国科学院自然科学史研究所研究员）：天安门（旁边的）中山公园，那里原先就叫（社稷坛），为什么叫社稷坛呢？社是（土地社），稷是五谷社，那么社稷呢，春秋战国时代已经变成国家代名词，你就可想而知，农业对这个国家意味着什么。

1756年春天，欧亚大陆的另一端，凡尔赛宫花园里洋溢着泥土的芳香，法国皇帝路易十五特意在春分这天扶起了犁，效仿中国皇帝的样子举行了一场“亲耕大典”，以显示他亲民重农的姿态。在18世纪的欧洲学者眼中，遥远的中华帝国是所有欧洲君主学习的榜样，因为中国的制度完全遵循“自然法则”，是最明智的统治和生产制度，一旦人为的秩序违背了这种客观规律，人类社会就会进入一种病态。

田松（北京师范大学哲学与社会学学院教授）：你看中国自然山水画，人和自然都是融为一体的。很高很高的山，人在自然里面是很渺小的。他在自然之中，获得这种位置，他不是把自然当作自己的敌人、当作自己的对立面。……万物有灵

嘛，人不是这个自然中最牛的。万物灵长，是承认其他灵的存在的。那么人要考虑和其他的生灵、其他的万物，和平相处。

时间进入21世纪，面临生态气候危机的人们，再次回头从中国“天人合一”的古老哲学智慧中寻找思想支持。但是就在一百多年前，当工业革命的号角在每一块大陆上相继吹响，那种古老的屈从于自然的行为法则，在经历工业狂飙的人们眼里，就成了落后的代表和被嘲笑的对象。

叶文虎（北京大学中国持续发展研究中心主任）：（人们的思想）在工业文明之后，开始变了。因为我们觉得人类的智慧太厉害了，可以发明蒸汽机，蒸汽机拉着火车头跑，刮风下雨都能跑，开着轮船可以在大海里航行，过去这些都很难想象。（人们）原来敬畏的（东西）太多了，后来想，我自己了不起，我应该敬畏自己。

闭关锁国

1876年，美国迎来了100周年国庆，也正是这一年，第二届世界博览会在费城举行。电话、电报、缝纫机、自行车、打字机等发明第一次出现在人们的视野中。正是从这一次世博会开始，越来越多的关于“电”的发明运用，将不断颠覆人类的生产和生活方式。

费城万国博览会的所闻所见，多年以后仍历历在目，那些设计精巧的机器无一不充满探索创新之精神，凡事以机器代人力，无不事省功倍。行至大清展区，只见各省绸缎、银器、雕花玩物，虽获洋人交口称赞，却令我面红耳赤，不愿久留……

从费城回来之后，我决定不再保留我的辫子，黄氏兄弟听到了害怕得不行，因为身体发肤，受之父母，不敢毁伤。但鲍勃一直支持我：你们中国人什么都不敢改变，正是因为这样你们国家才一点都无法进步！我很生气，却又无力反驳。晚上回到布朗夫人家里后，我偷偷拿来剪刀，在自己的屋里，含着泪水，毅然决然地把脑后那条辫子剪了下来……

广州，黄埔古港，在落日的余晖之下显得寂寥落寞，很难想象在将近一百年的

黄埔古港今景

洋人所绘黄埔古港图

时间里，这里是中华帝国唯一的对外口岸。1757年，大清帝国政府将外国商人在华贸易一律限制在广州，进口商品也极其严格地规定在有限范围之内，大米和豆类、小麦和杂粮、生丝和绸缎，甚至马匹书籍等都在禁止之列，这种状况一直延续到1842年中英《南京条约》签订才被打破。

李志英（北京师范大学历史学院教授）：中国自古以农立国，农业是正业，工商是贱业。这种观点的存在阻碍了工商业的发展。所以到清末，清政府搞预备立宪改革的时候，需要专门对这个问题制定一些政策，来扭转人们的观点，比如你投资多少万，我就赏你一个爵位。在这之前，农业受重视，搞工业、搞商业是受歧视的。

长期自给自足的农业经济让国人对自己既定的生活模式产生了惯性的依赖，他们不愿意背井离乡，外部的世界对中国人并不具备吸引力，他们更不愿意像那些借助机械动力恣意扩张的同类那样，成为世界舞台的主角。中国人以一种独特的被动方式开始接受外部世界，这其中也包括那些先觉的中国知识分子。

文明之光

1880年秋天，我以优秀的成绩进入耶鲁大学的理工学院，开始学习那些令西方世界蓬勃进步的先进科学。那一年的冬天，老师带着我们一起来到他的一个朋友在门罗帕克的实验室，观看一个被称为“未来之光”的新发明。夜幕降临后，几十盏电灯被同时点亮，发出明亮的白光，整个院子被照得如同白昼，在场的所有人都发出了惊奇的呼声。在那一刻，我对人类无限的创造力发出由衷的赞叹。

纽约曼哈顿的珍珠街是世界上第一条被电灯照亮的街区。1882年9月4日晚上，珍珠街的85户家庭和商店内外灯火辉煌，400盏电灯点亮了整条街，这之后不久，通过地下供电网络，3000多盏电灯在纽约的街头和家庭里亮了起来。爱迪生的这项发明彻底改变了人类漫长的黑夜史，在之后的日子里，电灯的光芒几乎就代表了人类现代文明的光芒。如今，这样的光辉已经从曼哈顿那1平方英里的街区，照亮了整个星球。

当代的曼哈顿夜景

大卫·M.肯尼迪：托马斯·爱迪生是美国人。他筹建了第一个发电厂，并实现

了电力商业化。这并不只是昙花一现的噱头。实际上这对人们的生活产生了立竿见影的影响。美国社会已经逐渐形成了一种环境，让这些发明可以迅速实用化、商业化。电力的使用是一个很好的例子。

在电力时代，煤似乎正在从人们的生活中消失，但实际上，除了少数水力发电站，大部分发电厂的能量来源都是煤，煤的开采并没有任何衰落，在1850年至1890年间，每过10年，美国煤炭的消耗量就翻一番。电力的使用，实际上进一步加固了这种化石能源对世界的统治。

开平煤矿

天津泰安道5号，这座希腊风格的建筑，曾经是开滦矿务局的旧址。一百多年前，时任北洋大臣的李鸿章，认为中国之所以战败，是因为国力贫穷，进而将兴办洋务的重点转向了“求富”。在李鸿章的主持下，河北、江西、湖北、山东各地，都纷纷建立了官督民办的新式煤矿，开平煤矿，是中国第一家实行机械采煤的近代化煤矿。

原开滦矿务局大楼

开平煤矿旧貌

开滦唐山矿一号井井架

李志英：开平煤矿投产以后，它的煤增产得非常快，在天津的市场上和洋煤，主要是日本的煤展开了竞争。大概只过了七八年，天津市场上的洋煤，大概年进口量三百多吨，就无足轻重了。

自从1877年开平煤矿创办以来，开滦唐山矿一号井井眼的位置，一直没有改动过。随着工厂的开办，开采廉价的煤炭和建立高效运输交通终于都被提上了日程。在李鸿章默许下，唐山至胥各庄铁路秘密动工。这条线路是中国第一条标准轨距铁路。但荒诞的是，因为朝廷内保守势力的

“中国火箭号”机车

坚持，在铁路建成后的若干年里，在它上面拉着车厢奔走的竟然是骡马，而不是蒸汽机车。

1882年，中国第一台蒸汽机车在开平被悄悄制造了出来，借鉴英国第一辆火车“火箭号”的名字，英国工程师为这台机车起名“中国火箭号”，但制造机车的中国工人却在机车两侧各焊了一条腾飞的龙，并自豪地称它为“龙号机车”。在1882年总督大人乘“龙号”机车视察唐胥铁路的照片中，李鸿章脸上并无太多喜悦的神色，正如他担心的那样，消息传到北京紫禁城，大小官员纷纷上奏弹劾，“谓机车直驶，震动东陵，且喷出黑烟，有伤禾稼，奉旨查办，旋被勒令禁驶”。

农业帝国

当船头划开扬子江平静的水波时，我的心中激动不已。朝廷因为学生流入异教，有辱国体，决定将出洋学生一律调回。在那个下着冷雨的早晨，吴淞口码头上，没有欢迎的人群，一队水兵把我们押送到了道台衙门后的一个破落书院里。我们不是学成归来的英雄，而是被洋教同化了的逆子。多年过去，大清国里依旧是一片陈腐愚昧的味道……半年之后，我终于回到了乡下的老宅。夜色中，四周景物都还像我走时一样。一个头发花白的老者开门出来，那是我的父亲，十年不见，他已经不能认出我的样子了……

19世纪后期的中国，仍然是一个庞大的农业帝国。新式煤矿、铁路和船厂，这些变化发生在沿海地区和通商口岸等一些小而孤立的土地上，农业与手工业依然在中国社会经济中占据着绝对主导地位，对于广阔的乡村来说，生活仍如几十年前一样暗淡迟钝地进行着。洋务运动并没能改变中国的面貌，而实际上，兴办洋务的目的，正是为了抵制外界的影响，从而维持在这片土地上循环了几千年的生存形态。

钱乘旦（北京大学历史系教授）：（旧时）中国没有这个主义那个主义，但是一直相信财富来自土地。可是当工业文明发生以后，当亚当·斯密的经济学说出来

以后，人们对财富的理解发生了变化——被制造出来的东西都是财富。这是一种新的理解。要去追求财富，追求什么呢？加快生产，推动制造，拼命地制造。

“力的世界”

1884年，我眼睁睁地看着福建水师在马尾海战中全军覆没，面对法军舰队的坚船利炮，中国人竟然寄希望于几只盛满硫黄火罐的中式木船，企图重演“火烧赤壁”的战局。中国的羸弱不是仅仅学习西方科技，或者修建几座兵工厂就可以改变的。李鸿章大人说得对，强国之道在于“求富”，而富国之道在于千千万万的实业。

两年之后，我的矿场破土动工，父亲的橘园下面，是一个储量可观的煤矿。但是此举却遭到了父亲的极力反对，老人痛斥我利欲熏心，涸泽而渔，焚林而猎。我毅然决然地坚持着我的选择，当橘园终于变为一片平地的时候，父亲那苍老的身躯也随着那被砍伐的树木倒了下去。

1894年，甲午之年，中国再一次在抗击外侮的战争中惨败，有着“亚洲第一舰队”称号的北洋水师从此不复存在，而更让国人心痛的是，这一次的对手是曾经被国人称作“蕞尔小国”的日本。无论帝国的精英还是民众，最后的自信心和优越感，都在这场战争中彻底崩溃了。

中法马尾海战场景（片中动画）

钱乘旦：甲午海战确实对中国影响很大，这以后变革的步伐就加快了。科学技术要学西方，越来越多的人意识到这是必须走的一步，甚至已经有一些人开始考虑制度的问题、思想的问题、文化的问题、价值取向的问题。

甲午战争后的中国，面临着被西方列强瓜分的局面，这个时期，学者严复翻译发表了英国生物学家赫胥黎的作品《天演论》，讲述物竞天择、适者生存的自然法则，向国人发出与天争胜、图强保种的呐喊。当古老的中国不得不从“礼的世界”被迫转向“力的世界”的时候，这个时代最令人着迷之处就是进步，而竞争是社会进步的原动力。

大卫·M.肯尼迪：马克思和恩格斯的著作《共产党宣言》中有一句著名的话，“资本主义迫使一切民族——如果它们不想灭亡的话——采用资产阶级的生产方式”。他们真正想要表达的是这种更悠闲、更富庶、更安全、更宽裕的生活方式的诱惑性以及吸引力。这种生活是非常具有诱惑性的，它使得个人乃至整个社会都致力于过上物质水平更高的生活。

生活在18世纪的法国思想家伏尔泰就告诉西方人，中国拥有世界上最大的国内市场与国内贸易，现在，他们终于能够前所未有地突破封建王国的屏障，享有这个巨大的贸易市场。这种外来的巨大的压力使得中国传统文化中那种山水之情，以及对自然进行关切和考量的文化因子，似乎都显得越来越不合时宜。

田松：尤其是在《天演论》翻译之后，整个中国的知识分子普遍地接受了所谓单向的社会（进化观），相信这个世界是沿着同一个方向走的，而西方就代表着这个方向，所以我们要全盘西化，我们要进步，要发展，也就是说我们主动地放弃了我们自己民族的传统。

阅读美国来信（片中动画）

点燃所有的煤矿

父亲的过世让我消沉了很长时间，我一度怀疑自己是否真的大逆不道，直到有一天，一封海外的来信把我彻底唤醒。鲍勃在信中说，自由的美国注定将成为世界上最强大的国家。随信寄来的还有一张照片，鲍勃身后的曼哈顿灯火通明，那是一个正在崛起的崭新的文明世界。我别无选择，这个国家也没有选择，尽管父亲说的也许也是对的。

我重新恢复了旧矿的生产，用剩余资金给父亲修缮了坟冢。闻着煤炭燃烧散发出的刺鼻味道，我充满了旺盛的斗志，我相信这黑色化石的魔力，给不列颠的战船和美利坚的实验室提供了源源不竭的动力的，就是这种味道。

1897年，一位名叫阿列纽斯的瑞典科学家，似乎也得出了一个适宜燃烧煤炭的结论。他声称，如果空气中的二氧化碳含量减半，那么整个世界的温度会下降5摄氏度，相反，如果空气中的二氧化碳含量增加，则有可能使地球温度升高。所以，这个身处寒冷北欧的科学家建议，可以点燃所有的煤矿来让世界变得更温暖一些。

这一年，在中国是光绪二十三年，谭嗣同完成了他的著作《仁学》，主张国家应该奖励工业制造，推进商业贸易，开发矿藏尤为重要。谭嗣同最终用他的生命呼吁中国摆脱农耕文明，走向工商文明。

钱乘旦：到了19世纪末20世纪初的时候，整个世界基本上被西方国家控制了。很多地区成为西方的殖民地。整个世界上一方面是全面的殖民化，另一方面是全面的反抗。而且这个反抗不是传统的反抗，而是一种以追求现代化、追求国家的工业化为目标的新的社会运动。革命的目标是建立新的国家、新的社会，学习西方，建立工业性质的整个的社会制度社会体系。

19世纪末的中国，正在被迫调整方向、改造自己，为救亡图存而走上血泪斑斑、伤痕累累的“追赶”之路。阿列纽斯的声音被淹没在发动机的欢唱中，人们毫无顾忌地在征服的道路上飞奔，要征服的对象既包括大自然，也包括自己的同类。

宿命

这一年的夏天，为了迎接远道而来的鲍勃，我来到了北京城。京城的局势会如此混乱，无法控制，这是我意想不到的。枪炮声震撼着整座城市，来自不同国家的士兵在扫荡着帝国古老的文明。我不知道该往哪里去，一个巨大的焰火在我身边爆裂，我的身体飘了起来，我恍惚看到远处骑在马上的那个军官，似乎正是蓝眼睛的鲍勃。

八国联军攻进北京城（片中动画）

我的身体像是一只断了线的风筝，当这片满目疮痍的土地渐渐离我而去，我忽然感到一种彻底的解脱……

一个新的世纪刚刚开始，美国青年福特制造出了他的四轮汽车，第一束无线电“摩尔斯电码”从英国柯尼什奥海岸传送到2000千米之外的纽芬兰岛，一架由莱特兄弟设计的机动引擎式飞机升上了天空。与此同时，位于世界东方的这个古老而辽阔的国家经历了巨大的震动。在这之后近半个世纪的时间里，中国将耗尽每个时代的所有的能量，来建立向往已久的工业文明，实现百年梦想的再度崛起。

受访者说

——钱乘旦

北京大学历史系教授。

我们现在采用的经济模式，或者说生产的制度性的结构，可能和人们所追求的可持续发展的目标格格不入。

我们现在基本上采用的是一种以利润作为基本杠杆，以财富作为基本追求的模式。这样的生产方式使得所有的人，无论是决策者，还是普通民众，都会把利润、金钱、财富等，看作是生产的指标、追求的目标。那么在这种情况之下，一个厂怎么样才叫办得好，无非就是看有多少的利润，有多少的生产，GDP如何，人均产值是多少，都是这么去衡量。尽管今天西方很多国家已经意识到环境问题、生态问题的严重性了，但是基本的衡量指标仍然是利润。

这样的追求会使得生产无限制地扩大，因为只有无限制地扩大，才能够不断保持企业的“成功”，从而促成这个国家的“成功”。

但是可持续发展追求的是什么？地球的资源是有限的，我们必须在有限的资源范围之内来合理地利用资源。这样的一种理想和我们现在的发展模式、经济运作的方式格格不入。

我们现在已经意识到所谓的可持续发展是如何重要，否则，人类到最后可能就不能发展了。我们已经意识到绿色文明是何等重要，没有绿色文明，我们这个地球家园甚至都可能消失。我们也意识到生态文明、环境保护等的重要性。越来越多的人意识到这个问题了。现在整个人类的共识有没有？我觉得，是有的。比如说联合国一再发出声明、制定原则等等。各个国家政府现在都不会说，我不要可持续发展，我不要生态文明，可是我们现在的经济运作方式又使得可持续发展的理想几乎是达不到的。

我们现在这样的经济运行的方式所造成的结果，哪怕你不承认，一定是无限制的发展，而无限制的发展就意味着无限制的破坏。因此，可能我们得到的不是可持续发展，而是可持续破坏，问题只是这个破坏的速度有多快。如果你有非常强烈的

意识，我要保护资源，要绿色文明，也许你能够延缓这个无限制破坏的过程。

但我们是不是该让这个过程结束，或者整个地被扭转过来，而不只是延缓它的速度。对此，我确实相当悲观，因为这个问题出在人类目前经济运行的方式上。

——李志英

北京师范大学历史学院教授。

记者：中国生态农业的发展萌芽是什么？

李志英：当农业达到一个足够先进的发展水平，也就是在机械化农业之前最高的水平之时，生态农业的发展有了必要的基础。另外，中国传统的天人合一的观点，即人类可以向自然有限度地索取，也是生态农业发展的重要原因。天人合一的观点来自入世的儒家，这与消极避世的道家不同，也与反对杀生的佛教相异，这个观点告诉人们，适度地向自然索取是正确的。这种观点是先进的。

咸丰当年的继位也与此相关，这是一个非常著名的故事。

当时和他竞争王位的是实力相当的六王爷，恭亲王爱新觉罗·奕䜣，奕䜣聪明能干，咸丰根本不如他。但是咸丰的老师杜受田非常有主意，在一个春天，道光和众皇子骑射的时候，他给咸丰出了一个计策，一个能让不精于骑射的咸丰获胜的计策。于是，到了晚上，最后收工的时候，大家都带回许多猎物，兴致勃发，向皇帝表示自己的骑射能力，而咸丰却空手而归。道光看到此情此景很是奇怪，便问他是怎么回事。他回答说："现在正当春天，万物滋生，我不忍杀生。"当然，这是他的老师杜先生的主意。而道光因为这件事和一些其他的事，认为这个儿子有忍者之心，有王者之相，再加上咸丰的母亲是皇后，于是传位给他。

从这个故事可以看出，对自然的索取要适度，不能涸泽而渔，不能把自然界的资源消耗殆尽。在这种思想的指导下，循环利用的桑基鱼塘出现了。这是一种农业文明的智慧产物，洼地里挖鱼塘，高地上筑堤坝，堤坝上种树，用鱼塘的塘泥浇灌树木，树上的叶子可以养蚕，蚕屎可以喂鱼等，形成了一个循环。这种循环，只需要投入一次，所有的东西都被循环利用。在这种情况下，人们既向自然索取了，又没有把自然逼到枯竭的地步。

所以我认为，中国这种生态农业的出现，虽然并不具备现代的环境意识，因为生产还没有发展到很高的程度，但是这种模式从朴素的观点出发，还是产生了在我们今天看来依旧先进的农业耕作方式。

记者：在近代化操办工业过程中的农业，是不是得到了延续和传承？

李志英：在19世纪后半期，中国的工业刚刚起步，（清朝人觉得）大自然的储存（很多），清政府没有意识到它有开采完的那一天。而且当时的开采能力太有限了，比如开平煤矿，它第一年的产量只有一千多吨，差不多是我们现在一个煤矿一天的产量。而且开平煤矿自古就有很多煤窑，开了好多年，依然存在，所以人们更加意识不到资源有限性的问题。从马克思主义观点出发，认识是实践的结果，认识是对现实的反映，所以，资源有限性问题的出现一定是工业发展到一定阶段的产物，不到一定阶段，人们无法感知到这种问题的存在。

记者：1840年之后，每到危难时刻，政府就大力发展工商业，农业就变成了弃儿，所以是否可以说中国从那个时候就造成了未来将要面临的诸多生态环境恶化问题的根源？

李志英：中国自古以农立国，农业是正业，工商是贱业。

清政府1901年搞新政，由于中国传统的重农抑商的观点对发展实业有影响，所以清政府出台了一系列的政策，大概有十几个，其中最主要的就是发展工商爵赏奖励章程。爵位在过去是很难拿的，比如说曾国藩最后是侯爵，李鸿章是伯爵，之后很难有人再拿到爵位，当时就有人评价说，湘军那么多的将领一辈子连个男爵都得不到，可是投资者却可以轻易得到爵位。

这个观点到了民国以后，就有点矫枉过正了，农业不受重视了。一直到20世纪30年代，农业就比较衰败，但并不是说完全衰败，还是有不少人在搞新式农业，搞良种的推广，清政府也有一些政策，比如要求民间改良棉种，说美国棉棉绒长，让大家都去用美国棉等等。但是总的趋势是大家比较重视工业，工业可以救国。农业相对过去的重农抑商，地位是下降了，资金也不往农村流了，都流到工业、流到城市去了。但是还有一部分人，比如说梁漱溟这些人在搞新农村建设，再比如说上海商业储蓄银行，是民办银行的龙头老大，发展非常快，他们带头搞农业贷款。同时还有很多科研人员去搞农业研究，比如卢作孚，他是中国最大的轮船公司的创办人、总经理，他在重庆搞农村社区建设等。但是相比过去，农业确实受了影响，进步相对工业来讲，进度比较慢，在整个国民生产总值中的比重下降。工业的比重上

升，但是工业的比重一直到抗日战争前，也不过就是百分之十几，中国还是一个农业国，所以新中国成立以后，我们说我们是一个一穷二白的落后的农业国。这是我个人的观点。

记者：近代工业兴办这些实业的目的，以开平煤矿为例，有没有给当时的洋务派带来具体收益？

李志英：办开平煤矿，主要目的还是解决那些机械局的燃料问题，机械局是现代化的军事工业，它的动力都是蒸汽机，用的燃料都是煤。机械在用煤的过程中，受到外人的要挟，然后就急迫地要用西法自行开采，于是开了一个开平煤矿。开平煤矿开采以后，它一方面满足了机械局的用煤需要，另一方面，（在解决）近代中国最迫切的“自强”问题（上）得到了很好的效果。中国过去要以银易煤，以银易铁，这样国家财政的钱流出去很多，煤矿的兴办，一定程度上解决了这个问题，这是“自强”，同时也是抵御外务。

开平煤矿投产以后，它的煤增产得非常快，在天津的市场上和洋煤，主要是日本的煤，展开了竞争。大概只过了七八年的样子，天津市场上的洋煤，大概年进口量三百多吨，就无足轻重了，所以它起到了很好的抵制外货、发展民族工业的作用。另外，开平所在的唐山地区，自古以来就有很多依靠燃料发展起来的工业，比如说砖窑、钢窑、陶瓷业等。近代之前，乃至办开平煤矿之前，因为缺乏燃料，这些工业都逐渐萎缩了。开平煤矿发展起来之后，它有清政府的减免税收的优惠，提供了比较物美价廉的资源，这些依靠煤作燃料的工业就都发展起来并且比较繁盛了。

后来又出现了一些新式工业，比如说开平煤矿的实际主持人唐廷枢，就办了中国第一个水泥厂，叫作细黏土厂，后来改叫启新洋灰厂。这是中国第一个水泥厂，可以说中国的水泥工业也发展起来。唐山地区成为现在中国工业化较发达的地区，与那时候奠定的基础有关系。

唐廷枢在筹备开平煤矿的时候，曾有人提出用大车运煤，一天需要五百乘，甚至更多，他说不要说没有这么多的大车，即便有，大车价格昂贵，运出去的煤，卖的价格也不合算，所以他就筹划要修铁路。但是，可能是因为财政资金问题，李鸿章没有搭理这事。唐廷枢是很务实的一个人，他知道做企业必须每一点都计划好，否则根本不可能盈利，而且他自己的资金投在股份公司里面，他也要为自己的资金考虑，所以他就想修一条从唐山到胥各庄的长度15华里的单轨铁路，剩下的路程他计划挖一条运河，这样来解决问题。后来，唐廷枢聘了一个叫金达的英国工程师，用废锅炉做了一个机头，叫“中国火箭号”，又从印度购买机车，这条铁路才顺利地运行，从而促使开平煤矿发展起来。后来这条铁路又不断地延长，延长到塘沽、天津等，形成中国最初的一个小的铁路网，所以中国的铁路事业也由此发展起来。铁路事业的发展，意义重大，对整个地区的经济的流动，对全国的示范效应都是非常重要的。

记者：大概是什么时期，中国人开始意识到环境保护的重要性？

李志英：环境保护意识，实际上是到民国以后才开始有的，但是也没有达到很高的水平。具体来说，因为清末以后，大量的留学生出国，看到了比中国先进几百年的国外工业，所以他们就不断地把国外的技术和理念带回国内。

中国传统的环境意识，体现在节约方面。中国人是很勤劳、很节约的。其实（那时）世界上其他民族也很节约，为什么？因为在21世纪之前，人类一直都生活在物质短缺的情况下，他必须节约，他没有浪费的资本。那么在办工厂的过程中，比如说化工厂，它会有一些化工废料，大家就从中国传统的节约观点出发，考虑怎么把它充分利用起来，用它生产东西，一方面增加效益，一方面避免浪费。

比如说张謇，他是著名的实业家，他办纺织厂的时候，也是充分利用了化工废料。比如说，他用棉花去纺织棉布，这个很正常。棉花里边的棉籽怎么办呢？榨油。棉籽油很难吃，一般是不能食用的，但是可以用作机械油。棉秆怎么办？作燃料。于是棉秆也被充分利用。所以说，这种古代的循环意识，是（与环保意识）接轨的。但是至于发展工业对环境有什么样的破坏，古代人的认识很少，传承下来的也就很少。但是留学外国的学生，不断地考察和回国报告，报告登在杂志上，外国的观念也就传播开了。

(根据采访录音整理)

美国梦·黑金子·全球变暖

金星，离地球最近的一颗行星，拥有和地球相似的体积和碳含量。不同的只是，地球上的碳元素绝大部分以各种形式存在于地下，而金星的碳元素则主要存在于大气中。这带来的差别就是，地球表面的平均温度是适宜生命生存的15摄氏度，而金星表面则高达463摄氏度，这就是大气中的二氧化碳的作用。

两百多年来的工业革命，人类仿佛正在进行着一场大规模的地球物理实验，几亿年来沉积在地下的有机碳在短短几个世纪时间里被重新返还到大气层中。而在最近的半个多世纪以来，我们生活中作出的每一个选择，几乎都像蝴蝶效应般的，不断加速着这个进程……

婴儿潮

（一个二战后婴儿潮时期出生的美国人的故事）那是1946年的洛杉矶郊外。我来到世界的第一眼，看到的就是一个手忙脚乱的医学院学生，当然还有一对慌张失措的年轻男女——我的父亲和母亲。我闻到油箱旁浓重的汽油味，哭了出来。是的，我出生在一条高速公路上——这在所有人的计划之外。这个世界上有很多事情都不在我们的掌控之中，但却很少有人愿意承认这个事实。

第二次世界大战后的美国，随着和平一起到来的，是数以百万计的新生婴儿。根据数字统计，1946年的美国，每小时就有330个婴儿呱呱坠地，从那年起，美国的婴儿潮持续了19年，为世界增加了7800万人口。在其他国家，人口的突然增长可能意味着更多的饥荒或失业，但对于此时的美国，婴儿潮却带来了新的活力。

大卫·M.肯尼迪：婴儿潮本身是这个二三十年超级繁荣时期的另一个表现。那也是一个财富扩张的时期。也就是说，不是只有一部分人变得富裕了，而是整个社会都富裕了。这个国家连续30年，保持平均每年4%的年经济增长率。在如此长一个时期内，这对于任何一个社会来说，都是非常值得称赞的成绩。

二战后，整个欧洲都在渴望用远渡重洋的美国物资来治疗战争带来的创伤，美国工厂所需要做的，只是停止生产坦克和军装，开始制造轿车和裙子。根据1948年的数据，仅美国一个国家，就承担了当时资本主义世界中一半以上的工业生产。同时，在全美家庭的账单上，还积压着1400多亿元的储蓄和战争债券等着被挥霍！战争结束了，他们只需要一个简单的理由，来全面开启和平时期市场经济的高速运转。婴儿潮的出现恰逢其时。

郊区生活

纽约东部的“列维城”是战后建起来的第一处标准化的郊区住宅。1947年，面对激增的住房需求，列维特父子在城市郊区的工地上，实行了如同流水线标准化的工业化操作，一度每16分钟就能造好一栋房屋。列维城式的住宅因造价低廉、经济实用，很快被各地效仿。对于刚刚拥有新生婴儿的家庭，拥挤嘈杂的城市公寓和空气清新、拥有草坪车库的郊区大房子，人们的选择显而易见。

“列维城”

人们在郊区的生活

大卫·M.肯尼迪：第二次世界大战之前，我们是一个以租房而不是购房为主的国家，约有40%的美国人拥有自己的房产。到1960年，第二次世界大战结束15年之后，我们成为一个购房为主的社会，有约60%的美国人拥有自己的房产。这只是众多数据中的一个，你可以用它来衡量那个时期是多么的繁荣富足。

我小时候最向往的，就是每周三的下午跟着妈妈到城里的百货商店购物。虽然城市里到处是阴暗肮脏的角落，但商场里的儿童角就是我们的乐

园。我们在那儿互相交换超级英雄模样的蜡质糖果。现在想起来会觉得奇怪，因为在尝到那仅有的一点甜味之后的几个小时里，我们其实都在嚼一块乏味的蜡！但那的确是那个时代最美好的回忆。

州际高速公路

随着越来越多的人住到远离城市的郊区，美国人越来越需要更加宽阔快捷的公路来实现远距离的交通。

在20世纪30年代，66号公路是唯一一条连接美国东西部的主干道。在大萧条时期，它的建设和使用给美国提供了上万个就业岗位，成为众多工人维持生计的救命稻草。66号公路也成了美国人到西部追求财富和新生活的梦想之路，被称作美国的“公路之母”。

66号公路博物馆

1956年，又一项伟大的公路计划启动了，那就是被誉为“金字塔之后最大公共工程”的州际高速公路计划。如同铁路对于第一次工业革命时的英国，高速公路，将赋予美国前所未有的发展速度。笔直平坦的四车道州际高速公路，在全美国范围内建立

州际高速公路

起了一个前所未有的交通网络。这之后，穿越东西部的旅程从两个月被缩短到了仅仅4天时间。随着高速路支脉的延伸，大量郊区住宅和新城镇在公路所到之处进一步蔓延、繁荣起来。越来越多的人在大都市里办公，却住在几十公里外的家里，纽约如此、洛杉矶如此、东京、上海也是如此。

轮子上的国家

20世纪50年代，高速公路已经能把人们带到美国任何一个角落，当然，要享受这种自由，你还需要一辆车。实际上，郊区化住宅的兴起和高速公路工程的建设，都有赖于私人汽车的普及。

20世纪初，亨利·福特首次采用标准化大批量的流水线生产方式生产“T型车”，因为这样的生产成本低、产量高，汽车才得以从贵族的玩物变成普通人的生活工具。实际上，美国人正是从生产汽车开始，学会了用流水线标准化的方式，用极低的成本批量生产出其他各种商品。可以说，美国就是从汽车的生产线上，一步步成长为一个工业化的超级大国。

大卫·M.肯尼迪：过去100年甚至更长的时间里，我们的国家已经形成一种模式，汽车成为日常生活必不可少的工具。

13岁时，我和莱尼是最铁的兄弟，我们经常偷偷把家里的汽车开出去兜风。我们觉得自己已经不是男孩，而是男人了，我们可以去任何自己想去的地方，做自己想做的事，成为自己想要成为的人。嗯，唯一缺少的就是一辆车。可在我把父亲的老福特撞进一棵橡树后，我连出门的自由都没有了，他却以此为借口买了一辆带有空调的新款水星车。

美国式的生活离不开汽车，而对汽车的需求，也带动了钢铁、橡胶、石油、维修、销售、金融、餐饮、旅馆等一系列行业的发展。越多人购买汽车，就越能带动相关领域的就业和增产，这些增长将能够再次转换为个人家庭的新增财富。美国当之无愧成为一个车轮上的国家，国民经济如同汽车仪表盘上的里程数一样飞速增长。经济学家评价那时的美国，简直是在高速路上“奔驰的资本主义”。受到美国的启发，德国、法国等欧洲国家，以及日本、韩国等亚洲国家，也同样开始把他们的经济繁荣建立在汽车飞转的轮子之上。而驱动这些车轮飞转的能量源头，则是一种黑色的液体——石油。

能量源头

在现代化工业体系以及城市生活中，到处流淌的都是这种黑色的血液。对于美国而言，它的需求已经不仅仅是保证石油的充足供应，而是必须维持它足够低廉的

价格。在20世纪的大部分时间里，美国的确做到了这一点。

莱斯特·布朗（Lester Brown，美国地球政策研究所所长、《B模式》作者）：在美国，过去我们的石油和汽油价格一直都很便宜。跟国际水平相比，我们现在的汽油价格仍然很低。跟欧洲和日本相比，它们现在每升汽油的燃油税可能是5美元，而在美国，只有35美分，简直微不足道。而且，在美国，不知是什么原因，我们觉得便宜的汽油就像是一种与生俱来的权利，如果你生为美国人，你就该享受到便宜的汽油。

丰裕社会

临近大学毕业的那段时间，我没在学校，而是和来自全国的青年人一起聚集在华盛顿纪念碑下，弹着吉他，用音乐抗议发生在越南的战争。那时候，我和女友丽萨真的害怕，这个美好的世界，会在某天早晨毁在人类自己制造的核弹之下。我们不允许这样的事情发生在我们身上，我们还没有来得及去爱、去享受即将到来的属于我们的幸福生活。

20世纪中期，许多普通的美国人还没有意识到，自己已经在享受着世界上最为富裕的现代生活。他们消耗着世界40%的发电量，一半以上的钢铁和石油产量。美国人口只占世界人口的5%，却拥有比其他95%的人口还要多的财富。美国中产阶级普通家庭享有的物质生活，已经远比中世纪的国王要充裕、舒适和便利。

大卫·M.肯尼迪：美国有一位非常著名的小说家，名叫菲利浦·罗斯。他写过很多非常棒的小说。其中最著名的一部小说叫《美国牧歌》。在那部小说中，他想要让读者了解战后美国的情绪。他说，那是美国历史上集体沉醉的伟大时代，整个国家都沉醉于自己的富足和自信。他说得一点儿也不错，这的确是那个历史时期的真实写照。

当酒吧里的人们全神贯注地看着在月球上蹦跶的阿姆斯特朗时，丽萨惊讶地发现了酒杯里浮现出的那枚钻戒。第二年的春天，我和丽萨结了婚，开着岳父送的奔驰汽车，在城里最好的医院工作，住在郊区的房子里，看着新买的彩色电视。既然世界大战不会再次爆发，就让我们来好好享受生活吧。

信用卡

艾伦·杜宁（Alan Durning，纽约世界观察研究所研究员）：20世纪50年代到60年代，可能是世界历史上第一个时期，数百万人都获得了舒适的物质条件，之后这成了一个全球的模板。这是一个消费社会很好的开端，每个家庭都拥有汽车、电冰箱、洗碗机、洗衣机、烘干机以及其他各种各样的家用设备。有至少一台电视，

纽约时代广场

每个孩子都有独立的卧室。这是这种新生活方式的开端，它逐渐成为一种榜样，不仅是美国人的目标，也是世界上其他国家追求的目标。

在这个物质极大丰富的年代，并不是每个人都无忧无虑。经济学家和银行家们开始担心，如果人们的需求都得到满足，如果他们不再消费，那么市场和经济便会随之垮掉。所以，必须有一种模式，能够不断强烈地刺激人们的购买消费欲望。

艾伦·杜宁：随着时间的推移，美国的金融机构、银行等发明了两种方法，让人们能够更轻松地消费。他们发明了信用购物，通过信用卡和其他计划，使得人们能够寅吃卯粮，拥有当时买不起，但是可以慢慢分期付款的东西。对于"所有人的需求都得到满足，经济就不会再向前发展"的恐惧就这样消失了。

大卫·M.肯尼迪：信用卡非常有意思。很多人，我也是其中一个，更多地会使用信用卡消费，而不太用现金。但这个现象更深层的内涵，我想应该归结到信用，它是信用卡的一部分，信用卡是最现代的将信用发给消费者的方式，能让他们去购买日常生活中所需要的几乎所有东西。

信用卡使消费者的购买力被有效地放大了，市场收到了积极的信号，生产增长了，商场到处都是欢乐的刷卡声音。经济学家赞颂这项发明是舒适与美和效率的结合，是幸福的物质条件。

1971年的感恩节，丽萨在医院里生下了女儿莎拉。为了迎接她和保姆的到来，我们搬进了一套三层楼的新家，旧房子已经用来作了抵押贷款。由于逐渐增大的家庭债务负担，我尝试着办理了一张信用卡，用它来支付新买的空调。几个月后，我又去办理了另一家银行的信用卡，用它的透支，帮助偿还原来那张卡的欠

款。我终于在拥有第5张卡的时候，把握住了收支的平衡，熟练地循环使用未来的钱，买下了一套日本生产的豪华音响。有人说这是一个骗局，但我觉得全美的银行家和商人都是我的朋友，在我看来，对经济社会来说，节俭可能是一种病，自由地消费才是一种美德。

消费社会

消费社会的进一步深入发展，是将消费强调为消耗。易拉罐是又一项美国味十足的发明。传统的铁罐被钉上一个拉环，配以适度的刻痕，人们就可以不借助工具，轻易地打开密封的金属罐头。啤酒和碳酸饮料迅速采用了这种便利的包装形式，并且大受欢迎。之后，各种只具有一次性使用价值的商品，迅速流行起来。

莱斯特·布朗：我们现在的经济模式，以美国为例，是以化石燃料为基础、以汽车为中心的消耗型经济。消耗品对经济发展大有裨益，因为消耗得越快，经济发展也就越快。假设所有东西都只能使用一年，之后便立刻丢弃，可以想见经济发展速度将会有多快。

克里斯·约旦（Chris Jordan，美国摄影师）：我认为在美国，我们活在一种幻觉之中，觉得拥有更多的东西，或者一份能赚钱的工作，赚到钱之后能够再去买东西，就意味着我们是自由的。然而越来越多的美国人开始意识到，我们工作的时间越来越长，信用卡的债务越来越高，我们买房而背上了越来越多的长期贷款，买车需要很多很多年来还款，我想，人们会觉得越来越不自由。

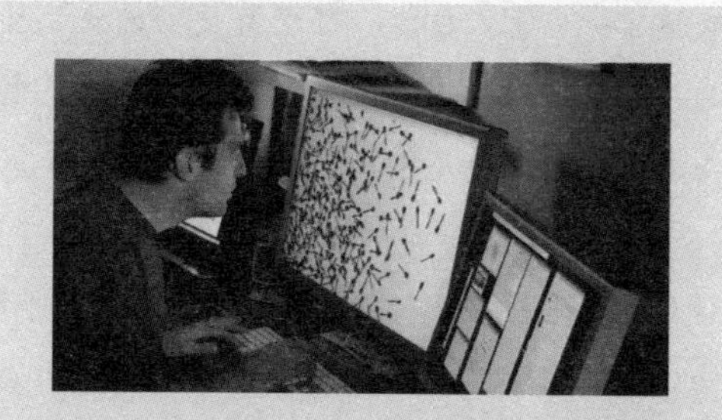

克里斯·约旦在工作

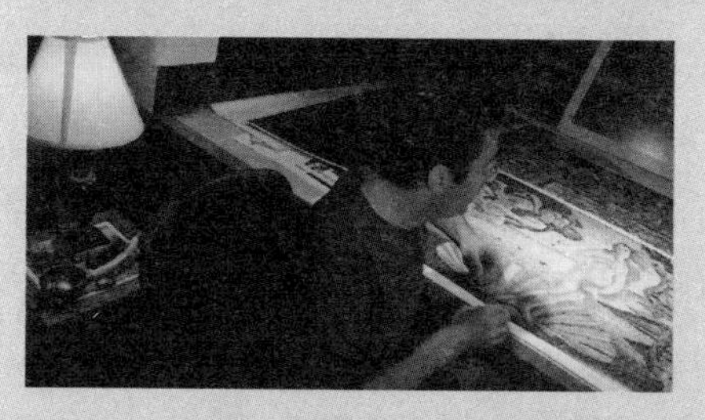

用塑料袋制成的《维纳斯的诞生》

流下悲伤眼泪的维纳斯

多年来，摄影师克里斯·约旦一直热衷于创作一种极为特殊的摄影作品，他将垃圾场里的废弃物密集排列后，产生了一种令人震撼的特殊效果。

克里斯·约旦：这是一幅波提切利的名画《维纳斯的诞生》。维纳斯是代表尘世之爱的女神。我用25万个塑料袋制作成了这件作品，这个数据是每10秒钟全世界的塑料袋消耗量。一滴悲伤的眼泪正从维纳斯的眼中流出。这表示她为发生在我们世界上的毁灭而感到忧伤，为我们对资源的消耗而忧伤。

克里斯·约旦近乎疯狂地一遍遍排列着这些被消耗掉的垃圾：2.8万个42加仑容量装的石油桶，这是美国每2分钟所消耗的石油量；32万只电灯泡，它们所消耗的电能相当于美国全国因导线接触不良、电脑进入休眠状态或者低效能家电待机等原因所造成的1分钟的电流浪费量；1亿支牙签，制造它们所用的木材量等于美国每年制造邮寄纸制宣传品的所需……

艾伦·杜宁：当我们被一次性的物品包围的时候，我们的日常生活，不知为什么，开始变得愈发没有意义。美好的东西越来越少，我们对那些可以长时间保存的精美物件的情感也变得愈发淡漠。因此，就出现了一个消费的难题和悖论。当你越来越富有，你会看到越来越多的环境危害，会觉得无依无靠、没有归属感。

石油危机

1978年夏天，我终于实现了躺在后院的泳池里喝啤酒晒太阳的愿望。我们一家搬进了一个富人社区，那里有更好的空气和学校。其实那时候我正在经历第一次个人的经济危机，为此我瞒着丽萨将房产和车全都抵押了出去，将仅剩的资金投入了一个将要破产的维特兄弟私人加油公司里，没想到，好运气那么快就来到了我的头上。

圣诞节前的一个周末，我在路上被堵了半个小时后，才得知这是由排队加油的车辆引起的交通大堵塞。我迅速拨通了维特兄弟的电话，告诉他们应该立即让我们所有的加油站停止汽油供应。很快，市面上3块钱的油价涨到了5块，之后迅速达到了11块。当大石油公司的加油站无油可卖的时候，我们高于原价3倍价格的汽油被抢购一空。

第一次石油危机发生在1973年，中东的几大石油输出国以前所未有的决心，对支持以色列的美国实施石油禁运，一直只是科学幻想的能源危机立刻变成了现实。石油危机持续了3年，美国的工业生产量下降了14%，日本的工业生产量下降了20%以上，所有工业化国家的经济增长都明显放慢。一夜之间，石油从经济成功的一个因素变成了导致经济和政治脆弱的根源。

斯图尔特·艾森斯塔特（Stuart Eizenstat，美国前副国务卿）：我在克林顿内阁工作了8年，在卡特内阁工作了4年。我是卡特总统国内政策首席顾问。在我们还不知道气候变化是什么的时候，卡特总统就已经十分重视清洁能源和节能的问题了。我们已经看到了对国外进口原油的依赖可能产生的影响。1973年第四次中东战争后，中东产油大国对美国实行石油禁运，我们经历了第一次能源冲击。石油价格飙升。这对当时的经济带来了巨大的负面影响。

莱斯特·布朗：突然之间，人们意识到我们无法承受对石油供应的任何干扰，

因为这会导致价格上涨，加几加仑的油可能要排好几小时的队。人们开始意识到这种以化石燃料为基础、以汽车为中心的消耗型经济，从长期来看，可能并不可行。

那是一个半山上的豪华别墅，泳池、美女、烈酒，一样不少，和他们相比，我在石油危机时期简直就是一个慈善家。谁会相信，我就是在这个地方遇见了老朋友莱尼呢？当他告诉我，这里是他的房产之一时，我还真以为他是在开玩笑。所有的一切只因为这个家伙从事了3年的石油走私贸易。"就像大麻一样，一旦你沉浸其中，你就会时时刻刻需要它，"莱尼说，"我说的不是自己，是这个国家，是石油让这个国家变得像天堂一样美丽！兄弟，你现在有机会进入这财富的源头，你值得享受这样的生活。"

在第一次石油危机时，美国政府曾经出台了一项计划，最迟到1980年摆脱对进口石油的依赖。1973年，美国平均每天进口石油625万桶，相当于其石油消费的35%，可到2006年头8个月，美国石油和石油制品进口比1973年高了1倍多，平均每天1375万桶，占其需求量的60%。

美国之所以难以摆脱对进口石油的依赖，并不是因为北美大陆的石油已经开采殆尽，而是因为开采所附带的技术和人力成本要远远高于中东地区。与深度的钻探和挖掘相比，那片海湾的土地几乎打破一个裂口，就会有黑色的液体喷涌而出。所以直到今天，中东产油国依旧是影响国际油价的重要因素。

1981年秋天，我来到了世界上最危险的地方——中东。政府封锁了伊朗赖以生存的石油贸易，我却可以买到比往常还要便宜的原油。要知道，这两年的油价，已经从一桶13美元涨到了34美元。剩下的时间，我只需要在南太平洋的小岛上，与年轻的女孩一起躺在椰树下。是的，丽萨一年前离开了我，我把能给的都给了她，她却觉得那些都不是她想要的。这让我多少还是有些伤感，并不是所有事情都在我的掌控之中。

最热的夏天

在长达8年的两伊战争结束的那个夏天，大部分美国人第一次听说了那个比资源耗竭更为严重的末日预测。1988年是当时有史以来最热的一年，69个美国城市都创下了最高的单日高温纪录，在洛杉矶，一天之内有400个变压器爆炸。美国中西部遭受了一个多世纪以来最严重的旱灾，密西西比河因为大旱而断流。就在这样炎热的一个上午，美国航空航天局的研究员詹姆斯·汉森，在国会正式发表了关于全球变暖的预言。

詹姆斯·汉森：那是一个极度炎热的夏天。那一天，华盛顿的气温超过了100华氏度（约合37.8摄氏度）。那是非常潮湿闷热的一天，所以也就吸引了很多媒体的注意，可能也帮助公众意识到了这个问题。虽然我们还是没能采取应有的行动应对气候变化，但至少公众对这个问题有了更好的认识。

詹姆斯·汉森以坚定的口气向议员们作证，"温室效应"再也不是一百多年前瑞典人阿列纽斯的一种猜测，它在现实中确凿地发生着。

燃烧的海湾

至少有10分钟，我惊恐地看着眼前的场景，发不出一点声音。空气里充满沥青的刺鼻气味。红色的火苗在抖动着，疯狂地燃烧。那是一片离海湾最近的油井，那是这个世界上最炙手可热的财富，数十亿美元正在离我那么近的地方，无可挽回地燃烧！过了好一会儿，我才突然意识到，我竟然还活着。

1991年，海湾战争。我觉得又一次机会摆在我的面前，美国梦又在向勇敢的人们招手，我又一次来到了中东。就在我即将离开的那天中午，我的车队卷入了美国海军陆战队和伊拉克军人的交火中。世界上最先进的重型武器开始疯狂地相互屠戮。一声巨响以后，我便没有了知觉。醒来以后，眼前是一片地狱般的景象。我拖着受伤的腿，避开正在清理战场的美军士兵，往远处的村庄走去……

地球峰会

在科学家们看来，气候变化给人类带来的危害，甚至不亚于一场全球性的核战争，但同样令人惶恐的观点是，如果要使地球在这场浩劫中生存，唯一的方法就是改变人类工业革命以来的发展和生活模式。

1997年12月，人类历史上第一部以法规形式限制温室气体排放的协议《京都议定书》最终得到通过。之后的十多年中，陆续有183个国家签署了这项条约，而作为排放大国的美国却一直处在犹豫状态。早在1992年的气候峰会上，当时的美国总统布什就表示，“美国人的生活方式不是拿来谈判的”。

斯图尔特·艾森斯塔特：我对美国参议院拒绝批准政府签订《京都议定书》非常失望。我当时就在东京，亲身经历了那些夜以继日的谈判。

签订《京都议定书》

詹姆斯·汉森：对于大气中过量的二氧化碳，很容易明确责任。因为我们有明确的数据显示燃烧了多少化石燃料。例如，美国要对27%的大气中过量二氧化碳负责，这远超其他任何一个国家。

莱斯特·布朗：美国是西方经济发展模式的代表，从长远来看，这个经济模式并不是一个可行的选择。

克里斯蒂·托德·怀特曼（Christie Todd Whitman，美国弗吉尼亚州前州长）：我觉得我们的生活非常不错。但是，我担心我的孩子，我孩子的孩子，是不是还能享受到跟我一样好的生活，拥有跟我们一样的选择。

这一代人的反思

没有人能想象得到，在那之后的一年里，我在科威特的村庄里经历的是一种什么样的生活。是的，一年之后，我才回到了纽约。所有人都以为我已经死了，然后顺理成章地瓜分了我的股份和财产。我成了无名氏。那最初的一周，我在中央公园的长椅上坐着，一无所有。奇怪的是此刻我一点也不愤怒，无比平静。我回想着我所经历的这几十年贪得无厌的生活，想起了小时候沉迷的蜡制糖果，在尝到最初的甜头后，其实一直沉浸在乏味的咀嚼中。

莱斯特·布朗：我想，是时候问问我们自己，究竟想要一个怎样的未来，或者是否还想要一个未来？因为如果我们继续现在的做法，我们将会看到整个文明的覆灭。

克里斯·约旦：我想美国，可能还有世界上其他国家，思考时都存在短视行为。我认为，如果人类要走出革命性的一步，拯救我们自己，就必须站在全球的、集体的、长远的视角考虑我们的未来。

艾伦·杜宁：美国梦也可能是整个世界的噩梦。如果世界上所有人都像美国人一样消费的话，我们将会彻底地改变气候，毁灭我们的地球，留给我们的子孙后代一片残垣断瓦。

脆弱的世界

一切事物都显得那么不堪一击。伴随着世贸大厦的倒塌，我被诊断出患上了癌症。

我还是一个无名氏，2004年印尼海啸后，我和一批欧洲公益组织的医疗队来到斯里兰卡，来帮助这里一无所有的人们。我想在这个远离喧嚣的地方安静地生活下去。可是，两年后，附近建起了一个新的橡胶工厂，修通了公路，竖起了通信基站。当地的年轻人开始使用手机、学会了上网，路过的汽车的引擎声使得小镇热闹不已。这里和美国越来越像，我有点不知所措。这样的变化像细菌一样到处蔓延，像癌细胞一样，不可救药地在这个星球的每个角落繁衍，把自然消耗掉，变成再也无法循环的垃圾。我不想看着这一切发生，我打算离开，但我不知道该去哪里……

受访者说

——艾伦·杜宁（Alan Durning）

美国纽约世界观察研究所研究员，《多少算够》一书作者。他在书中通过论证得出，消费社会只会短暂地存在，消费观念与环境保护的关系密不可分。

消费型的社会：一次性物品泛滥

比如饮用苏打饮料，短时间内你会觉得有个容器来盛水，并且可以随时扔掉，不需要清洗和归还，这一切都太舒适了。但是如果以长远的观点来看待我们的经济、我们的星球以及这种生活方式，你就会明白人们不能以这样的方式生活，否则就会毁掉我们的星球，改变全球气候使之变暖。

消费型的社会提供了越来越多的一次性物品，从可扔掉的相机到纸餐巾、服装，现在甚至连隐形眼镜都变成了一次性使用。每个人都买质量较好的电话，希望它能使用一年，但以前的有线电话可以使用二十多年。一次性使用是种快速替代，这种趋势明显遍及我们生活的各个方面。从前美国小孩上学的午餐，都是爸爸妈妈在家里准备好的，而现在他们带来的午餐都是独立包装的加工食物。这对他们的健康没好处。装食物的盒子都是些一次性盒子，都是可以扔掉的。

美国梦：世界的噩梦？

美国梦也可能是整个世界的噩梦。如果世界上所有人都像美国人一样消费的话，我们将会彻底地改变气候，毁灭我们的地球。有些科学家专门研究自然资源消耗，以及人类向大气和水中排放废弃物的问题，他们得出结论，如果按照美国的生活方式，我们需要4个地球。

但我们对未来仍抱有希望。发展中国家如中国等，可以从美国的发展中吸取经验，同时抛弃一些不好的东西，美国也可以向其他国家学习。我们要向充足的全球化发展，让人们拥有现代化的技术、高效率的舒适感、健康的交通、足够的不拥挤的生活区域。每个人都有足够的营养、美味的食物、有趣的社区，而不是住在那种我们叫作大厦的房子里。要满足生活充足的目标，需要我们走贫穷和消费中间的一条道路。

我是在美国历史上的婴儿潮时期出生的，这一时期是在第二次世界大战后二十多年。从某种意义上来说，这一时期出生的人是美国历史上最幸运的一代。我们生活在美国经济快速增长的时期，做了很多错事，但也做了一些让我们自豪的事情。最引以为豪的，就是我们这一代提升了国家和世界人民的身体健康水平。我们根除了一些地方的可怕疾病，比如小儿麻痹症。

婴儿潮时期出生的人太自我，我们想要得到东西，却不愿意买单。这种贪婪和自私是最让我羞愧的地方。

——大卫·M. 肯尼迪（David M. Kennedy）

美国斯坦福大学历史学教授，对美国的发展历史、工业时代之后社会生活各个领域的变化有很权威的认识。

记者：在20世纪50年代到60年代，美国一般中产阶级家庭生活水平已经很高了，其富裕程度和舒适程度堪比中世纪的国王。当时一个普通的美国中产阶级家庭生活是什么样子？

大卫·M. 肯尼迪：第二次世界大战之后大约25年的时候，也就是二战后一直到20世纪60年代，是经济腾飞的最黄金时期，那时候美国经济持续发展，社会各领域普遍繁荣。这一时期与过去20年左右的时间在工业化国家所出现的贫富差距现象并不相同。当时财富主要流向了中产阶级，所以就出现了中产阶级迅速富裕的现象。当时面对着这样一个大好的经济发展前景，人们自然对未来充满了信心，他们感到安全、感到舒适，他们觉得未来的生活在物质上是有充分保证的，就是因为这样我们最终才能够在种族和平等问题上取得真正意义上的进步。还有许多别的方式去衡量那个时代。20世纪50年代，第一张大莱卡公司的信用卡出现了，同一个时期，第一家麦当劳快餐店开业了。1950年，电视机在美国几乎无人知晓，而在不到10年的时间，1960年之前，已经是家家户户都拥有的主要家用电器了。

记者：对于一个美国人来说汽车意味着什么呢？

大卫·M. 肯尼迪：对于美国人来说车子的意义是什么，要看你到底住在哪里。如果你住在纽约或者芝加哥这种城市的话，车子恐怕没有什么实际的意义，更大的可能只是个负债吧。但是如果你住在加利福尼亚这些西部城市的话，那么就不一样了，因为这里的城市都很分散，城市之间的距离很远，汽车成为日常生活必不可少的工具。

记者：汽车生产制造工业对于美国的重要性在哪里呢？

大卫·M.肯尼迪：从历史上看，汽车制造业绝对是一个社会历史进程中的核心产业之一。汽车工厂为工人们发放工资，为他们提供了工人阶级的身份，很多汽车制造业同时也是工人们组织起来与右翼团体作斗争的战场。我想大家都知道20世纪30年代发生的非常著名的美国汽车工人集体静坐大罢工，这是美国工人阶级历史上重要的一页。所以说汽车制造产业对于美国来说是十分关键的，这也是为什么当我们发现美国的汽车制造产业在过去的几年时间里有些低迷，在走下坡路的时候，我们都会感到十分紧张。

记者：美国人在信用卡的使用方面是怎样的？

大卫·M.肯尼迪：我很少使用现金，大多数购物我都是刷卡的，我身上不怎么带现金。我相信有一天钞票会成为古董，会成为人们一点都用不到的东西。现在这种趋势已经越来越明显了。说到信用卡的历史，就得追溯到20世纪20年代，那时候很多工厂都是生产家用电器的，比如说电冰箱、洗衣机等。生产者为了使得消费者能够尽量多地购买他们的商品，于是就开始放大对他们的信贷额度。我们有时候称之为分期付款，因为还钱可能要等几个月，甚至是几年之后。对我来说这里真正的内在问题是，扩大信贷额度不仅仅是商业的问题，牵扯进来的还有银行，以及其他机构，这些机构介入商业之中引导个人消费者以及家庭的消费。这已然成为这个国家一种很典型的生活模式，我敢说不仅仅是这个国家，其他地方的信贷情况也是如此，而且所有涉及发放信贷的机构都有过滥用资金以及不稳定的情况。人们身上有太多的负债，以至于超过了他们实际的支付能力。过去的两年我们刚刚在世界范围经历了信贷危机超出控制范围的情况。而我个人对过去两年的经济危机简单的概括就是：这是另一个商品泡沫。我们经历过许多商品泡沫，只不过这次商品变成了信贷。

记者：您觉得美国人由于战后的经济发展、科技发展所过上的生活可以称作是标准的幸福生活吗？

大卫·M.肯尼迪：这探讨的是什么才叫作幸福。到底什么才会让人觉得快乐，答案很可能就是他们做的是什么。如果给人们很多的选择，让他们从中挑选会让他们觉得快乐的事情去做的话，他们就会感到幸福。那段时期的美国人有了他们自己

的选择，他们选择参与到工业化和商业革命之中，选择提高他们的物质生活水平，因为他们认为这样会更幸福。但是这种选择是否让他们真的很快乐，这就上升到更深层次的心理问题了。如果追溯到工业革命开始的时候，也就是二百多年之前，那时候很多地方的人们都积极地想要组织起来参与到工业革命之中，因为他们都认为通过这个方式他们能过得更好，从而得到幸福。马克思和恩格斯的著作《共产党宣言》中有一句著名的话，“资本主义迫使一切民族——如果它们不想灭亡的话——采用资产阶级的生产方式”。他们真正想要表达的是这种更悠闲、更富庶、更安全、更宽裕的生活方式的诱惑性以及吸引力，这种生活是非常具有诱惑性的，它使得个人乃至整个社会都致力于过上物质水平更高的生活。至于我们的星球是否能够维持我们这种生活方式，这应该引起我们以及我们下一代人的关注。

记者：1992年的气候峰会上，老布什总统说过一句话，“美国的生活方式是不能谈判的”。现在20年过去了，您对这句话怎么看？如果世界上其他国家也采用美国人的生活方式，这种做法会有可能性和可持续性吗？

大卫·M.肯尼迪：这个问题很有意思也很难回答。肯尼迪总统在他早年的一个演说中说过，我们美国人只占了世界上5%的人口数量，但是却控制了或者说使用了25%的世界资源以及能源，这样是不行的。他想应该有一个方案，使得全球的经济得以发展，这样世界上其他国家的人们也能够接近或者说达到美国人的生活水平。我相信世界上每个人都应该有着同样的担心，因为地球母亲的资源最多只能够支持60亿至80亿的人口达到西方国家，尤其是美国过去几代人所享受到的生活水平。在当今的科学技术以及知识水平下，我们如何利用有限的资源达到这个目的还的确是个难题。

记者：美国人表现出一种对物质追求的极大热忱，这种在现代文明中将物质利益放在优先地位的哲学观点，您是怎么看的呢？

大卫·M.肯尼迪：人们从美国19世纪初期一直到现在的历史中会发现美国人的物质主义，美国整个社会也有物质至上的社会特质，美国人民那种对于拥有能源、积累物质的追求十分热衷。我们对能源、对物质抱有如此的态度，有一部分原因是我们社会本身在自然资源、能源资源上就很丰富，从一开始的煤炭，到之后的石油和天然气。所以说有很长一段时间，我们的社会都在使用着非常廉价的能源，直到最近的几十年，美国的能源价格才出现了历史上的新高点，不论是煤炭、天然气还是石油，或是别的资源所提供的能源都是。所以说这对我们的社会来说是一个拐点。我们的社会和生活需要进行调整以适应一个全新的情况，我们已经不再像过去

19世纪以及20世纪的大多数时间那样拥有特权了。

记者：在20世纪初期开始一直到战后，高科技逐渐显露出它危险的一面。人们开始怀疑文明是不是在某种程度上出现了倒退。《西方的衰落》中提到，西方文明正在倒退，之后越来越多的人们也都持有同样的观点，即工业文明现在正处在一个十字路口，而现在所选择的道路也许最终走向的并不是一个光明的未来。您怎么看待这个观点？

大卫·M.肯尼迪：这个问题让我想起了一个很有名的故事，是关于美国著名作家马克·吐温的。有一天早上他在读报纸的时候发现了他自己的讣告。原因是有人以为他死了，所以写了一篇讣告投稿给了报社，讣告中说马克·吐温的死意味着西方国家的末日。马克·吐温写信给了这家报社的编辑，说“我的死亡被你们大大地夸张了”。这个故事成为在美国演讲中被多次引用的一个很经典的笑话。所谓的西方国家的倒退或者灭亡，其实早就被预言过无数次了。这段故事搁在很久之后仍然适用，但是这些预言没有一次言中。所以我对此抱有怀疑的态度，我并不认为在西方发展的历史中有深层的动力告诉我们西方的灭亡就在眼前。我认为西方社会跟其他的社会并没有什么两样，都是一样很有弹性的，会有缓冲空间以应对那些意料之外的变化，然后会继续前进。

记者：有一个说法是历史其实都是某种程度的循环。但是从19世纪开始，人类社会进入了工业社会，历史发展的轨迹就一直是呈直线进步的。您是怎么看待这两种说法的呢？

大卫·M.肯尼迪：你说得一点都没错。我们举例来说，1800年的人们的平均生活水平，其实跟1500年，或者1000年甚至2000年之前的人们的平均生活水平并没有太大的差异。而现在我们发生了很大的改变。在过去的两个世纪人类的生活和生产方式都发生了很大的变化。这样就应验了你刚才所说的，的确历史并不只是一个简单的没有止境的循环。这是一个历史性的发展，最终它会发展到一个终点，那个终点并不是我们能够定义的，但是可以知道的是未来绝对跟过去不一样，跟现在也不一样。这是过去几十年所有的科幻题材的小说里不厌其烦都会用到的前提。我们在进入现代生活的时代之前完全生活在另一个不同的世界中，所以我们完全有理由期待未来也会非常不同，当然不仅仅是不同，而是会变得更好。

（根据采访录音翻译整理）

第二部 黄色·回忆

稻谷·洪水·大迁移

丝路·绿洲·罗布泊

长城墙·大草原·上帝之鞭

小冰期·大饥馑·帝国兴衰

稻谷·洪水·大迁移

当蒸汽机在英格兰的小镇上轰鸣运转的时候，没有人能够预料，未来的两百多年里，人类究竟会走上什么样的道路。在关于未来世界的争吵和抉择中，我们又能够相信谁的声音呢？在那个所有人都任由狂风暴雨、洪水与干旱摆布的久远年代，总有一些难以忘却的经历，留藏在人类的记忆深处……在那些古老的回忆中，我们能否找到关于未来文明走向的线索呢？

赫图传说

（老者伯益独白）1.2万年前，赫图人的祖先居住在遥远的大河源头。那是一片异常美丽的山林，男人们打鱼狩猎，女人们采集野果，到处充满了安静祥和的气氛。在族人的眼里，女人具有神奇的力量，她们能够生儿育女，部落因此而人丁兴旺，女人理所当然地掌管着部落的一切事务。赫图人从不必为明天的生活而忧虑。他们相信神灵会慷慨地赐予生活所需的一切。但是，就像白天与黑夜注定要交替一样，这个世界没有任何事物是永恒不变的……

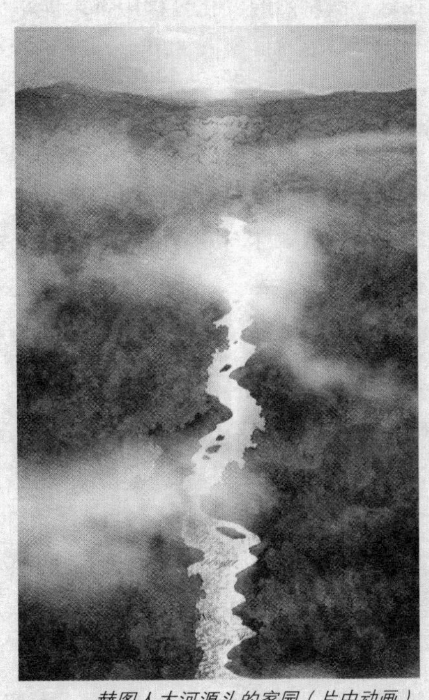

赫图人大河源头的家园（片中动画）

冰芯的秘密

多年来，史蒂芬森教授一直对北极格陵兰岛的冰芯进行研究。那些看上去似乎没有什么特别之处的冰体，仿佛一条时空隧道，完整地记录着古老岁月里的气候信息。

记录千年气候的冰芯

乔根·彼得·史蒂芬森(Jorgen Peder Steffensen，哥本哈根大学地球物理学院教授)：这块冰体没有任何作假成分，是真实的冰样本，上半部是我们气候时代的冰层，下半部是上个冰期的冰，中间部位正好是距今11730年的冰，那是冰期结束的时候。每年积累的冰大约5厘米厚，所以这个冰样本包含了那个时期大约一个人一生的时间，大概是30至35年。

根据对从格陵兰岛取得的冰芯的研究，科学家们发现，就在距今1.2万年前，短短十多年内，地球北极地区的平均气温下降了大约10摄氏度，而整个北半球的气候在这一次剧烈的变化过程中都未能幸免。

那是一段漫长而寒冷的岁月。时间一年一年过去，赫图人能够打来的猎物和采集的果实越来越少，他们不得不从高山一步步搬到河边的谷地，但到处都是冰天雪地。在每年中异常短暂的夏天，族人们不得不采集一些易于存储的食物用来过冬。这是他们以前从来不用考虑的事情。

最后，族人不得不杀死那些年幼的婴儿，把虚弱的老人丢进山谷。只有这样才能保证食物的充裕。他们终日祈求部落中的祖母，那是部落中唯一能够和神明沟通的人。据说祭神的仪式进行了许多天，神灵终于回应：一切都将结束，灾难必然要降临，但是不要绝望，有一位英雄将带领族人进入一个崭新的世界。到那个时候，我们不会再有饥饿。

新仙女木事件

身处今天的欧洲大陆，我们会明显感觉到，这里冬季的气温比同纬度的亚洲太平洋沿岸地区高出许多，这主要得益于大西洋的墨西哥湾暖流。这一源自热带的洋流为欧洲原本冰冷的原野带来了极为宜人的气候。

布莱恩·费根（Brian Fagan，加州大学圣巴巴拉分校人类学系教授）：当这股

北大西洋暖流到达欧洲时，它会使欧洲的气候保持湿润，而且比北半球其他地区更加温和，这对于欧洲人的生活和农业意义重大。如果这一湾流消失，欧洲将会很快变得非常寒冷。

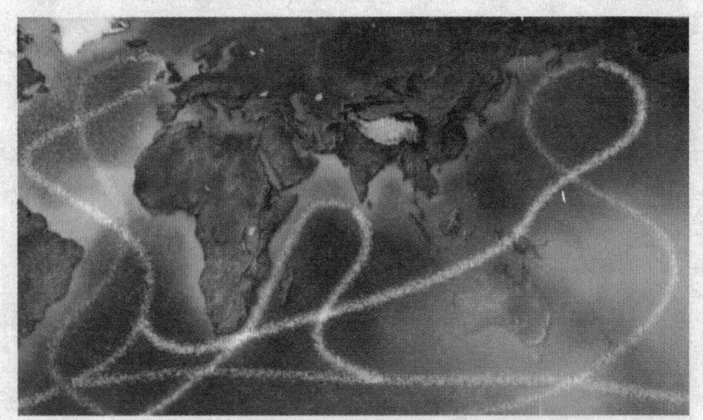
墨西哥湾暖流示意图（红色标记为暖流）

1.2万年前，伴随着冰川期结束，全球气温升高，北美大陆的巨大冰架开始融化，大量淡水进入北大西洋。这一冲击像开关一样，关闭了大西洋固有的热量循环，地球表面温度迅速下降。

布莱恩·费根：几十亿公升的冰川淡水倾泻而下，从冰川流向海洋，成为北大西洋的表层水。这会造成什么后果？这些淡水会浮在较重的高盐度海水之上，阻止或者说减缓了北部洋流的循环。暖流在那里受到影响，欧洲难以回暖，所以气温才会急剧下降。

由于气温急剧下降，地球的高纬度地区积聚了大量冰雪，冰雪的反射作用大大降低了地球吸收的太阳辐射，气温进一步下降。更低的气温又导致冰雪覆盖面积进一步扩大，如此反复，使得地球在短时间内变得极其寒冷。这就是地球历史上著名的新仙女木降温事件。

张德二（国家气候中心气候变化研究原首席专家）：新仙女木事件是在距今1.1万年到1.2万年。这个时候地层里边突然发现了许多新仙女木的花粉，新仙女（木）花粉是个什么含义？这种植物是在干冷的环境之下才生长的，在相对温暖的气候中，它就消亡了。

距今1.2万年前的新仙女木事件，使北半球大部分地区转入严寒，许多本来迁移到高纬度地区的动植物在短时期内大批死亡。当然也包括已经在这个星球上占有一席之地的人类。

人口与资源的失衡

从旧石器时代初期到后期，随着工具的进步，人类获取食物的能力也在增强。随之而来的，是人口的迅速增长。人类学家计算推断，在距今1.2万年前，人口从旧石器时代初期的十几万人增加到数百万人。伴随人口的增长，所需食物量明显增加，但是，在突如其来的气候变化的影响下，自然界动植物数量的减少使得人类的生存面临着严峻的考验。

吴文祥（中国科学院地理科学与资源研究所研究员）：有两个（人），我可以继续有东西吃，那么五个人的话，可能就没有东西吃。一定是气候变化作用于一定的人口规模之上，才会导致人口与资源失衡。如果人口很少的话，气候变化是不起作用的。

原始农业的起源

在古老的传说中，弃是一个没有父亲的孩子，有一个年轻的姑娘走在荒野中，无意间把双脚踏入一个异常巨大的脚印，弃的生命从那一刻被孕育了。因为部落中食物缺少，初生的弃面临的命运不是被杀死就是被丢掉。奇怪的是，这个婴儿每一次都能够神奇地生存下来，母亲终于把他重新抱了回来。因为这个孩子多次被抛弃，所以母亲为他取名叫作弃。

十几年过去，弃逐渐长大成人。这个男孩性格孤僻，他从不参与男人们对猎物的围捕，他经常痴迷地望着山坡上的草丛发呆，或者发疯似的在旷野中寻找些什么。弃经常毫无来由地消失很多天，又无声无息地返回部落。族人们从未听到弃讲话，甚至完全忽视了他的存在。

部落里能找到的食物越来越少，族人陷入了前所未有的恐慌。就在这个时候，消失多日的弃忽然出现了。弃努力通过自己的方式告诉族人，有一种可以吃的草籽，只要将草籽撒在泥土里，经过雨水的滋养，一段时间后就会结出更多的草籽。我们不必依靠山神的赐予，我们可以通过自己的努力获取更多的食物。

原始部落生活图

农业的产生是人类发展史上的一件大事。没有农业的产生，就没有定居生活和房屋，人类也不会饲养家畜，后来的手工业和各种社会分工也就无从谈起。没有农业作为基础，人口的增长就只能维持在很低的水平。

生活在非洲森林中的原始部落，男人狩猎，女人采集，这种生活方式已经延续了数千年。在漫长的进化过程中，部落人口的增长极为缓慢，他们的平均寿命甚至不到20岁，科学家们认为，人口与自然资源之间相对平衡的关系，使得这些身处丛林

的原始部落并没有走上农业之路。

王绍武（北京大学物理学院大气与海洋科学系教授）：有的考古学家做过实验，利用古代人磨的石头镰，去割野生的麦子，每个人每天劳动两小时，大概就够生活了。所以他就不需要种植。就是因为人口增加，气候又突然地变冷，使得气候不再适合一些（野生植物生长），（人们）甚至没得吃了。那这样的话，他就要想办法了。

对于当时的大多数人来说，周而复始的耕种比起直接从树上采集要辛苦得多，如果不是食物短缺，也许没有人真的愿意去尝试弃提出的方法。

族人们对弃说的话半信半疑，但是却也燃起了心中的希望，多年前神灵的预言又在部落中流传，弃也许就是那个拯救赫图部落的英雄。

1万年前的稻谷

在今天的黄河流域，我们经常看到一种被俗称为狗尾草的植物，这种植物是粟类粮食作物的祖本，粟类也就是在北方粮食作物中被俗称为小米的谷类作物，这种作物即使在北方干旱寒冷的气候条件下也能够顽强地生存。

狗尾草

粟

1976年，在河北武安县磁山村，考古人员发现了上百个用于贮藏的窖穴，在窖穴的底部堆积有大量的粟灰。粟灰的出土把黄河流域植粟的时间提前到七千多年前。此外，这里还出土了砍伐用的石斧，收割用的石镰，加工谷物用的石磨盘。

在磁山文化时期，农作物种植已经相当发达，显然这并非是农作物的起源阶段。从原始农业的诞生到农业成为社会的支柱，其间还有一个漫长的时期。1997年，在位于河北省徐水县的南庄头遗址，一次考古发现把原始农业的时间再次提前到距今1.2万年前。

杨晓燕（中国科学院地理科学与资源研究所副研究员）：南庄头遗址也出现了

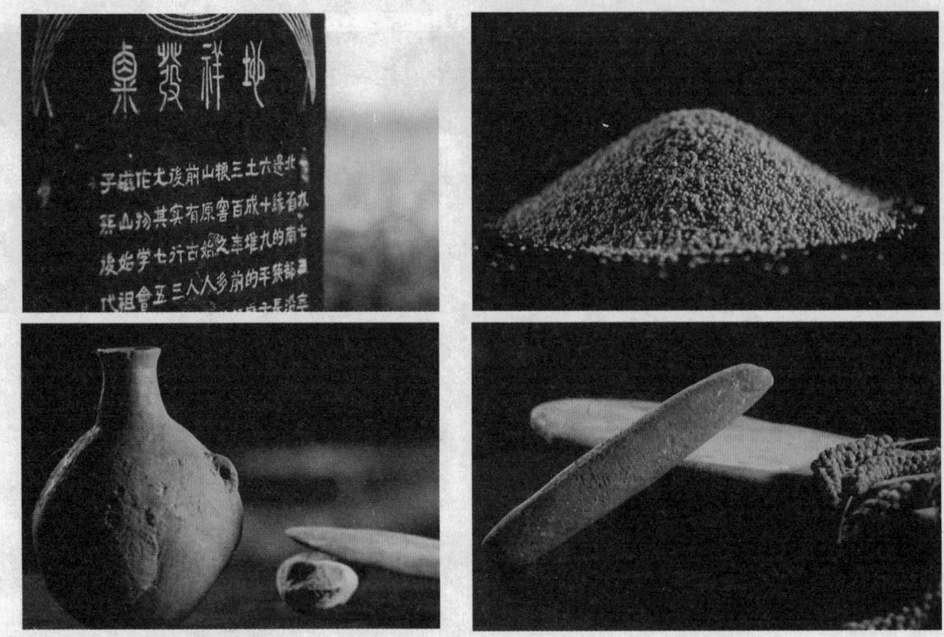

磁山遗址碑文以及出土的粟灰、储粮器具、加工谷物的石磨盘

磁山那样加工粮食的石磨盘、石磨棒，所以它也可能有粟类植物的利用。我们通过对南庄头遗址石磨盘、石磨棒还有陶器残留物方面的研究，发现在中国北方，人类对粟类作物的利用不晚于1.1万年前，这可能就是目前中国北方粟类作物利用的最早的证据。

族人们跟着弃一起用火烧光树丛，开出平地，把野生的谷粒种在土里。时间一年一年过去，人们期盼的丰收并没有到来。弃变得越来越孤独，再也没有人相信他能改变部落的命运。一天夜晚，山谷中下起一场白色的冰雨，哀伤侵袭着弃的心。在这个寒冷雨夜里，弃闭上了眼睛，再也没有醒过来。

弃永远离开了，没有人为之悲伤。族人们更为在意的是，那个神灵的预言也许只是一个天方夜谭。但是，就在一个温暖而多雨的夏季过去之后，那些被弃之不顾的谷粒，在没有任何人照看的情况下，竟然都结出了沉甸甸的谷穗。冬去春来，人们撒下了更多的种子，几个月后，又是一场丰收。

族人们才恍然大悟，神灵没有欺骗他们。过去的一切都将结束。有一位英雄会诞生，这个伟大的英雄将带领族人进入一个崭新的世界。到那个时候，世界上不会再有饥饿。然而令人们悲伤的是，这个英雄此时却已无法分享他们的快乐。

漫长的夏天

乔根·彼得·史蒂芬森：从我们知道的关于猛犸、洞穴壁画的传说，可以看出当时很冷。11713年前，由于某种突如其来的原因，寒冷的气候突然结束了。我们可以从冰芯中看到冰期中每一年的情况，所以我们可以看出恰恰在某一年，发生了气候剧变。在这次气候剧变后，地球的平均气温在25年内上升了14摄氏度。这是一个非常急速的气候变化。

新仙女木降温时间结束气候回暖（片中动画）

随着新仙女木降温事件的结束，地球气候开始普遍转暖。丰沛的雨水洒在了大陆深处，滋润着文明正在兴起的大地。正是从这个时期开始，地球享受了长达1万多年的温暖，直到今天。科学界把这一段暖期称作“漫长的夏天”。

那是一个令人向往的年代，冬天没有严寒，夏天没有酷暑，鱼群在河流中游荡，鹿群在森林中跳跃，在河滩厚厚的黄土层上，族人们开辟出大片的田地，丰收看起来理所当然。带给我们这一切的正是那个预言中的英雄，那个名字叫作弃的男孩。弃就是大地之神的化身，他是赫图人最为尊敬的神。

仰韶温暖期

大量考古发现证明，在距今3500年到3000年之间，中国存在一段气候最适宜期，那时候的黄河流域温暖湿润，平均温度比现在同样地区高出2至3摄氏度。这一史前时期内的考古发现首先开始于河南省渑池县仰韶村，所以这一段气候适宜期也被称作仰韶温暖期。

仰韶博物馆

仰韶村

方修琦（北京师范大学地理学与遥感科学学院教授）：（那时）长城以北的地区，可能年平均温度（比现在）高3度左右，青藏高原上可能（比现在）高5度，长城以南到长江流域可能（比现在）高2度，长江以南地区也（比现在）高1度以上，这是温度。从降水来讲呢，可能我们国家的北方地区的降水要比现在多100到200毫米。

与仰韶的发现类似，在黄河中下游地区发现了大量新石器时期的考古遗存。史学界将这一历史时期的考古发现命名为仰韶文化。那时，在华北平原和渭河流域的河谷盆地，湖泊沼泽密布，生活着亚洲象、麋鹿、竹鼠等亚热带动物。今天的河南省简称为豫，在甲骨文中，“豫”的形象就是一个人牵着一头大象。

定居生活

为了保护部落的驻地不受野兽的侵扰，族人们放火烧毁山林，驱赶猛兽，把荒山开辟为田地。从那以后，我们不再到处迁移，我们就在这田地边建造永久的居所。一年又一年，赫图人建起了一个庞大的村落，族人们不仅要照料庄稼，豢养牲畜，更要建造房屋，男人渐渐取代女人成为部落的主导力量，那些能力出众的男人也顺其自然地成为部落的首领。

那是一个真正的大同世界，族人们共同建设一个美好的家园，所有的人都平等相待，每一个家庭拥有一样的房子，获得同样的粮食，没有贫富高低的分别，所有的农田和土地都归族人们共有。而我有幸就出生在这个赫图最辉煌的时代。

大洪水

这个世界没有任何东西是一成不变的，噩梦一样的灾难改变了我们的生活，天像裂开了无数道口子，大雨铺天盖地朝大地倾泻下来。大河怒涛翻滚，洪水吞噬了一切……族人们惊恐万分，部落首领派出了勇敢的年轻人，前往森林，捕捉大象，他们用象牙制作成一个精美的祭品，以求得神灵的宽恕。然而，这一切都是徒劳。

史前大洪水的传说（片中动画）

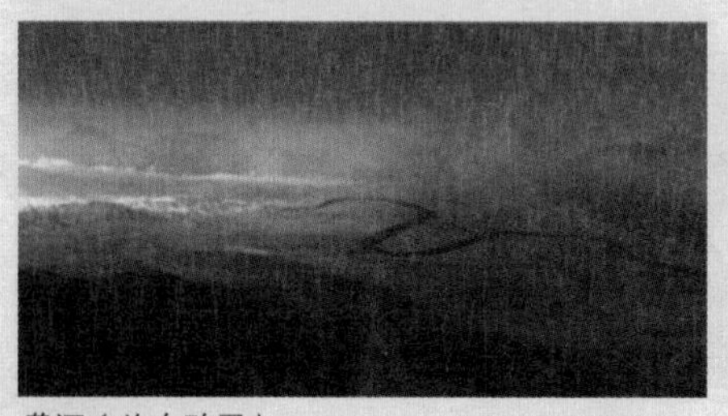
黄河（片中动画）

在中国许多古代典籍中，都出现了对史前大洪水的记载。《尚书·尧典》记载，“汤汤洪水方割，荡荡怀山襄陵，浩浩滔天，下民其咨”。《史记·夏本纪》记载，“帝尧之时，洪水滔天”。这场巨大的洪水灾

难发生在中国历史上的帝尧时期。近年来关于古气候的最新研究成果表明，在距今4200至4000年之间，曾经发生过一次显著降温，专家推测这次气候的突变也许是史前大洪水的诱因之一。

吴文祥：降温会导致雨带在某个地区停留时间过长，降水比较多。可能会导致这个地区发生洪水灾害。

地质和考古学证据表明，就在史前同一时期，黄河曾经发生大规模的改道，由前期的东流转向北流。改道后的黄河下游河道横穿河北平原中南部，于天津附近入海。黄河改道，河水在平原上漫流，《孟子·滕文公下》记载，“当尧之时，水逆行，泛滥于中国”。

大禹治水

我带着幸存的族人们离开了被洪水淹没的家园，在一个黄昏，我们终于找到了一处可以居住的高地，这里成为我们临时的家。过去的一切时常在梦中出现，我们无时无刻不在渴望着有人能够降伏发狂的洪水。直到有一天，我遇到了一位远来的智者，他的名字叫作禹。

禹是一个胸怀大志的人，他坚信只要齐心协力一定会战胜洪水。禹的身上有一种与众不同的魅力，那是用语言无法形容的。

我率领赫图的族人跟随在禹的左右，随他一起沿着大河奔走。治水是一项浩大

大禹治水（片中动画）

的工程，禹一直以其无比坚定的信心鼓舞着所有人。禹率领四方部落疏通九川，整整十三年过去，洪水终于被我们征服了。

王绍武：由于他（大禹）正好处于中原地区气候由湿润转向干旱的时间，这个大的气候背景帮助了他（治水）成功。因为很多古气候记录，都证明大概从4200到4000年（前），这200年是一个很剧烈的气候转变时期，从多雨的时期转变到干旱的时期。

古气候学者通过研究发现，传说中大禹治理洪水的时间恰好对应于黄河流域气候转向干旱的时期，大禹治水的成功，很可能正是得益于气候的这一变化。

“华夏第一王都”

定鼎中原

禹是当之无愧的英雄，我们相信，禹能够让每个人都过上安定的生活。为了禹我们愿意去做一切事情。他理所当然成为所有部落的首领。我们跟随禹来到嵩山之阳、箕山之阴的平原之上，在这里我们将建设新的家园。

河南洛阳偃师二里头遗址

今天位于河南洛阳平原之上的二里头遗址，是中国第一个王朝夏朝的都城所在地。而大禹在中国历史中则是这个王朝的奠基者。从整体布局来看，纵横交错的中心区道路网，方正规矩的宫城和具有中轴线规划的建筑基址群，表明二里头遗址是一处规划缜密的大型都邑。从夏朝开始，在面积不过400平方公里的洛阳平原上，先后有十几个朝代在此定都，绵延3000多年。

洛阳地势模拟图

宋豫秦（北京大学环境科学与工程学院教授）：在中国历史上，有3000年左右的时间是以洛阳平原为政治、经济、文化中心的，这个情况在世界历史上也不多见。为什么呢？就是因为洛阳平原这个地方，不仅有利于人类生存，而且有很好的抗击抵御自然灾害的能力。

从今天的视角来看，洛阳四周环山，河水相绕其间，既易抵御洪水，又便于农业生产。而在地理位置方面，洛阳西通关中盆地，东瞰黄淮海平原，北指汾水谷地，南下江汉平原，居中而应四方。所以在中国的历史中，这一片区域又被称作中原。

大迁移

大洪水已经消失得无影无踪，那些被河湖割断的大片陆地重新连接起来，洪水留存下来的淤泥成了肥沃的土地，这是神灵给予我们失去家园最好的补偿。

禹把天下划分为九州，嵩山之阳的这一片无边无际的平原被称作豫州，居九州之中，这里是天下的中心，越来越多的人汇聚到了这里。

我经常看到这样的景象，漫山遍野都是长途跋涉而来的人，他们的穿着和说话的方式都和我们完全不同。他们绝非重归故土的乡民，他们也许来自我们不知道的远方。

良渚博物院位于今天的太湖流域，距今5000年前，良渚的先民在这里创造出了灿烂的文明，他们用石犁种水稻，用麻和丝编织衣裳，用制作精美的黑陶作为生活器皿。特别是大量雕琢精致的玉器，令世界为之震惊。然而，发达的良渚文明却在距今4000年左右悄然淡出历史。

良渚先民生活场景模拟（泥塑）

王绍武：考古文明过一段时间就中断，这种中断大部分都是气候原因造成的，当然也还有其他方面的原因。这些文明中断了，又有新的文明生出来，所以考古文明的交替，跟气候是有关系的。

几乎就在同一时期，位于中国内蒙古岱海地区的老虎山文化、甘青地区的齐家文化也都在辉煌时期神秘地消失。专家们推测，这些消失的文明与气候变迁有着不可分割的联系。

国家的诞生

4000年前，中原地带舒适的气候环境吸引着来自四面八方的人们向这里迁移汇聚。

罗伯特·卡内罗（Robert Leonard Cameiro，美国自然历史博物馆原人类学部主任）：随着人口增长，人们面临的压力越来越大，于是在部族之间战争不断。而战败的一方无处可去，于是不得不留在原地，屈服于战胜者。

资源的争夺导致战争（片中动画）

为了争夺有限的土地和水源，部落之间的纷争不可避免。禹命令他的儿子启组建起一支强大的队伍，他的使命是捍卫我们的土地不被外来的异族侵扰，既然别的方法都无法让一切重归平静，也许只有武力才能最终解决所有的矛盾。

启在作战方面似乎具有独特的天赋，他在队伍中建立起等级森严的体系，所有人都必须无条件遵奉启的命令，接下来就是残酷的征服、杀戮，那些活下来的失败者成为胜者永远的奴隶，而胜利者可以安然享受不劳而获的安逸。

罗伯特·卡内罗：随着这种过程的反复，渐渐出现了一些酋邦，每个酋邦由几个村庄组成，由最高酋长所领导，慢慢地这些酋邦成为军事集团。随着一个酋邦打败另一个酋邦，胜利的一方变得更加强大。渐渐地，政治集团不断扩大，最终产生了国家。而黄河上游流域恰好适合这种局面的出现。

在这个世界上，没有任何事物是永恒不变的，当一部分人可以掌控他人的命运，一切都发生了改变。我们再也不能回到从前天下为公的时代，这个时代不再会有赫图曾经的大同社会，有的只是弱肉强食的生存法则。赫图将不再存在，和许许多多部落一样，它将慢慢融入一个崭新的世界，渐渐消失……

受访者说

——布莱恩·费根（Brian Fagan）

美国加州大学圣巴巴拉分校人类学系教授。

记者：什么是墨西哥湾暖流？为什么它能将热量送入大西洋，从而使欧洲的冬天比较暖和？

布莱恩·费根：墨西哥湾暖流是一个很喜人的现象，它流经佛罗里达，到达大西洋东北部，最后成为北大西洋暖流。

它向大西洋水面运送更多的水流，力量极大。如果坐在小船上漂流，会感觉到飘荡起伏。这股暖流到达欧洲，使得欧洲的气候常年湿润，而且比其他地区更加温暖。

这对于欧洲的生活和农业意义重大。如果墨西哥湾暖流消失，欧洲将会很快变得非常干燥。实际上，墨西哥湾暖流的循环是以一种更大的海洋循环方式为动力的，这种方式将水流从海底带到海面，正因如此，循环得以继续而不至于使墨西哥湾暖流停止或者缓慢下来。

记者：新仙女木冰期具有怎样的影响？

布莱恩·费根：新仙女木冰期很有名，它大概持续了1300年，从12800年前开始。它使得欧洲突然陷入几乎接近冰川气候的一段极度寒冷期。在75万年的历史时期内，地球气候并非一成不变，而是在持续不断地改变着。有专家评估认为，在这75万年间，地球气候经历了从寒到暖再从暖还寒的过程。总体来说，寒期较长，暖期较短。同时专家根据深层因素和表层因素，推断出这段时间至少有9到10个寒冷期，中间穿插着一些更短的温暖期。最后一个寒冷期结束于大约1.5万年以前，而且伴随着规律性的暖期。到了大约1.2万年以前之后，突然出现了1300年的冰期。而这一冰期骤停于大约1.1万年前。在这1000多年里，欧洲的平均气温大致下降了5摄氏度，这是相当大的幅度，欧洲大部分地区都非常寒冷。关于仙女木冰期结束的一个普遍说法是，大西洋洋面的冰川水逐渐被盐化，密度逐渐加大。这使得洋流循环再次运行，而欧洲的气温再次回升。

记者：农业产生对人类历史的重大意义是什么？

布莱恩·费根：农业或者说考古学家所称的“食物生产”，是指我们不是采集或狩猎食物，而是生产食物。它包括两方面，一方面是农作物种植，一方面是家畜饲养。

有一点较为肯定的是，农业和家畜饲养不是某个人的功劳，而是一个相当复杂的长期历史过程。

直到1.2万或者1万年前，人们才开始有意识地种植庄稼。但是播种诸如小麦或大麦之类谷物的种子，和种植山药之类的庄稼是完全不同的。种山药时，人们只要把山药头掰下来，埋到土里就可以了。这样的种植方法人们已经使用了很长一段时间，直到近期的干旱气候来临，东南亚才真正开始耕种谷物。

这时，植物的利用似乎才开始成为可能，有相关的人类学家追踪过这一点。那时，人们开始越来越多的食用野生草籽，以及用这些草籽制作的食物。因此，人们开始思考，为什么不通过种植来增加现有草籽的数量呢。例如说，在沼泽或者湿地附近，在那些野生植物本来就会生长的地方尝试种植。

此举看来很有成效，并且庄稼的基因也发生了变化，最终使人们能够开始种植庄稼，收获越来越多的谷物。

对于家畜饲养来说，也是类似的过程。人类对捕猎已经很熟悉了，如果是捕猎山羊、绵羊、野牛，他们会倾向于一直猎杀同一群，会慢慢地对它们熟悉起来。同样，这群动物也会熟悉人类。假以时日，人们便会把动物关进笼子里，尤其是在气候带来生存压力的时候，就更有可能这么做。这样就出现了家养动物。狗被驯服是在很早以前，绵羊和山羊基本上是同一个时期，紧随其后的是猪，再稍晚些时候是牛，这些过程是很复杂的。

但更为重要的并不是庄稼的种植，而是它对整个人类社会造成的影响。比如，如果你种植庄稼，那么你就得固守土地，你得待在那里。这就会引发一些问题：谁拥有这些庄稼？谁拥有这片土地？如何将这块土地从父亲传给儿子，或者是转手给亲戚？等等。由于这些千丝万缕的关系，崇拜祖先的现象变得十分盛行，祖先成了土地的神灵。

——罗伯特·卡内罗
(Robert Leonard Cameiro)

美国自然历史博物馆原人类学部主任。

记者：战争是导致文明社会产生的原因吗？

罗伯特·卡内罗：我认为任何一个政治集团，不论大小，都不会自愿放弃主权，肯定是受到胁迫才会这么做，通常是因战争所迫。我认为，纵观当今世界，那些文明起源并发展为国家的地方都有一个共同点，那就是它们都是一块受局限的农耕地，它周围的地区都是不适合农耕的，要么太干燥，要么太高，或者是海边滩涂。

战争本身不足以产生国家文明。看看南美洲的亚马逊河流域，我在那里进行了实地考察，发现那里战争不断，但结果是，被打败的部落迁移走了。总是有别的地方可供他们继续从事农耕，没有必要非得留在某块地方。而黄河呈现T字形，黄河向下流，转弯，在转弯处，渭河流入，这样就把沿岸地区限制在一个狭窄的长条内。因为河的两岸都有山，所以住在那里的人能从事农耕的地方只有一小块。随着人口增长，人们面临的压力越来越大，于是部族之间战争不断。而战败的一方无处可去，他们不能像亚马逊河流域的居民那样逃去别的地方，于是不得不留在原地，屈服于战胜者。于是渐渐出现了一些酋邦，每个酋邦由几个村庄组成，由最高酋长所领导，慢慢地这些酋邦成为军事集团。随着一个酋邦打败另一个酋邦，胜利的一方变得更加强大。渐渐地，政治集团不断扩大，最终产生了国家。而黄河上游流域恰好适合这种局面的出现。我认为，中国国家起源于此正是这个原因。

然而，最适合国家诞生的地区不一定最适合它继续发展。所以，黄河文明在下游继续发展，因为那里有广袤的平原，土壤也更适宜大规模农耕。所以，黄河上游的环境适合国家诞生，而下游则适合国家的进一步发展繁荣。

问：人口增长是如何引发战争的？

答：人口的压力直接关系到可用土地的面积。如果人口稀少，那么就没有太多竞争。但是如果人口慢慢变多，人均土地面积也就越来越小。这样就会引发战争。战争会促进发展，因为一个部落打败另外一个部落，战胜的部落就会变得越来越强大。这就是政治发展的机制。同样地，人口增长是导致自治小村落合并转变为酋邦，再成为国家的触发机制。所以，人口压力和环境局限是国家和文明形成的关键因素。

问：气候变化与古代文明比如古埃及文明之间是否存在联系？

答：我认为尼罗河谷或者说古埃及文明所处的盆地更为局限。毕竟，它的两侧都是沙漠。尼罗河岸边的土地又非常肥沃。虽然黄河上游的地理位置没有这么局限，但基本上也是一样的情况。这两个例子正说明了文明、国家等之所以发源于那里而不是别的地方的原因。在受环境限制的地区，很可能由于气候变化造成干旱加重，人们可耕作的土地越来越少，战争更加频繁、更加激烈。有时会有一些政治个体瓦解，大国家分裂成小国家，之后再组建成更大的国家。气候变化可能是这种变化的部分原因，但并不绝对。

（根据采访录音翻译整理）

——宋豫秦

北京大学环境科学与工程学院教授、博士生导师，中国第四纪科学委员会环境考古专业委员会副主任委员、中国发展战略学研究会社会战略专业委员会副理事长。主要研究方向为城市生态、环境变迁、土地荒漠化。

《史记·封禅书》曰："昔三代之居，皆在河洛之间"，意为夏商周三代都建都于以洛阳为中心的中原地区。不唯如此，夏商周三代之后又先后有十几个王朝以洛阳为建都之地。这一现象在中国文明和世界文明史上都绝无仅有，其与洛阳平原特有的人地系统关系密切。

中原地区在地形上处于我国二级阶梯向三级阶梯的过渡带，历史上曾长期是北亚热带与暖温带的过渡带。这样的生态条件使得它具有以下两方面的自然优势：其一，过渡带特有的边缘效应。例如淮河流域是中国的南北气候过渡带，它既可以生长北方的苹果，也可以生长南方的柑橘，既可以种植北方的小麦，也可以种植南方的水稻。自然系统存在的这种边缘效应在社会系统中同样存在，在距今8500年至距今3000年时期，地处中原的河洛地区就具有

类似的边缘效应。其二，中原地区交通四通八达，在物质流、信息流、能量流的传递方面有着得天独厚的优势。

由于河洛地区具有上述自然和社会优势，因此中国古代文明得以诞生于此。作为古代中国的都城所在之地，河洛地区占据着中国社会、政治、经济、文化、科技的制高点，具有很强的聚集效应和辐射效应。

优越的自然环境有利于人类文明的形成和发展，埃及、巴比伦、印度和中国这四大文明古国都处在中纬度的大河流域，都是在比较温暖湿润的气候环境中发展壮大的。这首先是因为，大河流域优越的灌溉条件有利于农业生产的发展。中原地区之所以成为夏商周三代文明的起源地，并且在面积不过400平方公里的洛阳平原上先后有十几个朝代定都于此，使得河洛文明绵延3000余年而不曾中断，就是因为洛阳平原的生态系统不仅有利于人类生存，而且有很强的抵御自然灾害的能力和自组织、自修复能力。

中原地区虽自古灾害不断，但从未对人类生存发展造成毁灭性打击。这里的人类文化从裴李岗文化至今已绵延八九千年之久，这是环境对人类文明具有直接作用的很典型的例证。与之相反的例子也有很多，如举世闻名的良渚文化主要分布在长江三角洲地区，该文化出现于距今5000多年前，延续了千年左右。良渚文化有规模宏大的城堡，大型的祭祀遗址，出土的大量精美玉器更令世人叹为观止。可是这样一个高度发达的文明，却在距今4000年左右的时候骤然衰亡了。考古学家经过长期的研究，提出良渚文化的衰亡很可能与当时发生的海侵有关，因为良渚文化遗址的文化层中普遍发现有50公分左右的海相沉积层。

今天的长江三角洲是我国经济发展的重心地带，也是人才荟萃之地。但面对全球气候变化的胁迫，不少专家认为上海、杭州等沿海大都会将随着海平面的不断上升而面临严峻威胁。

分布在甘肃、青海的马家窑文化和齐家文化在距今5000多年到4000年左右的时候也达到了较高的水平，表现为农业繁盛发达，彩陶制作精美，并初步掌握了青铜制造术。可是这一欣欣向荣的农业文化却在距今4000年前后戛然而止。给考古学家留下的印象是，这里的文明至少倒退了数百年！而究其原因，正是因为当时气候变干变冷而不适宜农业生产所使然。

丝路·绿洲·罗布泊

数千年前，当古老的文明在这个星球的各个大陆上崛起，沉醉在征服喜悦中的人们也许还不能意识到，文明的进步对于自然而言，如同一把锋利的双刃剑，在造就辉煌的那一瞬，也埋下了危机的隐患。

特殊的远征

（鄯善国将军广仲独白）我已经不记得这是第几次奉命出征，为将者，带兵打仗是最平常不过的事情。但是国王的表情告诉我，这一次的出征非比寻常。

（鄯善国国王的话）广仲，这一次的出征，无论是对你还是对我，都将成为一生中最大的荣耀。我命你率一千精兵，袭取楼兰。

（广仲独白）楼兰，一个多么熟悉而又陌生的名字。很小的时候，我在祖父珍藏的一幅画上看到过这个名字。那时候祖父天天念叨，总有一天我们要回到楼兰。我从未明白这句话的真正含义，直到今天。

在天山、昆仑、帕米尔高原所环绕的塔里木盆地中央，是一片广袤无垠的沙漠，中国最大的沙漠——塔克拉玛干。在这片望不到尽头的沙漠里，天山与昆仑山的融雪形成了中国最长的内陆河——塔里木河。经过两千多公里的绵延流淌之后，塔里木河最终注入罗布泊，汉代称之为蒲昌海。蒲昌海给沙漠带来了勃勃的生机，这里成为沙漠中最美丽的绿洲。在蒲昌海的西北岸，曾经存在过一个传说中的美丽国度，楼兰。

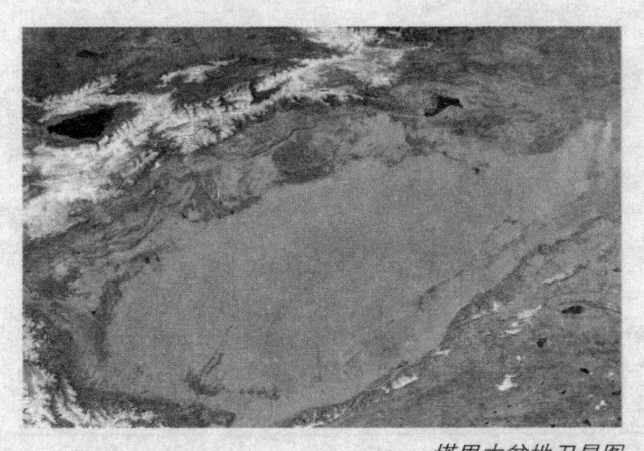

塔里木盆地卫星图

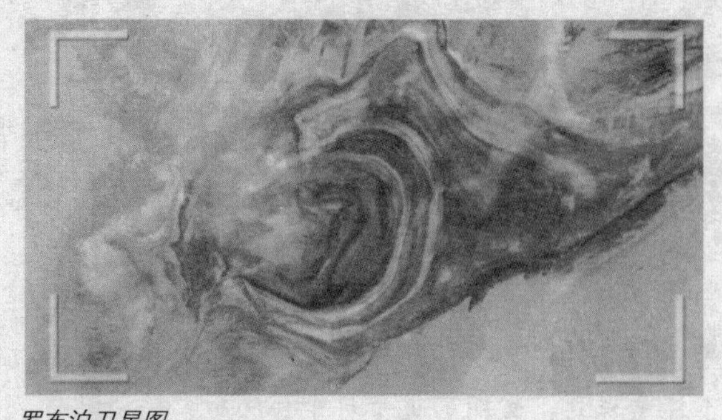
罗布泊卫星图

罗布泊的前世今生

1972年7月从美国宇航局拍摄的罗布泊的卫星照片可以看出，罗布泊的轮廓酷似人类的耳朵，照片清晰地显示了此时的罗布泊已经完全干涸。一望无际的戈壁和大片的盐壳，让人很难想象这里曾经是绿树环抱、河流清澈的生命绿洲。

（国王的话）楼兰是戈壁上最美丽的地方，那是神灵赐给我们的人间天堂，我们的祖先就生活在那里，那里才是我们真正的故乡。那是一个充满绿色的国度，也是沙漠中唯一可以安居乐业的乐土。至于沙漠外边是什么，没有人知道，也没有人想知道。直到有一天，一个装束和我们完全不同的人到来，楼兰人才知道，在沙漠的东边，有一个更大的国家，叫作汉。

公元前2世纪，汉武帝派遣张骞出使西域，楼兰第一次进入了中原人们的视野，贯通东西方的古代丝绸之路由此逐渐闻名。楼兰扼丝绸之路南北两道之咽喉，是塔里木盆地东端的交通枢纽。从楼兰向西、向南、向北可通向西域全境。东西方商业往来、文化交流与日俱增，给楼兰带来了空前的繁荣。也正因如此，作为中国通往西域诸国的必经之地，楼兰成为匈奴与汉朝争夺的焦点。

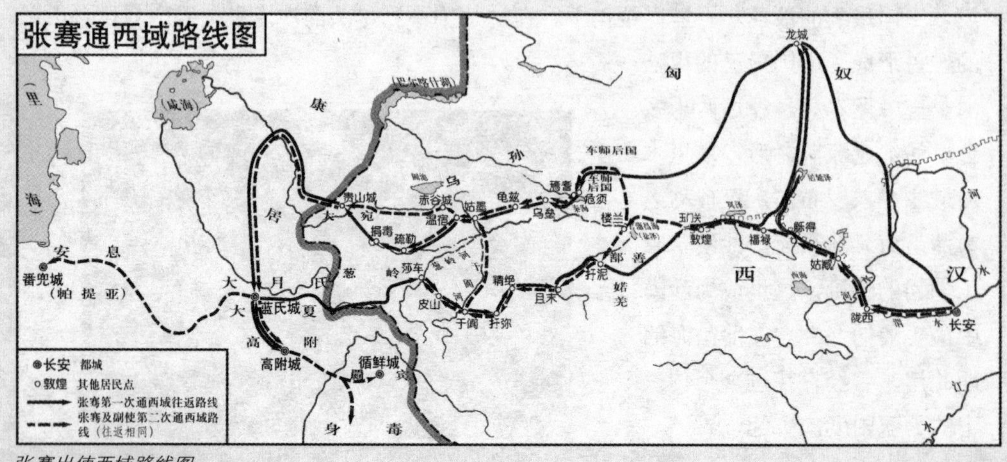

张骞出使西域路线图

别了楼兰

广仲率军奔向楼兰（情景再现）

（国王独白）为了换取一时安宁，楼兰国王把一个儿子送到汉朝做人质，而把另一个送到匈奴手里。即便是在汉匈夹缝之间委曲求全，楼兰最终还是没能逃脱悲惨的命运。终于有一天，一个名叫傅介子的汉使设计，出其不意地刺杀了不听汉朝管束的楼兰王安归，而改立曾身为汉朝人质的尉屠耆为王。为了阻止楼兰再次反叛，大汉天子下令尉屠耆率领楼兰全部子民放弃故都，举国南迁。楼兰的一切，都是神灵河龙赐予的。放弃楼兰，离开蒲昌海，就意味着背叛河龙。

（广仲独白）原以为只是暂时离开，谁也没有想到这一走，就再也没有回去过。很小的时候，我多次听到祖父的哀叹。那些即将离开蒲昌海的先人们，也许是预感到了和楼兰的永别，画下了楼兰的样子。

《汉书·西域传》记载，离开故土的楼兰人被迫迁往距伊循城不远的一片原野，建起了他们新的都城扜泥城。韶光如梭，千年风沙的掩埋，使新国都扜泥城的具体位置已无从考证。唯一可以确认的是，这个古老的国家不再被称作楼兰，而是有了一个新的名字——鄯善。

重返楼兰

（广仲独白）一步一步接近楼兰，没有人确切地知道河龙居住的蒲昌海究竟是一个什么地方。祖父留下的那幅画一度在士兵中间传看。在目睹了楼兰美景后，所有人都坚信，楼兰是我们注定应该回去的故乡……

按照地图的方位，前方夜色中的城墙就是楼兰的故城了。夜幕笼罩下的楼兰城异常的安静，不知为什么，久历战场的我，心中竟有些惴惴不安。夺取楼兰的战斗并没有我所想象的那般激烈，我们根本找不到我们的敌人，这里似乎是一座空城。

天终于亮了，楼兰城刮起了狂风。独自一人走在空荡荡的街巷，我越来越陷入了一种莫名的恐慌。没有熙熙攘攘的喧闹人群，没有绿树成荫的风景，有的只是漫天无尽的风沙。这里就是我们苦苦寻觅的楼兰故城么？

我遇到了一个老人，可无论我如何追问他，他始终没有说出一个字。他似乎要带我去什么地方。终于，在穿过一条窄窄的街巷之后，我们在一扇破旧的木门前停住了脚步。

广仲在楼兰城遇到一个失语老人（情景再现）

老人带广仲进入一间堆满杂物的房间（情景再现）

沉默的老人把目光转向我，我从老人的眼神里读懂了他的意思——他想让我看看屋子里的书简，这也许能够解开我心中存在的疑惑。书简的主人名叫安达，他应该是我们的祖先，一位真正的楼兰人。

楼兰屯田

（楼兰人安达的日记）在我生活的这座城市，居住着来自四面八方的人们。人数最多的是来自中原的士兵和农民。他们分布在楼兰的每个角落，忙碌充实地生活着。他们和这座城市如此和谐，以至于我一度以为从楼兰存在之日起，他们就生活在这里。直到我18岁时，父亲才说出了令我震惊的真相。就在我出生的那年，我们的国人被迫离开故土，举国南迁。父亲和那些不愿意离开的人们以生命作为代价，最终获得留在楼兰的机会。曾经繁华的楼兰变成了人迹稀少的空城，但是这种状况没有延续多久。几天后，汉朝的数百名骑军，横越沙漠，来到楼兰。无人的空城又开始喧腾起人声与马声。父亲重重地叹了口气对我说，从此以后楼兰还叫楼兰，但是一切都变了。

汉朝烽燧遗址

《史记》记载，汉武帝时期，为了阻止匈奴进犯，长城不断向西延伸，经酒泉、敦煌一带，一直修建到今天新疆境内的罗布泊地区。汉朝规定，长城上每隔5公里就要修建一座烽燧。每座烽燧都有几十名至一两百名戍卒守卫。

（安达日记）那些来自汉朝的士兵们大量开垦荒地，从中原陆陆续续涌来的农民也加入其中。这些汉人大多数彬彬有礼，他们耐心地传授从中原带来的耕种技术。我们用锋利的铁刀砍下一丛丛灌木和杂草，堆积在空地上烧成灰烬。但是父亲对这一切大为恼怒，他奔走在田间，大声呼喊着，让人们停下手中的工作。他说，这是神灵河龙赐予楼兰的土地，毁掉它就是在毁掉楼兰。

据史料记载，西汉在楼兰驻有屯田军约1万人，最多时可达1.5万人。按每1个屯田士卒耕种15亩地计算，人数最多时可垦田地近23万亩，约153平方公里。根据考古发现，整座楼兰古城的面积最多不足1平方公里。可见，在鼎盛时期，楼兰城周边很有可能被完全开垦成了农田。

楼兰城的土地几乎被完全开垦成农田（片中动画）

（安达日记）没有人理睬父亲的反抗和不满，即使是我也暗自为父亲愚蠢的样子羞愧。渐渐地，父亲从最初的愤怒，变成了沉默。他的容颜一天天苍老，我经常望见他徘徊在河边孤独的身影，他总是在自言自语，“总有一天，河龙会发怒的……”

（广仲独白）我翻开了书简最后一页，一片空白，什么也没有。关于楼兰的回忆戛然而止。显然这不是最终结局。如今，安达父亲的诅咒也许真的应验了。

消失的森林

为了种植粮食作物，楼兰土地经历了大规模的垦殖，那些历经亿万年进化留存下来的野生植被系统被破坏，开荒后生产的农作物又被取走，使地表完全裸露。在干旱和风力的作用下，邻近的沙源侵入荒田，原有的耕作土壤变得疏散而易流动，在风力的搬运下不断流失。

（广仲独白）天色已经完全暗了下来，我继续在房间里寻找着，希望能找到能够解开我心中困惑的那个答案。在凌乱堆放的档案中，一叠写满字迹的文书进入我的视野。这是一个来自中原名叫王珩的官员留下的文字。

（中原官员王玕的回忆录）来到楼兰，是我一生最大的幸运。每一天清晨，红彤彤的太阳刚刚升上天际，楼兰城里古老的街巷已经开始变得熙熙攘攘。中国的丝绸、瓷器，从西方运来的琉璃和香料堆满了临街的路面，大街上随处可见人们牵着驮满货物的骆驼。无法想象，如果通往西域的古道上没有了楼兰的存在，来往的商旅过客该如何度过漫长的沙漠之旅。

楼兰街景（片中动画）

胡杨林

（广仲独白）西域的乐土，沙漠里的天堂，王玕笔下的楼兰和祖父留下的那幅画十分吻合，究竟是什么改变了这一切，让繁华的楼兰淹没在黄沙遍地的寂寥之中？

（王玕回忆录）我曾经在前朝官员的文书中了解到关于楼兰的繁华。文书上说，登上城墙，可以望见蒲昌海北岸一片碧绿，那是一片无穷无尽的茂密树林。然而当我真正站在城墙上向城外张望时，那片树林稀稀疏疏，只有一些矮小树丛在狂风中被吹得发抖。那大片大片的森林究竟到哪里去了？

作为丝绸之路的必经之地，每年都会有大量的外来人口涌入楼兰。人口的增加必须建造更多的房屋。手工作坊、民用炊火需要大量的林木。这一切使得过度的采伐已经不可避免。

据《汉书·西域传》记载，楼兰，田地较少，粮食多数从邻国进口。国出产玉，多芦苇、红柳、胡杨、白草。百姓多以畜牧业为生。有驴马，多骆驼。楼兰古城建立在当时水系发达的孔雀河下游，除了因为靠近水源，另一个原因是在这附近有着大量长势繁茂的胡杨树供其取材建设。

在20世纪初期发现于罗布泊附近的古代文书中有这样一段记载：严禁砍伐活树，砍伐者处罚一匹马；如果砍伐树杈，则要处罚一头母牛。确切地说，这是公元3世纪西域国家的一部森林保护法。

尽管法律如此严苛，似乎依然没有能够阻止楼兰树木覆盖的日益减少，没有了树木的庇护，随之而来的则是越来越酷烈的太阳和漫漫无尽的黄沙。

缺水的危机

（王珩回忆录）一切已经无法挽回。我们能做的就是在已经开垦的田地上继续种植庄稼，不让风沙侵蚀楼兰所剩不多的土地。风沙没有停息，楼兰的不幸还在延续。仿佛一夜之间，门前潺潺的流水声突然变小，蒲昌海的水不知在何时消失了不少。

（广仲独白）我可以感觉到，写下这段文字时王珩的无奈。我仿佛还隐隐地听见了楼兰城的哭泣。可是当我想贴近聆听时，四周一片静寂，只有窗外传来的呼呼风声。

因为农田得不到灌溉，粮食减产严重。屯田军口粮供给日益紧张。长史府官署多次下达所属吏兵节省口粮的命令。楼兰出土文书表明，当时屯兵的口粮，开始为“一人日食一斗二升”，后减为“人日食八升”，再后减为“人日食六升”。

（王珩回忆录）我勉强维持着在楼兰的生活，盼着有一天醒来，能重新听见欢快的流水声。最终我等来的是一纸调令。朝廷命令我即日启程，返回洛阳。和我一同离开的还有驻守楼兰的三百士兵。告别楼兰之前，我独自去了一趟蒲昌海。湖水已经变得非常浅，仿佛楼兰流下的眼泪。一个老人跪在干涸的河道里，我不知道他究竟在做什么，只听见他的喃喃自语——河龙，请你息怒，请你宽恕我们……

（广仲独白）河龙，王珩也提到了河龙，我心中有了一种不祥的预感。楼兰一定是遭到了缺水的灾难而毁灭，难道真的是河龙发怒了吗？后来我又找到一个皮囊，如果没有猜错，这样的皮囊是驿站里邮差的专用品。在犹豫了片刻之后，我最终还是按捺不住心中的好奇。

（楼兰女子若兮的信）李骏兄：楼兰一别已有数年。自从你随都护府迁往海头，我便孑然一人，独守楼兰。你在信中说，海头比楼兰好，水也丰足。想必你是不会回来了。是的，你在信中说得没错，楼兰没有水是一种必然。这是楼兰的宿命，正如我和你的相遇。

罗布泊，意为多水汇入之湖，塔里木河北河下游注入孔雀河，孔雀河下游注入罗布泊。实际上古楼兰处在塔里木河水系的最下游，是塔里木河南北两河的最终归宿地。古楼兰的生命依靠塔里木河水的滋养。因此，塔里木河能否有充足的水源注入罗布泊，成为古楼兰生态环境变迁的关键。

在楼兰屯田的同时，汉政府为了抵御匈奴，在塔里木河中游的轮台、渠犁、伊循建立基地，经营屯田。东汉时期，新的屯田范围扩大到了塔里木河中、上游的龟兹、姑墨和莎车。随着塔里木河中、上游的农业开发规模日益扩大，用水日渐增多，下游的来水自然不断减少，以至最终断流。

现存的楼兰遗址

被抛弃的楼兰

（若兮的信）好久都没有下过雨了，起风的时候，荒地里的沙土被吹得漫天飞。从楼兰经过的商队越来越少，本想等于阗的商人来了，买一块琉璃宝石送给你。可是等了这么长时间也没有等来。如今的楼兰像极了我，孤独地虚度年华，除了等待，什么也做不了。

楼兰古城的消亡，是在世界气候出现旱化的大背景下发生的。由于塔里木盆地河流大部分源于冰川融水和降雨，气候的转干和变冷都使河流水量大大减少，河流流程缩短，塔里木河水系瓦解。楼兰面临着自然的考验，但结局并未就此注定。遗憾的是，人类将最后的机会变成了一次充满风险的命运赌博。

（广仲独白）书信的主人名叫若兮，这些书信是她留下的最后的遗物，而我也许将是最后一个读到它们的人了。天已经亮了，狂风肆虐了一整夜，我一夜未眠。回味着若兮的每一句话，她的书信透露着我苦苦寻求的真相。

谁在毁灭楼兰

（若兮的信）李骏兄：一直没有收到你的回信。最近我时常为不断出现的幻觉所苦：我忽而在近在咫尺的地方听见楼兰城里人声鼎沸，忽而看到自己和你泛舟湖上促膝长谈。似乎还听到流水潺潺的声音，这一切本都是我所拥有，现在却消失殆尽。千百次，我诅咒杀死楼兰的元凶。如果楼兰还是以前的楼兰，你就不会离开，我们便不会分离。起风了，又起风了。带着楼兰城里死亡的气息，狂风穿过了我的房间，席卷我的身体。报应，这是因果报应，谁都逃不了。

漫漫黄沙掩埋了曾经繁荣的绿洲王国，直到一千五百多年后，探险家斯文·赫定才将楼兰从漫长的沙中之眠唤醒。在楼兰遗址发现的大量文书中，最晚的一件作于建兴十八年，也就是公元330年。事实上，这个属于中国历史上西晋王朝的建兴年号早在14年前就终止了。驻守楼兰的官兵们，不知中原已改朝换代，仍然沿用早已废弃的年号。此时的楼兰孤独地立于茫茫沙漠之中，却不知道自己已经被这个世界抛弃。

公元400年，高僧法显西行取经，途经楼兰故地，他在《佛国记》中说，此地已是“上无飞鸟，下无走兽，遍及望目，唯以死人枯骨为标识耳”。从汉朝使节张骞第一次把楼兰引入中原人的视野，楼兰，这座丝绸之路上的重镇在历经500年的繁华之后，最终被无边无际的荒漠吞噬。

文明的代价

在征服自然走向文明的历史进程中，人类的每一次进步几乎都伴随着对自然的巨大冲击。在位于南太平洋的复活节岛，人类曾经创造出高度繁荣的古代文明，那些造型独特的巨大石像，至今依然令世人叹为观止。和楼兰的命运相同，人口与资源的失衡最终导致文明的进程戛然而止，烟消云散。厄运同样发生在美洲玛雅文明，两河流域的苏美尔文明以及古老的埃及文明。在尼罗河畔，远古的先民们留给子孙后代的遗产，除了巍峨耸立的金字塔之外，还有大片盐碱泛滥流沙纵横的不毛之地。

（若兮的信）楼兰注定要被沙丘湮没。但我留下来了。佛说，前世五百年的回眸才换来今生你我的擦肩而过。楼兰，这是承载了我们所有记忆的地方，虽然它已经变了，变得狰狞可怕。但如果没有了楼兰，就仿佛我们的生命从来没有交汇过。就让我在佛前再修五百年吧，这是我写给你的最后一封信。我留下遗言给安葬我的人们，我想在我的墓前栽一棵蒲昌海红柳，作为墓碑。好让你在路过楼兰的时候，能看见我。

若兮和蒲昌海红柳（片中动画）

广仲爬上山头看楼兰最后一眼（片中动画）

（广仲独白）今天的我们也许再也见不到昔日楼兰的繁荣了，我带着最后一丝希望登上了楼兰的城墙。我不敢相信我所见到的一切。一切都仿佛死去了一般，眼前的这座城市就是我们祖先描绘的那个如梦境一般美丽的楼兰吗？最后一次祭拜了河龙之后，我带着士兵们离开了楼兰。远远地，我望见连绵的沙丘里有一棵红柳，尽管已经枯死，却依然矗立在原地没有倒下。那是若兮的埋葬地吗？我的眼睛有些湿润，不知是风沙刺痛了眼睛，还是自己在为死去的楼兰哭泣……

受访者说

——林梅村

北京大学考古文博学院教授。1982年起，每年都到丝绸之路沿线古城进行实地考古调查，几乎踏遍天山南北所有重要遗址，多次深入塔克拉玛干沙漠腹地寻访沙埋古城。

记者：楼兰是在什么时候第一次进入了中原王朝的视野？

林梅村：《山海经》讲过一个神话，叫“昆仑传说”，后来中国的很多神话故事都是从这来的。那里就提到有流沙，这恐怕是比较早的介绍“西域”概念的故事。但是真正比较有实际体验的，经过实地考察然后再作介绍的，应该是张骞。当时司马迁根据张骞从西域回来之后向汉武帝作出的汇报内容进行整理，写了一个传记，就是《史记》里的《大宛列传》。这篇传记中不光写了楼兰，还写了所谓西域三十六国。那时，我们中原开始了解到，《山海经》里说的流沙西部有很多绿洲王国，就是在沙漠里面建立的一些国家。此外，《汉书·西域传》也根据张骞等人（的体验）对西域进行了更加具体的介绍。

汉宣帝的时候，中原王朝在西域设立了行政机构，这样就能够进一步了解西域，要比张骞走马观花地看一遍了解的情况更多。这样我们就能够知道，楼兰当时的首都已经迁到了在汉代被翻译成“鄯善”的车尔臣河流域。《汉书·西域传》就提到这个王国叫鄯善王国。

19世纪，一些西方探险家包括英国的考古学家，到楼兰作过考察，把那个地方的遗址进行编号，按照ABCD这么来编，一直编到M，也有LA、LC这样的编号。我认为张骞时代说的楼兰的首都是在斯坦因编号的LE，很多人不同意，这在学术上是有争议的。

记者：楼兰城为什么成为丝绸之路的枢纽？是不是跟它的地理位置很有关系？

林梅村：张骞讲过一条通道，当然那通道也肯定不是张骞开辟的，他是官方的使者，来走这个道，但实际上这条路恐怕在古代非常早的时期就已经开辟了。这条

路要怎么走？首先要经过敦煌，敦煌有两个关口，都是长城的烽火台，一个叫玉门关，从玉门关一直往西走，就可以到楼兰，到中亚。还有一条路，是从阳关。玉门关在北边，阳关在南边。我们成语老说阳关大道，这个就是阳关大道。这是两条正式的通往西域的路。而通往西域必须要走的路上的第一个绿洲，就是楼兰。

——王守春

中国科学院地理科学与资源研究所研究员。

楼兰的缺水困境

由于楼兰的地位非常重要，有中原政权的官员驻守在楼兰，楼兰遗址里还有被叫作衙门的地方，当时中原政权的官员就在衙门里住着。楼兰城里有大量来自汉朝的官员驻军、平民百姓、僧侣等。当时丝绸之路比较繁荣，来往的商旅很多，大量的人住在楼兰首先要有粮食，那么就要开垦耕地。根据出土文书记载，楼兰后期开垦的耕地太多了，供水就不够用了，水资源短缺，于是农业生产受到影响。

在楼兰的后期，水量已经很不足了。楼兰地区降水量很少，年降水量是十几毫米，蒸发量是几千毫米，可见蒸发量是降水量的几百倍。在这种情况下，农作物要想生长，必须有灌溉。在出土文书当中记载，楼兰的灌溉用水不足，耕地不能得到充分的灌溉，只能灌溉一部分，所以粮食产量下降，人均口粮逐渐减少，这可能是楼兰最后消亡的原因。

出土文书提到，楼兰的律法对于砍伐树木有一定的处罚，这表明当时人们已经注意到生态保护是一个比较重要的问题。尽管有这样的一个生态保护法规，但是在当时缺水的情况下，人们首先还是要保证生存，那么生态保护可能就得被忽视了。

楼兰的废弃与丝绸之路改道

楼兰地区的人类活动，根据考古发现和历史文献记载，前后延续有两千多年。在楼兰地区发现了三千八百多年以前的墓葬。在这个墓葬里边发现，古代楼兰不仅有畜牧业，还有农业。这说明当时楼兰地区生态环境还是比较好的，能够可持续发展。塔里木河的水持续不断地向这里灌输，楼兰城能够长期存在。张骞通西域，丝绸之路开通，特别是在东汉以后，楼兰的地位变得越来越重要，内地大量的人向这里迁移。在西汉时期，楼兰还不是中原王朝控制西域的政治中心，当时的政治中心在轮台，就是现在的库尔勒的西南边。东汉以后，一直到西晋时期，楼兰成了中原政权控制西域的政治中心。

西汉时期丝绸之路是经过楼兰的。丝绸之路的北道经过楼兰，南道虽然经过阳关，罗布泊的南侧，但是也有一个分支经过楼兰。在三国时期，也有学者认为是东汉时期，又开辟出一条新的道路：从玉门关直接通向西北，到达吐鲁番盆地，这条新的道路不再经过楼兰。

在这之后，丝绸之路直接从敦煌向西北，经过哈密、吐鲁番、天山南麓和天山北麓，但再也没有经过楼兰。因此楼兰就逐渐衰落了。以上就是关于楼兰衰亡的猜想之一，但我个人觉得这种说法的根据并不充分并且本末倒置了，应该是楼兰的日渐废弃导致丝绸之路改道，如果楼兰不废弃，我认为丝绸之路是不会改道的。

（根据采访录音整理）

长城墙·大草原·上帝之鞭

对于生长在中国这片土地上的人而言，长城是一道具有特殊意义的风景。有人曾把中国的历史比作一本古老的线装书，而长城就是贯穿这部书的一根装订线。在中国长达两千多年的历史中，长城几乎一直作为封建帝国的北方屏障存在着。位于这一道古老城墙北方的广袤土地，是一片充满神秘未知的区域。

同样充满神秘色彩的，还有生活在那无尽原野上的骑马民族。他们似乎永远身处遥远的异域，但是往往又在某个机缘巧合的时候，极其突然地闯入历史，继而又像一阵风一般遁去。在那一片浩淼无边的茫茫原野中，蕴藏着某种足以改变历史的玄机。

中亚细亚

（勃日特独白）公元12世纪末，我出生在中亚草原腹地长途跋涉的马背上，母亲用她的生命迎接了我的到来。后来的我只能在父亲的描述中想象母亲的样子。为了寻找新的牧场和水源，我们不得不随着季节变化而迁徙。在雨水最为稀缺的时节，我们会尽可能向南迁移，因为在荒原的尽头，通常会有奇迹般的绿色出现。父亲给我取名叫勃日特，意思是沙漠中的绿洲。

中亚细亚草原是一片异常广袤的原野，西起欧洲平原的多瑙河，穿越伏尔加河东岸，向东一直延伸到中国的长城脚下，距离长达7000公里。那些在世界历史上产生过重大影响的游牧民族，

草原上的骑马民族

绝大部分都在这个区域内诞生。

这里地处欧亚大陆腹地，四周又有山地高原阻挡，湿润的海洋气流难以到达，周期性的干旱成为草原气候的主要特征。只要春季稍微延迟一些到来，或者夏天连续数周没有降雨，整个草场就会被毁掉，这是生活在这里的游牧人必须面对的严酷现实。

葛剑雄（复旦大学中国历史地理研究中心教授）：游牧民族主要依靠牛羊，如果遇到灾害牛羊死亡，他们缺少替代的手段，不像农业社会种粮食，如果种得多，可以储存起来逐年消耗。游牧民族受灾的结果往往马上反映出来，牛羊死了他们就不能生存，只能迁移，所以就造成了人口迁移相当频繁。

广袤的草原被沙漠分割成一块块的拼图，只有那些居于水边的绿洲才是生命存在的地方。自然条件只给生存在草原上的人们一种选择，数千年来，他们随季节迁徙，逐水草而居。特定的自然条件决定了草原民族的生存方式，也决定了他们最终的命运。

布莱恩·费根：如果荒漠出现干旱，人们就会迁移，寻找草原和水，向周边迁移，或者是去南方，去更温暖的地方，甚至是农民定居的地方。但是当降雨量回升时，牧民们就会返回故乡，因为他们热爱那里，热爱那片天地。

树轮复原古气候

古气候学领域最新的研究成果，让我们获得了蒙古草原古代气候的信息。哥伦比亚大学拉蒙特—多尔提地球科学研究所树轮实验室与蒙古国立大学合作，通过收集蒙古塔瓦格基泰山脉的西伯利亚红松标本，尝试复原蒙古草原气候变化的历史。

巴特尔毕力格·纳琴（Baatarbileg Nachin，蒙古国立大学教授）：我们通过对从高山顶上选取的树木年轮进行分析，发现树木的年轮可以揭示温度变化情况。因为，高山顶处的树木经常处于云间，湿度充足。所以在同等湿度情况下，只有充沛的阳光才能决定高山树木的粗细。而在对从平原地区选取的树木进行年轮分析时，会发现在气温相同的情况下，年轮的宽窄取决于湿度。因此

树轮实验室的工作人员

我们在研究气候时，会前往高山地带，通过对树木年轮的分析来研究当地的气温变化；或者在平原地区，通过对树木年轮的分析来研究当地的湿度情况。

尼尔·佩德森（Neil Pederson，哥伦比亚大学拉蒙特—多尔提地球科学研究所研究助理教授）：树木年轮的宽窄告诉我们树木年复一年的生长状况。比如说我们所谈论的蒙古高山顶部的情况，如果某一年比较温暖，树木的年轮通常就比较宽；倘若某一年比较寒冷，山顶每个月都下雪，而且冬天特别寒冷，树木的年轮就会比较窄。

9世纪的温暖

经过多年的采集观测，研究小组根据树木标本绘制了一条跨越几个世纪的温度曲线：从公元9世纪开始，中亚草原处于一种相对温暖的气候，水源充足，牧草丰盛，人口和畜群数量都大大增加。也正是在这个时期，一些在中国历史上留下赫赫声威的游牧民族相继崛起。

此时的中原王朝，随着一度风光无限的大唐帝国的谢幕，出现了政治势力极其复杂的五代十国乱世。直到北宋政权建立，与之同时并立的还有3个崛起于北方的游牧民族政权，契丹人建立的辽、党项人建立的西夏以及女真人建立的金。

在12世纪的寒冷期到来之前，这种农耕文明与游牧文明的冲突一直处在一种微妙的平衡状态。

张丕远（中国科学院地理科学与资源研究所研究员）：(当)民族(之间的)稳定处于一种非常弱的平衡的时候，来一个外力，这个外力很可能就是气候，来几次游牧民族就受不了了，就要寻找出路，(比如)往南迁移。

在中原农耕王朝的统治者看来，长城是制止北方游牧民族最有效的武器，无论多么快速的马队，在城墙面前都不得不停下他们的脚步。回顾整个中国古代史，几乎就是一部游牧人同农耕人争夺生存空间的历史。

长城

12世纪的转冷

春季迟迟没有到来，大雪覆盖了荒芜的原野，因为缺少足够的食物，父亲不得不把给马群的饲料减少到最小的分量。我可怜的小红马，如今瘦得皮包骨，甚至连

站起来的力气都没有了。战马是游牧人最好的伙伴，它们与我们同生共死，与我们一起为了活命而四处迁徙。如今，为了生存，我不得不吃下伙伴的肉。长生天（蒙古民族以“苍天”为永恒最高神，故谓“长生天”。——编者注），这一次真的要抛弃他的子民吗？

尼尔·佩德森：究竟树轮记载了12世纪蒙古哪些气温状况呢？我们实际上获取了4组气温记录，这些记录囊括了从蒙古山脉的山顶，横越现在蒙古高原的这片区域。当把这4份记录报告放在一起时，会发现12世纪的前30年应该是最冷的一段时期。

饱受严寒困扰的游牧人（片中动画）

公元12世纪初，中亚草原气候急剧转冷，无形中成了此后一系列历史事件的导火索。

面对严寒所带来的生存压力，位于东北方的女真部族在首领完颜阿骨打的带领下，起兵抗辽，并在灭辽之后大举攻宋，向南争夺更加适合生存的区域。1127年，金军一举攻下北宋都城汴京，这就是历史上著名的靖康之变。

宋豫秦：在一些气候温暖的时期，汉代的长城已经深入今天的蒙古国境内，因为在气候温暖的条件下，汉族扩大了自己的地盘，游牧民族还可以向其他地方求生存，但是气候条件不好的时候，游牧民族就没有这样一个游动的空间了，所以他们只能南下，寻找气候相对温和的地方。

女真骑兵侵入蒙古草原（片中动画）

女真人的威胁

每年春天，女真人的骑兵都会大举侵入蒙古草原。在这充满危机的草原上，如果要生存下去，只有让自己变得比对手更强大。

游彪（北京师范大学历史学院教授）：被女真人统治的蒙古人还有其他的少数民族，都必须要向女真族政权交纳一定的贡品。游牧季节需要大量人手，女真人就会出动军队去把蒙古人掠夺来做苦力。

入主中原的女真人也同样惧怕来自北方同类的侵袭，和任何农耕王朝对抗游牧民族所采取的方式一样，金帝国花费了大量人力、物力和财力，修筑了东北起呼伦贝尔盟莫里达瓦旗尼尔基镇，沿阴山山脉向西，到河套西曲北，长达三千五百余里的长城，但是所有这一切，都没有阻挡住蒙古铁骑的南下。

游彪：进入汉族聚居区的这些女真人，逐渐接受了农耕的生活方式，这是一个方面。另外一个方面他们在军事上的变化也很大。进入汉地以后，没有那么多草场，骑兵的数量会受到限制，所以他的这种（军事）力量自然就会削弱。女真族的势力逐渐在往南移，而蒙古族的势力也在逐渐往南移。

长城的地理意义

我的父亲再也没有回来，在得知父亲死讯的那天，大草原降下了久违的雨水。在大雨中，我流尽了我一生所有的眼泪。终于有一天，我期盼的复仇机会到来了。草原上口口相传着一个伟大的预言：蒙古人中将产生一位英雄，他将成为蒙古最伟大的汗，成吉思汗。眼睛能看到的地方，人和马一定能到达。在征服大夏之后，大汗的弯刀一挥，直指金国。我们把所有的家产捆绑在马背上，向温暖的南方驰骋，直到被一堵高大的城墙挡住了步伐。

成吉思汗画像

蒙古军队（片中动画）

历史学家将400毫米等降水量线作为划分游牧和农耕两种文明的分界线。这条线的北边，降雨量少于400毫米，为半干旱地区，不适宜种植农作物，为游牧地区。而在南边，由于降雨量多于400毫米，为半湿润和湿润地区，适于农业，因此成为农耕社会。

张丕远：400毫米的年降水量是维持农业生产的必要条件，低于这么一个降水量，就没法种田了，因为那个时候灌溉是很难的，所以400毫米降水线以南是农业文明。

一个惊人的事实出现了，长城刚好在这条降雨线上耸立。它如同一道篱笆，分开了牧人和农夫的土地，长城的建造仿佛是建立在对降雨量精确的测量之上。直到今天，我们依然能够感受长城两边气候和风貌的迥异。

火烧金中都

公元1215年5月，15万蒙古骑兵的铁蹄踏破居庸关天险，1个月之后，蒙古军队攻陷了金中都，在大肆抢掠之后，蒙古军一把大火焚毁了整个中都城。

火烧金中都（片中动画）

在草原出生的人，心应该像草原一样宽大。漂泊迁徙是我们的命运。女真、契丹和唐兀人，和我们一样，流淌着草原之子的血液，但是却背叛了祖先留下的传统。我们代替神灵之手给他们最严厉的惩罚。那些愚昧的农夫辛勤耕种的土地以及苦心建立起来的城市，最终只能成为我们随时可以取用的粮仓。

13世纪的回暖

当蒙古军队再一次跨过长城回归中亚草原的时候，他们惊诧地感觉到，草原上的气候发生了显著的变化。其实这种变化在他们出征之前就已经慢慢开始，只是忙于征战的骑士们还不曾觉察。暖湿的气候在他们不经意间悄悄回归了草原。

尼尔·佩德森：在13世纪初，也就是成吉思汗和蒙古帝国崛起的时期，我们看到有20年高于平均气温的暖期。根据温度记录，蒙古在那个时期是非常温暖的，并且我们的新数据也表明，当时气候非常湿润，超过了平均湿度，这对于像蒙古草原这样的半干旱地区来说，意义重大。

铁木真是一个永远充满旺盛斗志的征服者，当所有的蒙古将士沉迷在草原绿色的回归时，他的一席话再次把我们从梦中唤醒。忘记饥饿和寒冷的过去，总有一天会从马背上跌落，蒙古人的一生，就是与狂风、大雪、干旱的搏斗。这是长生天对我们的考验。为草原永远有羊群，银碗里永远有马奶而战斗，一个光荣的士兵，不

能老死在故乡。

尼尔·佩德森：我们不能简单地说是气候缔造了蒙古帝国，这样说太过简单，而且没有给予成吉思汗足够的认可。成吉思汗，尽管有一些其他特质，仍然是一位能够凝聚民心的伟大领袖，是思想家，善于谋略的战略家。他的管理才能以及他对蒙古文化发展的贡献应该值得肯定。

草原特有的地理气候孕育了蒙古人特有的剽悍，而这种性格中的好斗意识一旦和日益强大的国力结合起来，也许就成了战争最好的催化剂。数十年短暂的气候回暖，带给成吉思汗前所未有的信心，世界在他的面前一点一点被打开。

尼尔·佩德森：如果我们所获得的记录最终被证明是正确的，就可以说，降雨量的增加和气温的上升使得供养蒙古帝国的生态系统吸收了更多的能量。气候和蒙古的发展之间或许是有联系的，但是目前下结论还为时过早。不过这些初期记录数据表明，至少在蒙古中部，也就是蒙古帝国成立发展的地方，平均气温要略高于近六七百年来的气温。

蒙古军队征战图

蒙古西征（片中动画）

大汗弯刀指向了西方，大军如同洪水一般漫过阿尔泰山。遵照成吉思汗的意愿，我们要让蓝天之下都成为蒙古人的牧场。

骑兵与西征

自从人类社会诞生以来，战争就成为它的影子。有战争就要有制胜的武器，在很大程度上，武器在某些时候甚至决定了战争的胜负。究竟是什么武器使蒙古人在对外征战中所向披靡？历史研究者把焦点集中在一个有着悠久历史的兵种——骑兵。

祝勇（作家）：在火炮发明以前的冷兵器时代，骑兵是非常重要的，它就相当于热兵器时代的火炮，相当于我们现代的巡航导弹，所以谁掌握了它，谁就掌握了战争的制胜权，掌握了战争制胜权之后，就在一定程度上掌握了文明的主动权。

蒙古军队在征战过程中展现出的巨大的征服能力，和其强大的骑兵作战是密不可分的。南下的游牧民族几乎都有骑兵，但是只有蒙古人将骑兵的威力发挥到极限，达到了冷兵器时代的高峰。骑兵改变了战争的形势，而蒙古骑兵改变了历史的走向。决定骑兵胜败的最基本元素，则在于这些人类最早也是最忠实的朋友——马。

吴文祥：马匹既能作为作战的马骑，还可以提供食物。在一个暖湿的环境里面，物质基础能够迅速地积累起来，（马）繁殖得非常快，人口也会大量增加，这为蒙古西征提供了非常坚实的物质基础。

公元1240年，成吉思汗的孙子拔都再度率领15万大军西征。蒙古帝国逐鹿欧洲的序幕由此拉开。蒙古军将基辅、波兰、德国军队一一击败，继而越过多瑙河，大举向西推进，蒙古大军的西征让整个欧洲陷入了惊恐和战栗。

中世纪暖期

这一年的夏天和秋天，我们都在匈牙利草原上度过。大草原上空旷的绿色一度让我想起了故乡的原野。这个时候，后方传来窝阔台大汗的死讯，作为王位继承者之一的拔都将军不得不回师蒙古。白白放弃唾手可得的草场，还有欧洲诱人的财富，这也许是我们毕生的遗憾。

从公元9世纪开始到13世纪，欧洲一直处在一种相对暖湿稳定的气候，这一时期也被称作中世纪暖期。温和的气候使庄稼连年丰收，从中受益的人们为了感谢上帝以及宇宙中主导自然的未知力量，修建了许多恢弘的大教堂。这种温暖舒适的气候维持了三四百年，足以奠定欧洲的富足与新文明诞生的基础。

布莱恩·费根：如果看一下欧洲，会发现那个时期在数十年或更长时间里，夏季温暖宜人，适宜作物生长，夏末作物成熟时降雨量不大。这使得粮食供给出现盈余，进而导致贸易增加，大教堂之类的建筑不断建成，城市得到发展，人们的福利增加。它成为中世纪诞生的催化剂之一，催生了中世纪的大发展，推动了中世纪盛期的到来。

修建于中世纪的大教堂

气候钟摆左右的“上帝之鞭”

拔都将军最终没有成为王位的继承者，他率军重新回到了伏尔加河的东岸，这也是他当年西征欧洲战场的起点。拔都将军信誓旦旦，他希望重新夺回一直延伸到海边的牧场。但是这一次，长生天没有再给蒙古人机会。

一个寒冷的冬季紧接着一个干旱的酷夏，干枯的牧草甚至自己燃烧起来，童年时候经历的阴影再次笼罩在我的心头。一夜之间，拔都将军的头发已经斑白了。

巴特尔毕力格·纳琴：在历史上曾有记载，从1260年至1368年的100多年间属于非常寒冷的时期，但并非一直这么冷，而是气温突然下降，尤其是在1260年气温突然下降。

吴文祥：在一个降温非常快的时期，自然灾害可能比较多。当时，蒙古草原整个环境更加脆弱，灾害比较频繁，灾害频繁可能会导致蒙古高原地区的畜牧业受到严重的影响。

作为游牧部落最好的朋友，马同时也是蒙古人对外作战的重要军事武器。马虽然带来了牧人生活的必备原料以及快速移动攻击的便利，但是马的生理特征也决定了其致命的弱点。

布莱恩·费根：牛的消化系统中有一个瘤胃，就是我们所说的反刍容器，消化发生的地方，紧贴着身体前半部分。这使得牛可以比马消化并且储存更多的蛋白质。而马的类似于瘤胃的器官靠后生长，它们会在那里消化食物，比牛要晚，结果食物中大量的氮元素被排泄到环境中去，因为马不能储存它们。这也意味当肥美的牧草充足时，大多数牛和马都能生存。而当旱季来临时，牛可以储存更多蛋白质，马却不可以。因此为了使马存活下来，只有迁移。

游牧民族和气候之间的关系紧密，它们相互影响，并持续至今。只要经历一个寒冷的冬季或是干旱的酷夏，就会有很多马匹死掉。如果旱灾持续两三年，就会带来更加灾难性的影响，而这种自然条件的变化间接地影响了历史的走向。

布莱恩·费根：气候是影响人类历史发展的很重要的因素，但是不能说是气候导致了农业和文明的衰落，或者说气候造成蒙古帝国衰落。只能说，它是众多影响要素之一，而且这一要素曾经被我们忽略不计，因为直到今天，我们才有了专门对此进行研究的科学。

蒙古草原上气候的变化悄无声息地介入了历史，如果气候钟摆没有发生变化，草原上的寒冷干旱没有到来，拔都和他的蒙古骑士们也许将重新进行西征。

蒙古帝国的崛起

这是当年我和父亲一起走过的地方，一切都还是那么熟悉。年轻人都梦想着走遍天下，年迈者总是心怀故乡。我的孩子们最终离开我，他们跟随忽必烈汗去了漠南的开平城。那位年轻的亲王似乎对汉人颇有好感，我始终不明白他为什么会对那些已经被我们征服的弱者如此谦恭。我哪里也不想去，这片我出生的草原也将成为我最终的归宿。

被闪电河圈起的金莲川草原，是当年蒙古帝国的龙兴之地。1256年，忽必烈在金莲川的南端修建开平府，这里北距蒙古首都哈喇和林千余里，是草原帝国通往汉地燕京的门户，相对于千里之遥的哈喇和林，这里的气候要温暖舒适得多。

金莲川草原

草原上的蒙古包

葛剑雄：蒙古人到了中原，有人向他们建议，这些汉人对国家没有什么好处，应该把他们统统赶走，然后把他们的农田都变成牧场，但最后皇帝没有采纳，为什么没有采纳呢？一方面，办不到，汉人太

多；另一方面，他们发现，汉人种粮食，过的生活不比他们放牧差，甚至收益更好。所以慢慢地，他们接受了这种生活方式，甚至放弃了原来的。

推行汉法的忽必烈受到汉人的极大欢迎，但是在蒙古人中却引起了强烈的非议，许多蒙古贵族坚决反对仿照中原政权的方式建立国家，更不要说在农耕基础

忽必烈画像

忽必烈打猎图

上建立定居城市。在他们看来，离开了草原的游牧人，最终等来的只有衰亡的厄运。

祝勇：这不是忽必烈自己遇到的一个困境，这是他所代表的整个文明在占领农耕文明之后所面临的一种困境，这种困境非常难以解决，所以我想忽必烈本人的心情也是非常矛盾的，他到死都没有解决这个问题。

迁都燕京

孩子们从南方带来消息说，伟大的忽必烈汗决定迁都燕京，大蒙古国将改为大元王朝，表示一切将重新开始。燕京城，就是当年那座在我亲手点燃的大火中化为灰烬的中都。

1272年，长城脚下的幽燕之城有了一个新名字——大都。

在大都出生长大的蒙古人已经不知道真正的草原是什么样子，他们不需要逐水草而居，通过人工开凿的运河，水源源不断地流到家门口。这是中国历史上疆域最为广大的帝国，但是它的寿命仅仅维持了97年就轰然倒塌。

我的子孙们，如果有一天蒙古帝国真的不复存在了，你们也不必太过悲伤，这只是一个新的轮回的开始，就像大草原上冷暖交替的天气一样。随季节迁徙，逐水草而居，这是我们游牧人的生活，也是长生天赋予我们的宿命。

受访者说

——尼尔·佩德森（Neil Pederson）

美国哥伦比亚大学拉蒙特—多尔提地球科学研究所研究助理教授。

记者：请问你们通过什么方法来获得蒙古草原古代气候的信息？

尼尔·佩德森：我们根据树木的年轮来重现古代的气候，或者至少过去400年的气候情况。在蒙古和其他一些地方，我们能追溯到1000年前，甚至更早的时期。我们会去那些有古树以及枯木的地方。这样我们能够重建时间更长的编年史，也就是一棵树的生长记录。

当我们试图要了解一段较长时期内的气候时，我们通常会去一些没有长期气候记录的特定地点。蒙古就是一个典型的例子。在那里，人工气候记录只有30到70年左右，这对于了解地球的气候变化来说实在是太短暂了。

所以，我们树轮实验室在20世纪90年代中期去了蒙古国，见到了蒙古国家科学研究院和蒙古国立大学的科学家并告诉他们，来访的目的是为了了解蒙古的气候变化。当地专家就带着我们去那些他们认为有古树的地方转了一圈。其中一个典型的地方是位于蒙古中部的塔瓦格基泰山脉。这些山顶上的树木生长在森林的边缘。也就是说，森林一直向上蔓延，但到了一定高度，就太冷了，树木因此无法继续生长。在那样的海拔之上，树木每年的生长取决于生长季的长短以及冬夏两季的气温。我自己去过那里两次，我去的时候是8月份，山上就已经下雪了。我们看到了西伯利亚红松并对其取芯，这种松树非常漂亮，其木质十分柔软，很容易取芯。我们沿着森林的边缘走，对树木取芯，通过观察它们的年轮来研究气候变迁，在这个项目里，重点研究最近500年来的气温变化。

生长在这条林线上的树木都有400到600年的历史。我们可以观察到其最近二三十年的长势。能和1400或1500年前作比较。我们发现，这个地方的树木在最近的100年间在加速生长。

这里真正特别的一点是，地面上有许多枯木，我们搜集了一些样本， 它们是长在远古时期的木材，已经在森林的地面上沉睡了很长一段时间。从样本的年轮结

构，我们可以看到年复一年的生长变化，然后我们可以把它和仍然存活的样本作比较，从而追溯到更久远的年代。

我们的记录表明蒙古可能正经历着过去1000年间最温暖的气候，或许还要更久，这可能是近2000年来出现的最温暖的气候。但是我们并没有掌握公元850年以前的足够可靠的证据。这就是我们研究的大致过程。

根据我们所作的关于塔瓦格基泰山脉的记录，还有其他3项记录，我们追溯到了1000年以前的气温状况。当把这4份记录合在一起时，我们发现12世纪初似乎非常寒冷。到了12世纪中叶，气候开始变暖，大约有10年的时间是高于平均气温的。之后的记录表明了再次寒冷的时期。所以整个12世纪的气温，是寒冷、温暖再到寒冷。

近10年看起来确实是最热的10年，但是我们的记录只到1999年和2000年，所以还不能说出太多关于最近10年的气温变化。

——巴特尔毕力格·纳琴（Baatarbileg Nachin）

蒙古国立大学教授。

记者：一般选择什么样的树木来进行古气候研究？

巴特尔毕力格·纳琴：对于北半球而言，是对针叶树这样的树类进行研究。落叶树在一年周期里未必会有一个年轮，所以不会选择落叶树进行年轮的分析。

研究树木年轮是个非常漫长的过程。最重要的是你要知道你所研究的地区范围及你要找的树木在哪儿分布。要对整个国家各个地区的高山或平原进行实地考察研究，所以是一个耗时耗力的工程。

记者：蒙古草原气候的变化，与蒙古帝国的兴起和西征之间是否存在联系？如果存在联系，您认为气候是如何发挥它的作用来影响历史的？

巴特尔毕力格·纳琴：气候的变化对于一个国家的兴起、发展有着非常重要的影响。从蒙古历史来看，在气候条件好的时期就有兴旺富强的蒙古部落。

蒙古人从古到今是与大自然有着密切关系的民族，原因是其基础经济是游牧经济，蒙古民族是游牧民族。不管是大自然的产物还是畜牧业的产物都要符合大自然本身的规律。为了让畜牧业——这就相当于是自己的生活——去适应一年四季的变化，牧人会随着四季气候的变迁进行游牧迁徙。我们是最具有观察力和感知力的民族，对大自然的细微变化非常敏感。

蒙古人崇拜大自然，信奉长生天，信奉故土，从而就有了祭拜敖包的习俗。生活在同一片故土、祭拜同一个敖包的人民群众会共同克服困难，共同祭拜故乡的山水、故土的一切。人与自然、与故土之间都是有紧密联系的，我们是这样的一个集体。

记者：马对蒙古人有着什么样的意义？

巴特尔毕力格·纳琴：蒙古马有非常好的耐力，可以征远途。蒙古马的这种好的特性可能是来自于它自身优越的条件，可在我看来，也可以说有了蒙古人，所以才有了蒙古马。我们游牧民族的文化、对于马的驯养方法、马文化、牧马人的智慧、对马的亲情才使蒙古马有了如此强的耐力，这也超过了气候的变化对马的影响。

"蒙古五畜"中的马对蒙古人来说具有最崇高的地位。作为始终伴随成吉思汗征战世界的战马，蒙古马拥有蒙古军团中无可争议的地位与荣耀。当时，如果有人打马头或是鞭策马头就会有相应的军法处置。可想而知蒙古马对蒙古人而言是何等的崇高。

（根据采访录音翻译整理）

小冰期·大饥馑·帝国兴衰

当世界上第一株稻谷结出沉甸甸的果实，人类的历史由此掀开了新的一页。几千年来，人类一直以一种相对固定的方式在天地之间繁衍生息，在古人看来，天是一切的主宰，因为天的赐予，才会有人间的风调雨顺。他们并不明白那种神秘的力量究竟来自何处，他们只是按照自然的规则履行着人的轨迹。天人合一是中国古老哲学的至高境界，帝国的兴衰与朝代的更迭无一不在印证这种古老哲学的价值。当时间跨入21世纪，今天的人们从中又能得到哪些启示呢？

崇祯即位

公元1627年8月24日，气势恢弘的紫禁城内，一场隆重的登基仪式即将进行，大明帝国迎来了它最后一任皇帝。

与哥哥天启对权力毫无兴趣不同，这位刚刚继任的少年天子对治理国家充满了欲望。据说，朝臣们为朱由检拟定了4个年号，分别是乾圣、兴福、咸嘉和崇祯，他毫不犹豫地选定了最后一个，意指他的统治时期将是一个吉祥如意、充满幸福的好年头。然而历史偏偏又一次捉弄了大明王朝，天下太平的盛世并没有如期出现，等待崇祯的是一个没有尽头的噩梦。

崇祯皇帝画像

内忧外患

灾难的征兆在崇祯登基之前便已初露端倪，万历末年，前所未有的寒冷席卷全国，即使是在气候温暖的广东地区，大雪也连续6至8天，山谷皆被冰封，这是自大明建国以来前所未有的事情，而更为糟糕的是，这样恶劣的天气仅仅是一个开始。

张德二：它是紧接着中世纪温暖期之后，发生的一个气候相对寒冷的时段。大致的时段是1420年到1900年，大概400多年，将近500年。这个时段正好是明朝和清朝的时候，所以有人把它叫作明清小冰期。

竺可桢

根据考古资料和历史记载，中国著名气候学家竺可桢提出，大致从明太祖创立明朝开始，中国进入了历史气候上的第四个寒冷期，在明朝最后两个皇帝天启和崇祯统治期间，气候寒冷达到极点，而伴随寒冷天气一起到来的则是严重的干旱。

张德二：对一个农业立国的国家来讲，它的经济基础是农业。农业收成的好坏，有两个决定因素，一个是热量条件，一个是水分条件。水分条件不足，干旱或者热量不足，寒冷等等，都会导致减产歉收，甚至是绝收，这对国家的发展显然是不好的。

从崇祯即位开始，大旱几乎连年不断，崇祯十一年（1638年），旱情更是遍及西北、华北、华东和中南地区。大旱过后蝗虫灾害随之而来，漫天飞舞的蝗虫遮天蔽日，草木和树叶几乎全被吃光，中国历史上千年不遇的大饥荒也不期而至。在饥饿的折磨下，百姓吃光了一切可以吃的东西，甚至出现了“炊人骨以为薪，食人肉

遭受蝗灾的农民（片中动画）

以为食”的惨状。

同荒于朝政的祖先相比，大明帝国的最后一位帝王崇祯算得上是中国历史上帝王的典范。他一反过去父辈先皇的怠政之风，兢兢业业，事必躬亲。大明选择了这位励精图治的君王掌管政权，确实是帝国的幸运。然而不幸的是，千年不遇的小冰期给这个农业帝国带来了沉重的打击。

在中国无粮不稳的社会结构中，粮食的减产意味着动乱的潘多拉之盒已经打开：连年的灾荒引发民变，农民起义风起云涌，与此同时，关外虎视眈眈的女真人也成为明王朝最为致命的危机，内忧外患交替冲击着本来就千疮百孔的帝国根基。

毛佩琦（中国人民大学历史系教授）：所谓内忧，因为连续的干旱，因为财政的匮乏，造成百姓的负担不断加重，生活更加无着无靠，他们就会起来反抗政府。因为气候的变化，女真人要从寒冷的地方向温暖的地方转移，更迫不及待地想入关，就加大了对明朝政府的压力，所以不论是内忧还是外患，都是天气变化引起的。

致命的三饷

从登基第一天开始，紫禁城里的崇祯皇帝几乎每一刻都处在焦虑之中，他也曾努力尝试赈济灾民，但是连年的灾荒已经把本就薄弱的国库耗尽了，而且即使有银钱，面对到处歉收的土地，又到哪里去买粮食呢？

李治亭（国家清史编纂委员会委员）：明朝从崇祯他的爷爷辈，万历皇帝辈，就开始崩坏了，经济条件越来越恶化，到他那时候就没多少钱了，所以没有办法，给老百姓增加练饷，什么是练饷呢？增加收税，国库没钱了。

所谓练饷，是明朝用于增强边疆防御力量的额外税收，此外加上用于镇压民变的剿饷，以及用于辽东防御女真人军费的辽饷，在正常赋税之外，明末的农民还需要承担超过正常赋税几倍的三饷，最终摊派到农民身上的数字就显得十分荒谬，到崇祯十二年（1639年）的时候，每年三饷合计两千万两白银。

毛佩琦：本来三个饷都是为了明朝的安定的，但是三饷加派下去，明朝反而增加了不稳定的因素。当有人起来造反的时候，这些就成为反抗明朝的火种。明朝在崇祯年间陷入了这样一种循环，用来加强明朝的这种措施，反而造成了明朝的不稳定。

迫于国库空虚的限制，崇祯不得不放弃用钱招安的想法，他下令全力镇压农民起义军。由于加派三饷，致使越来越多的农民因走投无路而加入起义军中，崇祯一面努力平息民变，一方面又不断激发民变，所以农民起义军愈剿愈多，在这种怪圈式的恶性循环中，大明帝国一步步走近它的末日。

叶文虎：人与自然的关系出现某种紧张恶劣的状态的时候，就必须及时调整人与人的关系。这样使得这两者作用起来的张力不那么大，可以在可控范围之内。如果不调整，就会激发出严重的社会矛盾。

帝国斜阳

公元1644年3月18日，农民起义军包围了北京城。第二天的凌晨，北京城一片凄风苦雨，崇祯皇帝拔剑杀死了妻女之后，在煤山自尽身亡。崇祯曾竭尽希望挽救大明日薄西山的颓势，但是历史最终没有给他机会，今天的人们只能慨叹他的生不逢时。

17世纪的中国，延续了将近300年的大明被清王朝所取代。如果我们把视野从中国投向整个世界，会发现17世纪中叶是一个动荡不安的时代。1647年，墨西哥市民暴动；1648年，法国兴起投石党运动，而莫斯科则陷入了大动乱的旋涡；1649年，英国国王查理一世被送上断头台。在跌宕起伏的政治风云背后，则是气候变化对农业社会的剧烈冲击。

方修琦：气候条件对于一个王朝的兴衰，或者一个区域的经济，有很深刻的影响，这是应该承认的，只是我们不要把它当成一个决定性因素来看。

张德二：但是气候的恶化起到一个导火索或者推波助澜、雪上加霜的作用，它对社会经济来讲，对国力来讲，都是极大的伤害。

李治亭：在政治败坏、国家腐败的时候，天灾人祸互相交织在一起，这时候天灾就要起到决定性的作用了。天灾出现了，人没有挽救它，没有清除它，灾害造成的结果冲击了王朝的生命线，冲击了王朝的基础。

前车之鉴

公元1692年孟夏，一场隆重的祭天祈雨大典在天坛举行。入主中原以来，大清王朝沿袭明朝的祭祀天地礼仪，表达共同侍奉上苍，和睦于苍天之下的治国理念。祭坛上的康熙皇帝神情肃穆，帝国十几个月来连续的大旱让他倍加忧虑。饥饿

康熙皇帝举行祭天祈雨大典（片中动画）

的农民是国家最危险的敌人，而维持百姓的温饱则是王朝最坚定的根基。

毛佩琦：历代统治者怎么样对待这些灾异？一方面他们提倡敬天，对天要有所敬畏；第二，他们提出要爱民，他们甚至说，天心就是民心，“天听自我民听”，说老百姓就代表天。他们的这种认识，实际上是把人类的政治和上天的变化很自然地联系在一起，这也是中国政治的一个优秀传统。我认为是优秀传统，并不是迷信。

张德二：做事情要讲究天时地利人和，天时和地利也包括气候条件，比如居住的气候条件是不是合适。我觉得这样一些东西的倡导，对我们来说，是应该汲取的。

作为帝王的康熙，在他一生的执政生涯中随处可见“重农”、“悯农”的思想。为了教育官吏重农爱农，同时普及农业知识，推广耕作技术，康熙帝命宫廷画师重绘南宋流传下来的《耕织图》，甚至还为每一幅图配诗一首。在诗文中，康熙帝感慨农夫织女的万般辛劳，字里行间流露出他对农民的爱惜和怜悯之情。

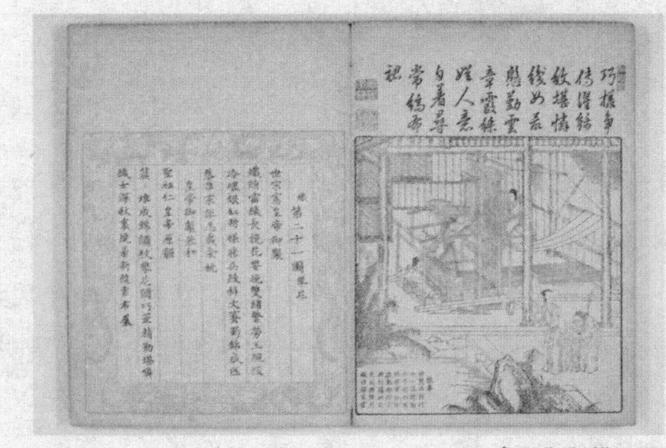
康熙御制耕织图

张德二：他有很多得力的措施，使国家更强盛、更兴旺。这同样是发生在气候条件很恶劣的时期，甚至可以说，康熙皇帝执政的那些年份里边，许多重大的气候灾害都频繁地发生，远远地多过明朝末年。但是这些自然灾害没有造成太大的社会动荡，国家还是朝着一个兴盛强大的方向去发展。

毛佩琦：如果你的制度赈灾没有效，你的官僚是贪污中饱的，你的储备是不足的，那么小灾也会变成大灾，所以一个君王，要想在天灾面前能够保持政权稳定，首先要勤政，首先要发展经济，首先要整顿你的制度，如果你把这些方面都搞好了，你可以应对更大的灾害。

重农悯农

康熙三十八年二月（1699年），46岁的康熙皇帝再次微服出京，开启了他第三次的南巡之旅。皇帝此行的主要目的，是视察黄河北岸180里的各处险要工程。

在灼人的烈日下，康熙皇帝到达了淮河清口河段。在官员的陪同下，他沿岸步行十余里，视察险堤险段。在一处河堤，康熙皇帝挽起裤口，赤脚走下堤坝，在没膝的泥泞中艰难前行……

康熙皇帝视察黄河险堤险段（片中动画）

康熙皇帝在位61年间，6次下江南，每次南巡的首要目的，都是河防水务。此外，据史料记载，康熙帝在位年间，免除税粮丁银欠赋545次之多，尤以普免全国钱粮总计约1.5亿两，其数量之大，亘古所无，康熙帝自诩“此乃古今第一仁政”。

王守春（中国科学院地理科学与资源研究所研究员）：如果一个政权巩固，（统治者）非常有能力，这个时候，有自然灾害，他可以通过国家力量来把自然灾害造成的影响减小到最小程度。

葛剑雄：一个朝代的兴衰，除了自然方面原因以外，还有不少人为的因素，比如说明朝灭亡，很多人归结于当年连续出现大旱，但是如果这个政治制度是优异的，同样出现大旱，那就不一定会导致灭亡。

乾隆的幸运

雍正十三年九月初三日（1735年），紫禁城太和殿，25岁的皇太子弘历登上帝位，一个将在中国历史上留下深刻印记、以“乾隆”命名的时代将由此开始。应该说，乾隆皇帝是幸运的，他不但在最佳年龄登上了帝位，而且两位先辈已经为帝国的盛世打下了雄厚的基础。即位之时，乾隆所面临的中国就像是为他精心准备的舞台，甚至连气候也在助他一臂之力。

张德二：乾隆皇帝是个很幸运的皇帝，他执政的这61年，刚好位于小冰期两个寒冷时段当中的一个回暖的时期，所以那个时候少寒冷灾害，也少大旱大涝，是国家气候条件比较适宜于农业生产的时期，所以乾隆朝的经济状况得益于气候条件的优化。

夏明方（中国人民大学清史研究所副所长）：从雍正到乾隆时期，我们国家应该说是遇到了一个比较好的、风调雨顺的时期。

大清帝国经过近100年的积淀，历经康熙雍正两朝的励精图治，终于在乾隆在

乾隆皇帝射猎图(清 郎世宁)

位时期走向巅峰。18世纪中期，大清是世界上最富有的国家，帝国拥有世界1/3的人口，粮食产量和工业产值也占到了世界的1/3。上天对这位天之骄子格外垂青。形势和才干的结合，使得前无古人的盛世图景在乾隆手中出现。

盛世图景

公元1790年9月25日，乾隆皇帝80大寿的庆典在圆明园正式开始。在满天飞舞的焰火映照下，在惊天动地的恭贺声中，乾隆皇帝着实被眼前的一切所陶醉了，他为这灯火辉煌的景象所感动，这是真正属于他的太平盛世。

此刻的乾隆根本意识不到，一场致命的危机正在一步步逼近大清王朝，这个看似太平盛世的帝国也将从此坠入万劫不复的深渊。

无夏之年

公元1815年4月5日，印度尼西亚一座名为坦博拉的火山在沉睡了5000年之后突然大规模喷发，喷涌而出的岩浆和相伴而来的海啸夺走了10万人的生命。接踵而至的是，1816年全球性的低温袭击了欧洲美洲，大量的农民因为粮食歉收而沦为乞丐，西方历史学家称之为“西方世界最糟糕的一次生存危机”。

张德二：1815年，印尼的（坦博拉）火山有个大的爆发，在大气层中形成大量的火山尘灰，这些尘灰存在一年甚至两年之久，对太阳辐射起到屏蔽的作用，造成地表所吸收的太阳辐射量明显减少，热量摄入少了，所以就造成了大气环流的一些改变，偏离了正常的状态。

布莱恩·费根：这一年被称为“无夏之年”，其影响是普遍的庄稼歉收，德国、瑞士、法国许多地方遭受饥荒，北美新英格兰地区等地的形势也很严峻。这是一个短期现象，但是造成了深远的影响。

在全球性的灾难面前，远在东方的中国也丝毫不能幸免。公元1815年，台湾新竹、苗栗皆“十二月雨雪，冰坚寸余”，1817年，江西彭泽县“六月下旬北风寒，九都、浩山见雪，木棉多冻伤”，本是炙热的夏天却出现冰雪天气，足以想见1816年前后中国广大地区气候之异常。

张德二：总的来说，19世纪，主要是指19世纪的中后期，气候条件是很不利

无夏之年（片中动画）

的，多雨，低温，1820到1830年，严重的冬季的寒潮，低温频繁出现。一直到1890年都有强寒潮的活动。这对南方的种植业，尤其是经济作物的种植，果树，养鱼，都有很大损害。

乾隆年间温暖的气候只是明清小冰期的一个插曲，寒冷并没有远离。经历了将近1个世纪的回暖之后，中国的气候又一次转冷。在这个历史节点上，接过大清王朝接力棒的正是道光皇帝。

浮华下的危机

公元1823年，对于刚刚亲政3年的道光皇帝，是一个难以想象的劫难。

这一年，江苏、浙江、湖北、山东、直隶，同时发生前所未有的大水灾，即使是作为帝国首都的北京，竟然也阴雨连绵40余天。

严重的水灾致使大清帝国元气大伤。为了安抚民心，道光甚至还公开进行自责：“直隶连年水灾，皆朕不德，不能上感天知，致我无幸赤子荐受灾荒，何忍睹此景象，惟有返身修己，尽力拯济。”

张德二：全国大范围的，从北到南，多流域的，从海河、黄河、长江一直到珠江，都发生了持续的降雨和严重的洪涝危害……而且河流泛滥以后，积水不退，这样的记录是少有的。

道光皇帝画像

频繁水灾直接造成粮食歉收，道光皇帝心中显然十分清楚，不断蔓延的饥荒对于一个人口庞大的国家意味着什么。

大清盛世时期，全国耕地面积已超过10亿亩。发达的农业生产促进了人口繁衍，在康熙六十一年（1722年）突破1亿人口大关后，在半个世纪后的乾隆五十五年（1790年）又突破3亿。

在农业决定国家命脉的古代，耕地数量与人口历来被视作国家兴亡贫富最重要的标志，然而盛世之下潜伏的危机也恰恰在此。

夏明方：人口在成倍地增长，在这样的一个增长过程里边，中国整个的社会经济结构没有发生变化，基本上还是以前的传统农业，也可以叫小农经济。

人口激增使得传统社会机制的承受能力已经达到临界点，对于一个以农业为经济支柱的国家而言，解决这种矛盾的方式只能是不断扩大耕地面积。

为了转移江南地区的人口压力，从康熙年间开始，清政府发起了一场浩浩荡荡的从东部向西部的移民，历史上大规模的“湖广填四川”便是在这种背景下产生的。

李治亭：到乾隆时候，荒地基本上该开荒的都开了，后来山头地脚能开出尺寸之地，可收斗升之粮（的地方），（都开了用来）满足人们的需要。农业关系国家命脉，关系国家生死存亡。所以农业崩溃，也是王朝崩溃的开始。

道光萧条

据清实录记载，道光在位的30年间，水灾、旱灾、蝗灾、震灾等人间所能遇见的自然灾害，几乎是交替发生，从未间断。

频繁的自然灾害与盛世堆积起来的巨大人口基数产生了激烈的矛盾，引发了社会内部潜在的动荡与不安，从此，中国经济由18世纪的长期增长转变为19世纪以后的衰退，史称“道光萧条”。

林则徐画像

道光十八年十一月十一日（1838年），纷纷扬扬的大雪笼罩着北京城。湖广总督林则徐经过一个多月的跋涉，终于抵达京师。从这一天起，道光帝连续8次召见林则徐，下令禁烟。气候变冷造成的经济萧条不可避免，任凭道光如何力挽狂澜，也无法改变王朝没落的大趋势。而与此同时，随着鸦片走私的泛滥，白银大量外流，国家财政陷入越来越严重的困境。在重重梦魇之下，把大清国命运的转机寄托于禁烟，或许是道光皇帝的最后一搏。

然而，大清王朝与西方列强的较量最终以惨败告终，鸦片战争的结局，对于踌躇满志的道光皇帝来说创深痛剧，天下在自己的手里变得如此千疮百孔，道光心灰意冷，他无论如何也想不到，这个惨痛的结局在他的祖辈那一段灿烂辉煌的盛世中就已经注定了。

沉迷鸦片的清朝百姓和大发其财的西方人（片中动画）

寒冷冲击下的不同命运

1816年，无夏之年，急剧转冷的气候对全球农业国度都产生了巨大的冲击。然而位于欧洲西部的英国，却奇迹般从这场危机中复苏，速度之快令人惊讶。英国崛起的动力正是来自于从蒸汽机开始的新兴的工业革命。

夏明方：西方能够渡过这个难关，而我们做不到。一个很简单的解释就是，西方这个时候已经走上了工业化的道路，另外它已经改变了农业的增长方式，所以能够比较有效地抵御、摆脱所谓的马尔赛斯现象，还有气候危机，然后更快地走上工业化的道路。

李治亭：比如在英国，19世纪，工业的发展突飞猛进，（有）先进技术，工业很发达了。它把农业逐渐地工业化，接着城市化，所以农业的比重大大减小，国民

经济的收入，不靠农业，而靠工业。

王铮（中国科学院科技政策与管理科学研究所研究员）：如果我们当时的矿业已经发展了，那么我们就不怕寒冷事件了。如果大城市发展了，我们也不怕寒冷事件了，并不会因为寒冷房子就倒掉了，道路就冻结掉了，没有这么严重。总的来讲，社会的经济结构不同，对气候的应对是不一样的。

人类的明天

曾几何时，气候波动带来的浩劫，大自然对一个王朝命运的主宰，人类对上苍虔诚的膜拜，都已经成为遥远的过往。飞速发展的科技将人类的梦想一一变成现实，眼花缭乱的新技术和新仪器模糊了我们的视线，人类拥有了与大自然平等对话的权力，然而在21世纪的今天，对全球变暖的恐慌也开始出现在世界的每个角落。

张丕远：我们古代也曾经暖过，他们不是也活得挺好吗？（对）这个问题（的解释）是因为现在人口增加了，人口的压力很大了。比如那个时候我们沿海不像现在住那么多人，现在人口密度太大了，整个国家和人们的活动余地小了。

梅雪芹（北京师范大学历史学院教授）：现在应该是60多亿，将近70亿这样一个人口。这么多人口分布在地球上，地球上可以接受的地方基本上都被开发了，所以当这样的问题出现之后，你再想转移到别的地方，好像已经没别的地方可去了，我们没有更多的空间来支撑人们转移。

在过去两个世纪中，越来越多的煤炭与石油被采掘出来，填入工商文明这台巨大的发动机中，随之排放出越来越多的二氧化碳等温室气体。工业革命将人类从自然的束缚中解脱出来，但是同时又不断制造出新的危机。在越来越发达的现代文明背后，是人类对于灾变越来越脆弱的承受能力。

吴文祥：随着社会的发展，人与人之间，社会与社会之间，各个行业之间，更加紧密地联系在一起，这就使我们整个社会系统更加脆弱，更容易受到灾害的影响。

方修琦：越来越多的人在高风险的地区居住，很多脆弱的地区被开发出来。人类越来越多地暴露在这种气候环境里面，人本身的脆弱程度越来越大，所以遇到的打击可能跟以往都会不一样。

我们生在一个危机重重的年代，这是我们的不幸。但有幸的是我们还可以选择，有关人类未来命运的抉择依然还掌握在我们手中。面对正在变化的大自然，我们只是合作者，而并非主人。在走过农耕文明与工业文明之后，人类未来文明的出路究竟在哪里？人类又该作出什么样的抉择？

受访者说

——毛佩琦

中国人民大学历史系教授、博士生导师；北京大学明清研究中心研究员；中国明史学会副会长。

记者：明朝统治者是如何应对灾难的？

毛佩琦：明朝的君臣，他们都恪守一个祖训，这个祖训就是要爱民。大家知道朱元璋是从一个草民得到皇位的，他自己有一段非常艰苦的经历，所以在他的制度当中，规定凡是灾荒，必须马上报告，如果哪里发生了灾荒，没有马上报告的话，要治这官员的罪。所以明朝的君臣，不论是那些好皇帝，还是那些所谓嬉戏玩耍的皇帝，这一条祖训，他们是一直坚持的。所以当崇祯年间发生了这样严重的灾荒而引起民变以后，大臣都给崇祯皇帝提出建议，他们看得很清楚，老百姓的生活很简单，他们就是吃饭，就是活命，如果你不让他活命，他就会被迫铤而走险。所以当时一位陕西总督就给崇祯皇帝提出建议，他说应该从根本上解决问题，应该把灾民安顿好，这样我们的政权就可以得到根本的稳固。当然崇祯皇帝也听得进去这句话，但是钱从哪里来？有一点钱，拿了几十万两银子，那以后还有吗？明朝这种赈济灾民的办法难以为继，因为国库已经空虚了。

记者：崇祯皇帝是一个怎样的人？

毛佩琦：崇祯皇帝知道国家艰难，所以他常常模仿祖上。他的祖上不论是朱元璋还是后来的明成祖都很节俭。崇祯皇帝有的时候一件衣服穿了很久，洗了又洗，还穿在身上，衣服的破袖子从里面露出来，大臣们看见了，他就往里面塞塞。有人说作为一个皇帝，这样好像不太体面，但是崇祯皇帝很坦然，说我们国家艰难，君臣都应该体谅国家，所以我作为皇帝也应该带头节俭。这个很像他的祖上，像明太祖、明成祖都有过这样的表现。他对自己的亲属要求也比较严格，常常是把自己家里的东西，也就是私人财物，而不是国库的东西捐出来，来充作军饷。

记者：勤奋治国的崇祯却迎来明朝的末路，气候环境起到多大的作用？

毛佩琦：我觉得从历史宏观上讲，明朝的中后期已经发生了社会的转型，所谓社会转型就是从传统社会向近代转型，也有人把明朝万历以后就作为中国近代史的开端。但是从根本上说，明朝还是一个农业社会，它的整个经济还是以农业为主体的，工商业占的比重非常小。这种农业经济，它是立足于大自然的，是靠天吃饭的，如果老天不作美，大概这个农业经济就不会很美，如果一再不作美，农业经济就会一再遭到挫折。作为国家经济主体，农业经济如果瘫痪掉了，不能维持了，那么这个国家立足的基础也就垮了。所以我们看到明朝从崇祯十二年（1639年）以后，连续多少年的旱灾，连续几个省都发生旱灾、蝗灾，乃至瘟疫、鼠疫，这对明朝的经济造成了极大的损害。

不仅仅是经济垮台了，而且明朝的劳动力大量地损失了，所以这样的一个靠天吃饭的经济是经不起灾荒的打击的。这样一个农业社会，如果说没有这个灾荒，也许明朝还可以维持相当长的时间，因为中国的以农业为主的这样的社会还没有发展到最后的尽头，还没有出现完全转型。

记者：明末天气转冷，对女真族来说，他们生活的区域气候也转冷了，这在一定程度上刺激了他们南下，这个情况是存在的吗？

毛佩琦：大家知道中国历史上一个大的问题，就是长城以南的农耕经济的地区，和长城以北的游牧经济的地区的文化和经济的冲突。双方冲突的根本原因在于争夺物资，争夺生活空间。如果没有大的灾荒，没有大的天变，这种冲突很可能在很小的范围内，是短期的。但是如果北方的气候已经发生了严重的寒冷或者是草场荒漠化了，他们势必要争夺更好的空间，要南下。据记载，在崇祯年间，女真的生活地区非常寒冷，很多人从黑龙江一带迁到辽河一带，就是说越来越靠近明朝政权的核心地区。

他们不仅和明朝争夺生存空间，还跟朝鲜争夺生存空间，大家知道朝鲜北部也跟女真地区的气候差不多，所以他们也在打。很多朝鲜人为了生存，要到东北地区采人参，女真也加强了防范。所以当时围绕着气候的变迁，大家在争夺生存空间，这一点，对明朝施加了相当大的压力。

中国历史上发生动乱，常常和当时的气候有关。这时气候已经进入小冰河时期，这种气候条件下，有的时候出现了游牧民族的南下，有的时候出现了中原地区百姓的造反，所以，明朝末年的动乱，就是和天气相联系的，而这种动乱，包括内忧和外患。所谓内忧，因为连续的干旱，因为财政的匮乏，造成百姓的负担不断加重，他们生活更加无着无靠，他们就会起来反抗政府；所谓外患，因为气候的变化，女真人要从寒冷的地方向温暖的地方转移，更迫不及待地想入关，就加大了对明朝政府的压力，所以不论是内忧还是外患，都是天气变化引起的。

我们回顾历史上所有的天灾，其实归根结底都是人祸。天灾是经常发生的，十年九灾也许是常态，因为中国这么大地方，这里不灾，那里就灾。但是政府应变的能力，政府抗灾的力量，是不是有充分的准备，是不是有有效的制度，官僚队伍是不是非常的健康（这些很重要）。如果你的制度赈灾没有效，你的官僚是贪污中饱的，你的储备是不足的，那么小灾也会变成大灾。

我觉得崇祯面对这样的内忧外患，他是赶上了一个大厦将倾的时期，他想独立承天，想力挽狂澜，但是他的很多执政失误，也使得明朝加速了灭亡。

他的失误在哪里？一方面，用人不专。人说崇祯皇帝是个明君，是个贤君，但是他同时刚愎自用，用人多疑。他不太信任大臣，所以在崇祯年间，曾经有“五十宰相”之说，大家知道，明朝自从洪武年间废除宰相，已经没有宰相了，“五十宰相”，就是内阁大学士换了50个。像走马灯一样的执政者的轮流更换，动不动就杀人，小错误就被罢免，使下边大臣莫衷一是，谁也不敢负责了。

再一方面，面对女真的南下，其实还有很多选择，他也可以选择和女真议和，但是崇祯皇帝又怕自己成为亡国之君，说跟别人议和，写在史册上多么羞耻啊，不行。那么江南大部分地区很富庶，是不是暂时避一避锋芒，把首都迁到南方，崇祯皇帝有这个想法，但是又不敢说出来，别人说出来，他又把别人处罚了，为什么呢？他也担当不起割地求和这种罪名。又要面子，又没有根本解决问题的办法，又性情多疑，所以加速了明朝的灭亡。

清修《明史》对于崇祯皇帝的评价反映在《明史·崇祯本纪》当中，说道，崇祯皇帝，少年继位，慨然有为。他希望有一番作为，移除奸凶，也确实铲除了魏忠贤，而且很勤政。但是同时也说了大体上和李自成所说一样的话：崇祯皇帝，是一个不太坏的皇帝，但是他的手下不太好，也指出崇祯皇帝是一个刚愎自用、多疑的人，所以我们说《明史》对于崇祯皇帝的评价还是大体客观的。

崇祯皇帝生不逢时，因为当时的气候很不利于他，所谓生不逢时，首先就是自然气候这个“时”不对。第二个，是明朝已经到了后期，因为我们不但看到了崇祯的灭亡，同时看到明朝的很多制度，在执行过程当中，都已经渐渐失去了原来的模

样。

那么明朝为什么能够维持277年呢？因为明朝的制度有其有效性，有其合理性。但是这些制度逐渐地败坏了，不能执行了，所以崇祯的生不逢时是两个“不逢时”，一个是不逢天时，一个是不逢人时，这个人时就是政治已经到了这个地步了。他要想重新整顿，塑造一个欣欣向荣的、非常振作的、有效的廉洁的政府，是很难办到的。气候的变化，就是压垮明朝的最后一根稻草。

记者：世界上其他国家有类似崇祯皇帝的例子吗?

毛佩琦：气候的变化，不仅仅对中国有影响，实际上它是全人类的事情，凡是生活在北半球的国家，都受到它的影响。小冰河同样影响到欧洲，比如说法国、英国、俄国，都纷纷发生了动乱，法国的投石党运动，莫斯科的大动乱，都和这个小冰河有关系。我们不主张天命观，我们也不主张人在天命面前无所作为，我们说自然会对人产生很严重的影响。

我们知道，中国现在有二十四史，加上《清史稿》，是二十五史。二十四史当中都有一个“志”，叫“灾异志”，这就是记载各种非正常的灾荒和变异。实际上历代统治者都已经认识到，一些灾荒，一些变异，与政权巩固的关系。

记者：这些历史事件给人类的教训是什么?

毛佩琦：在历史上，人类对大自然常常是无能为力的，所谓靠天吃饭，所谓天命，命中注定等，是因为人对于大自然没有多少有效的手段。但是人类也常常因为没有科学知识，造成了对自己的破坏。比如说原来北京地区，长城一线，到处是大森林，可是为了防止蒙古人南下，很多树木被砍掉了，很多草场被烧毁了，为什么？因为如果敌人南下的话，没有树木的遮挡我们一下就可以看到他们，我们把草场烧了，让他们的马来了没有草料吃，这有助于战争的胜利。但是，破坏了草场，破坏了自然，实际上反过来，大自然会惩罚我们。

现在，我们认识到了，我们不仅仅应该保护大自然，而且我们还可以有效地应对大自然出现的变化，比如说我们种树，我们开拓草场，我们用一些科技手段干预降水等等。所以，应对大自然是一个方面，更重要的是去做好我们人的工作，加强筹备、体贴百姓等，只有把我们的事情做好了，才能够更有效地应对天灾。

——张德二

中国气象局国家气候中心古气候研究室主任、气候变化研究原首席专家。长期从事气候变化研究，在历史气候变迁规律、特征，高分辨历史气候序列和气候图复原、古环境演变等方面取得系列成果，在第四纪古环境研究方面享有国际声誉。

记者：1816年为什么会被称为“无夏之年”？这一年的气候发生了什么样的变化呢？

张德二：这个说法，是外国人提出来的，起因是1815年，印尼的坦博拉火山有个大的爆发，而且紧接着还有一些其他火山爆发，造成了大气中存在大量火山尘，之后就引起了气候的一些变化。（坦博拉火山爆发）是发生在1815年4月份的事，但是火山尘末的存在持续了1年甚至2年之久，这些尘末对太阳辐射起到一个屏蔽的作用，造成地表吸收的太阳辐射量明显减少，热量摄入少了，所以就造成了大气环流的一些改变，偏离了正常的状态。其后果就是在1815年的冬天，1816年的春天，尤其是1816年的夏天，全球大范围都有气温偏低的这么一个现象。因为气温偏低，作物收成都很差，歉收或者失收，所以就引起了饥荒等等危害。这个在欧洲非常明显，在北美记录也很多，外国人在这方面研讨很多，这件事也就很出名了。

因为时间比较近，所以关于1816年寒冷的记录很丰富，在欧洲和美洲都是很多的，在中国也有一些记录。可见，这个寒冷的现象不仅仅是在欧美，亚洲也受到了影响。在我们的文献记录里面可以找到，1816年的春天，霜冻很频繁，有很强的寒潮活动，像陕西、河北这些地方，正是果树开花的时候，都遭受了冻害，以至没有收获，到那年的夏天，湖北、江西这些地方，气温也都是偏低的。

那么再往后，同样在西南地区，像云南，夏季气温偏低，秋季有霜冻发生。1815年冬到1816年春这段时间，长江流域大雪低温。

记者：为什么火山喷发会引起气候突变呢？

张德二：火山爆发是影响气候变化的一个很重要的因素。火山在喷发的过程

中，会有大量的尘埃和一些二氧化碳进入大气里面，可能会到平流层里面。它随着大气环流会散布到全球，就好像给地球打了一把伞一样，于是这种效应叫阳伞效应。这种效应使得地球接受太阳的热量减少，导致气候变冷。

记者：乾隆年间，整个气候处于一种比较稳定的状态吗？

张德二：清朝包括乾隆在内的很多皇帝都很关心气候，他们在很多奏折里，甚至他们写的诗歌里都有对气候的描述，乾隆自己也有诗来描述这个气候变暖的过程。乾隆在位期间，不但气候变暖，水灾相对来讲都比较少。

应该说气候稳定，是盛世的一个非常重要的条件，它会从两个方面影响到社会经济。一个是它的气候资源相对来讲更优越一点，所以18世纪的这个暖期里面的粮食产量，跟19世纪的粮食产量相比平均可以高出10%，华北可能会高出20%。另外一个就是灾害相对少的时候，社会防灾抗灾的成本也会相对的低。所以乾隆的时候，救灾都是大方的，救济的额度都是非常高的，因为对他来讲，发灾的机会比较少。

可以这样理解，气候条件对于一个王朝的兴衰，或者一个区域的经济，有很深刻的影响，这是应该承认的，只是我们不要把它当成一个决定性因素来看。

记者：中国古代人和自然的传统关系，是不是有一些今天我们可以借鉴、学习的生态哲学的观点？

张德二：中国古代的农业社会，应该说有很多值得学习的地方，史前的农业，叫掠夺式的农业，中国传统的农业是一种循环型的农业，我们现在的农业是一种投入型的农业了。掠夺式，是利用而不去保护的，会开垦一个地方，退化了之后换一个地方。循环的农业就是说，在利用的同时也要保护，中国的耕地用了几千年，一直在使用。我们现在的农业，粮食产量的维持是靠大量地使用化肥、农药，或者人工投入来维持的。所以中国古代人的思想里面应该有很多很值得学习的东西，我想主要是两个方面，一方面是所谓生态哲学的思想，另一方面，就是风险防范的意识。中国古代思想首先是承认自然对于人类的限制的，包括气候对人的制约，土地和资源对人的制约，同时也主张，人可以积极地适应自然环境，强调人的主观能动性。所以中国的神话传说都跟西方的不一样，西方是要上帝来拯救人类，中国是大禹治水，这是靠人自己的力量去做的。还有，中国古代尽管有很大的人口压力，环境破坏很严重，但是中国跟西方不一样的地方，就是中国人思想里面一直强调对环境的保护，但这样一个保护，不是说为了自然而保护，而是为了人的可持续利用来保护。

——葛剑雄

复旦大学图书馆馆长，教育部社会科学委员会委员。曾任复旦大学中国历史地理研究中心主任。

记者：我们应该如何去正确地认识人和自然之间的关系？

葛剑雄：人类首先是自然的产物，他的生存发展，直至最后的消亡都离不开自然，到现在为止，我们还没有发现，或者我们不知道，在地球以外，还有没有类似人类的生物存在。从地球的发展变化来看，人类（的存在）是几十亿年间的一个很小的瞬间，那么这个瞬间怎么发展来的呢？是地球上生物进化到一定的程度才产生的人类。人类到现在也不过几百万年历史，无论他怎么发展，他都离不开自然环境，到目前为止，人类还没有办法摆脱自然环境的影响。

第二点，人类只有具有一定的主观能动性，才能够产生、生存。顺应自然的话，那就不会有人类，也不会有人类的进步，比如说从爬行到直立，到能够制造工具，这都是人类主观（能动性的体现）。现在有人主张，人听其自然，（但）听其自然就未必有人，这是我第二个看法。

第三个看法，在人类社会发展过程中，不可能不影响，或者破坏环境，所以人类的每一个进步，都是以破坏或者影响环境为前提的，比如原始社会人住在山洞里面，住在树上面，到后来自己盖房，那你说盖房的过程，不砍树吗？那么你把这个住的地方固定化，就不影响其他生物的生长吗？现在我们说城市化，城市是文明的产物，我们要城市化，你首先就改变了城市（所在地方）的环境，不要说（现在的）大城市，早期城市也是这样。人类现在所有的我们认为所谓天然的这些植物，其实都是经过人工驯化的，现在用的稻已经不是野生稻了。

很多动物品种是原来没有的，是人驯化出来的，例如现在人的宠物。狗原来没有的，狗原来是狼，是后来驯化出来的，那不是在破坏自然吗？但是要没有这一过程，人类历史怎么写？人类的发明怎么出来？比如用火，这也是人类一个大的进步，但用火必然导致大量的燃料被烧掉，更不用说打仗时候用火造成的更大破坏。

但是人类又在发展的过程中间，逐渐变得理性，变得成熟，了解了人跟自然的关系。这不是靠自然的惩罚，而是靠人类的自觉，那这个自觉哪里来的？也是发展

出来的，慢慢人类有了理性，有了理性以后，才可以比较主动地去协调跟自然的关系，这个结果花了很大的代价。

所以我对人类跟自然的关系，还是比较乐观的，当我们认识到这样的关系以后，那么（要考虑）怎么样在尽可能减少对环境的影响跟破坏的前提下面，使人类得到理性的发展。

另外，人除了物质生活以外，还是要精神生活的，如果人一味只重视物质生活，那么对自然的破坏必定就更大，我们引导着人类更多讲究精神生活，那么就可以用比较小的消耗维持比较高的生活质量。如果把地球比作一个成人的话，人类还是一个刚刚出生的婴儿，处理得好的话，那么他跟自然环境能够协调，双方都能够和谐地生存下去，这种可能性不是不存在的。

（根据采访录音整理）

第三部 绿色·抉择

莱茵河·生物圈·新能源

被动屋·自行车·生态城

博弈·挑战·责任

低碳·后天·迷宫

莱茵河·生物圈·新能源

生命的存在，依赖于自然赐予的食物、水和空气。然而，人类不惜代价的发展和日益膨胀的消费欲望，正在耗尽这个星球有限的资源。经济学家用一个比喻形象地说明人类发展面临的问题：一个池塘，如果其中的荷叶每天增长一倍，30天的时间，荷叶可以铺满整个水面。那么到了第29天的时候会是什么样子？荷叶只覆盖了池塘的一半，池塘看上去还有大片的空间，仍然可以泛舟采荷——不过第2天一早，船就会无路可走。今天的人类正处于这危险的“第29天”。

等待我们的未来将会是什么样子？在那个最坏的结局到来之前，我们必须重新定义我们的世界和我们的生活……

莱茵河畔的回忆

迎着清晨的阳光，勃艮第号考察船开始了一天的航行。二十多年来，勃艮第号随时警惕着莱茵河上的污染事件，并对水质的细微变化做即时的科学检测。和往常一样，约亨·菲舍尔博士和他的助手开始采集水样以及生物标本。

勃艮第号考察船

考察船上的工作人员

约亨·菲舍尔(Jochen Fischer，德国莱法州环境水系管理和工商业监管局工作人员)：从2000年起，我们采用新的体系。我们不仅要对水质进行鉴定，还要把整个水系作为生存环境来评估。不仅化学成分必须符合标准，而且这个生存环境也必须为水生动物捕食提供充足的空间，必须适合动植物的生长。

美丽而又古老的莱茵河，辗转流经欧洲9个国家，是世界上内河航运最发达的国际河流，莱茵的意思是清澈明亮。但是，伴随着19世纪欧洲工业化的进程，大量的工业废水排入莱茵河，诗人歌德笔下的“上帝赐福之地”，最终沦为“欧洲的下水道”。1986年，因为瑞士山德士化学品公司火灾导致的污染事件，莱茵河400公里河段内的鱼虾全部灭绝，科学家正式宣布了莱茵河的死亡。直到这一刻，生活在莱茵河两岸的人们才幡然醒悟。

约亨·菲舍尔：认识或者说意识的转变是前提。人们首先要意识到，优良的水资源是宝贵的财富，要看到它本身的价值，而不能仅仅看到它的用途。环境部门制定了很多水资源的保护标准，有了这些保障才有了今天令人满意的效果。

在重新修复莱茵河环境的过程中，莱茵河流域的各个国家达成前所未有的默契合作。两岸的工厂必须要先接受各国政府严格检测，确认对环境没有影响才可以投产，巨额资金和最新科技也被投入用于污水处理，所有的工业废水必须达到苛刻的净化标准才能最终排放进入河道。从20世纪90年代开始，莱茵河水逐渐恢复昔日的清澈，一些消失多年的物种也陆续重新回归莱茵河。

安娜·舒尔特-乌尔维尔-莱蒂希(Anne Schulte-Wülwer-Leidig，保护莱茵河国际委员会副秘书长)：每个国家实际上都可以按照自己的设想采取相应的措施。没有任何强迫性的内容，只是明确了共同的目标。所有国家都为计划的实施而努力，正是这样才使一切运转顺利，并且提前完成。

莱茵河

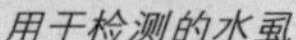

用于检测的水虱

彼得·蒂尔博士讲解预警系统

沃尔姆斯莱茵河监测站

为了杜绝类似污染事件的再度发生，莱茵河流域全程都建立起了发达的预警系统以及水质监测站。在位于德国莱法州境内的沃尔姆斯监测站，工作人员随时采集莱茵河每天不同时段的水样。这里有先进的生物监测技术，通过视频系统严密监控记录水虱的游动速度和姿态，以此来判定水虱是否被有毒物质所影响，从而间接揭示出莱茵河水质细微的变化。

彼得·蒂尔（Peter Diehl,德国沃尔姆斯莱茵河监测站工作人员）：预警指数分为黄色和红色。如果测量值在预警指数之下，则表示一切正常。如果接近或者超过了黄色，甚至到达红色的指数，就会发出黄色或者红色警报。红色警报意味着水虱行为有了明显的异常，这表明一定发生了什么导致莱茵河中出现了有毒物质。报警信号随即会传送到我们随身携带的接收机上，即使是在夜间或者周末，我们也能快速作出反应。

利用水虱进行监测的生物监测器只能检测到对莱茵河里水生动物产生危害的有毒物质，而另一种藻类延迟荧光检测系统则能够及时发现任何对于水中植物的外来侵害。

彼得·蒂尔：通过光合作用，水藻开始储存光能。这时候我们把这些水藻泵入仪器中的一个非常黑暗的空间。在这里，海藻开始以一种荧光的方式释放光能。我们对这种荧光进行测量，如果莱茵河水样本中的荧光弱于饮用水样本中的荧光，则表明河水中含有有毒物质，如农药、除草剂等物质，这时候又要进入警戒状态了。

配合生物监测的快捷系统，化学预警可以随时监测莱茵河水质的化学成分。莱茵河河水每天不间断地流经监测站的过滤细管，细管里的合成树脂颗粒能够将几千种以微小颗粒出现的物质滤出并浓缩。科研人员把浓缩水样放入专业仪器里进行全面分析，得到莱茵河水每天的最新成分信息，这种过程如同在看莱茵河的指纹，一旦指纹发生异样，将立刻引起各国政府的重视。

彼得·蒂尔：对德国人，或者生活在中欧的人而言，莱茵河不仅是重要的经济因素。诚然，它是船运通道，还能收纳废水，提供饮用水源，并且吸引旅游者，但它更是中欧的大动脉，被尊称为父亲河，更是文化财富。莱茵河所具有的深远的意义已经根植于人们的心中，它必须受到保护。

当这位逝去的亲人重新回归视野的时候，失而复得的一切让人们备感珍惜。如今，生活在莱茵河畔的人们会自觉担负起莱茵河的环保工作，在他们心中，人与自然是一体，伤害自然也就等同于伤害自己。

生物圈二号

因为有了生命的存在，地球成为浩瀚宇宙中一颗独具魅力的星球。在这个星球的表面，人类与大气层、海洋、土壤还有形形色色的动植物共同组成了一个生物圈。人类既不是地球的主人，也不是地球的管理者，只是地球的寄生生命而已。

生物圈二号

20世纪90年代，美国科研机构耗资2亿美元，在亚利桑那州的北部沙漠里建起了一座大约有两个足球场大小的全封闭生态系统。从外观看，这里很像科幻影片里建在月球上的空间站。因为地球本身是一个生物圈的整体，所以科学家将这里命名为生物圈二号。

约翰·亚当斯(John Adams，生物圈二号代理副主管)：最初建造生物圈二号的团队想到，可以将不同的生物群落、不同的植物群落装进一个封闭的空间之内，这有助于更好地了解这些生物体系的发展动力。并且，如果顺利的话，基于他们的研

究成果，他们将成为这种技术和知识的领军人物，在未来的太空行动中，就会由他们担任管理者的角色。这是建造生物圈二号的动机之一。

按照设计，这个封闭生态系统尽可能地模拟自然生态体系，土壤、水、空气与动植物均在其中，甚至还有森林、湖泊、河流和海洋。1991年9月26日，4男4女8名科研人员进驻生物圈二号。当实验进行到第18个月之后，生物圈二号系统严重失去了平衡。

约翰·亚当斯:生物圈中的氧气从接近21%的气体比例一路下降到了14%的低点。二氧化碳反而从800到900ppm上升到了5000甚至6000ppm。这个结果开始威胁到被封闭在这个人造生物圈里生活居住的人们。

1993年6月26日，8位科研工作者在实验进行21个月之后无奈地走出生物圈二号，这次成本高昂的实验以失败告终。

约翰·亚当斯：我觉得能得出的结论之一是我们的生存非常依赖周围环境。人造生物圈虽然已经非常庞大了，但相对于真实的生物圈来说，它还是非常小的。正因为如此，我们能够获得一个更好的角度，去了解我们对环境的潜在影响有多么大，尤其是你住在这样一个封闭的人造生物圈之内的时候，你几乎可以立刻看到，你所做的一切对周围环境的影响、对大气的影响。

现在，生物圈二号成了亚利桑那州的一个旅游胜地，每年有超过18万游客从各地赶来，参观这一耗资巨大、规模空前的科学实验遗址。人类以现有的技术水平，并不能在宇宙中为自己再造出一片生命的乐土。那么如果有一天，我们生存的地球生态系统像实验中一样崩溃，人类又将何去何从呢？

奥丁·K.克努森（Odin K. Knudsen，摩根大通环境市场部原总经理）：随着时间的推移，世界正快速发展，这种发展其实是以能效极低的方式实现的。我们攫取地球的丰富资源，实现我们自己的增长，并没有考虑到资源的有限性。资源不可能取之不尽，用之不竭。所以我们必须改变发展的模式，转变为节能高效的发展模式。好消息是，因为我们之前的能效非常低，也就意味着，在高效节能方面，我们有巨大的上升空间。

莫里斯·斯特朗（Maurice Strong,联合国前副秘书长、联合国环境规划署首任执行官）：必须要做的是在资源和资源的使用中寻求一个平衡点，这也就意味着更加高效地利用资源。可以看到，在现在这个文明之中，我们浪费了很多资源，同时对环境造成了损害，造成了气候变化。我认为，将来的经济一定会是生态型经济，也必须是高效的经济。

卡伦堡的循环模式

卡伦堡，一个位于丹麦西北部的海港小城，原本是个烟囱林立的工业重镇。这里有丹麦最大的火力发电厂，30年前，仅仅这一个电厂所消耗的能源，就在全丹麦占据第二位。后来，人们从发电厂排出的高温蒸汽中发现了“黄金”：那些被白白排放的蒸汽被提供给炼油厂和制药厂作为生产的热能动力；原本废弃的热水通过地下管道向卡伦堡全市居民供暖，一下子取代了3900个烧油的暖气锅炉；燃煤产生的烟尘，经过脱硫工艺之后，生成了无毒无害硫酸钙，可以制成房屋装饰所使用的建筑材料——石膏板。

芬恩·莫滕森(Finn Mortensen，丹麦气候联盟高级执行官)：一家发电厂发电过程中产生的多余热量会被转化，向外输送到另一家公司加以利用，之后，又转化成另一种形式，再次被使用。这背后遵循的原则就是，不能让废品永远保持废弃状态。

早在20世纪90年代末，卡伦堡的4个主要经营体，就已经在废料的循环利用方面，建立了12个资源回收的渠道。炼油厂产生的火焰气通过管道供给石膏厂，用于石膏板的干燥；炼油气在净化二氧化硫之后，产生的副产品硫代硫酸铵被卖给了化肥厂，每年足以生产2万吨化肥。发电厂为炼油厂和制药厂提供工业蒸汽，炼油厂的废水经过生物净化处理，作为冷却水回送给发电厂。制药厂产生的化学物含量较高的污水，则被送去特定处理厂，采用最新的臭氧净化工艺，达到清洁的排放标准，回归海洋生态系统。

卡伦堡的污水处理厂

雷内·特隆博格(Rene Tronborg，诺维信生物燃料厂媒体官员)：原理非常简单，可以说，一家公司的副

产品或者废弃物，对另外一家公司来说却可能是很好的资源。

重新思考垃圾

卡伦堡模式展示了一种可能性：从另外一个角度来看，垃圾也许是一种新的能源。只要有人类生活的地方就有垃圾产生，如何应对越来越多的城市生活垃圾，成为人类社会必须面对的一个严峻课题。

韦斯特弗布赖丁公司是丹麦最大的垃圾处理公司，管理着首都哥本哈根的26个垃圾回收站，每天数千吨的垃圾从城市各个角落运送到这里，在经过严格的分类回收之后，剩余的垃圾废物都被放进巨大的水泥废料槽中。

韦斯特弗布赖丁公司的垃圾处理控制中心

索伦·斯科夫(Soren Skov,丹麦韦斯特弗布赖丁垃圾发电厂媒体官员)：丹麦废物处理机制的原则是，从源头开始分类。居民和工业企业将不同类别的废弃物投入不同的容器中。成果是，65%的垃圾被回收利用，25%被焚化，最后的10%得到填埋。

韦斯特弗布赖丁公司曾经是丹麦最大的垃圾填埋厂，如今成为丹麦最大的垃圾发电和供暖厂。那些不能循环利用的垃圾在这里却成为一种可以替代石油、天然气的清洁能源。据估计，每2吨垃圾经过焚烧，能产生替代1吨煤或半吨油的能量。

索伦·斯科夫：我们能够保证，没有对环境造成污染。我们大门外不到50米就

韦斯特弗布赖丁公司今昔

有居民住宅。因此，我们也是当地社区的一部分，我们受到居民的尊重，他们也期望我们遵守法律法规，不释放臭气、污染物，不制造过多噪音。

目前，丹麦境内共有29个垃圾发电厂，在整个欧洲，大约有400座垃圾发电厂，伴随着科技的进步，垃圾也许将成为一种新的清洁能源，为面临能源危机的人类提供一种新的选择。

碳基能源的终结

两百多年来的工业文明，同时也是一场不折不扣的能源革命。煤与石油，这些经过千百万年漫长地质年代衍化形成的古代化石，在短短两百多年间被迅速开采出来，在造就人类物质生活辉煌繁荣的同时，也带来了地球生存环境的恶化。按照现在的消耗速度，这些永远不可再生的能源也许将在100年甚至几十年内消耗殆尽。

詹姆斯·汉森：我们应逐步放弃使用化石燃料，停止制造废气，越早越好。我们必须在未来的几十年里这样做，否则我们留给子孙后代的未来将失去控制。

米切尔·F.斯坦利(Mitchell F. Stanley，美国国家可持续发展中心总裁兼理事)：为了未来社会的繁荣，我们需要思考利用能源的新道路，不仅仅要思考如何利用能源，还要创造新能源。从可持续发展的角度来做这样的事情，就能够让我们的子孙后代享受和我们现在同水平的繁荣生活，我们不能透支本属于下一代的繁荣未来。

萨姆索岛的尝试

1997年，丹麦政府在拥有四千多居民的萨姆索岛上，开始了一项绿色实验，没有任何的资金资助，小岛上的居民必须依靠自己的力量在10年之内彻底摆脱对传统碳基能源的依赖。

萨姆索岛

岛民约赫根·特汉伯格（Jorgen Tranberg）一直经营牛奶生意，十几年前开始投资风力发电。令他意想不到的是，风力涡轮机发出的电量不但满足了全部的生活需求，而且多出来的电量卖给电网还是一笔非常可观的收入。

约赫根·特汉伯格：我有一半的发电机在海上，至今已经运作了7年半。海上发电机生产800万千瓦电力，陆地上的发电机生产了650万千瓦电力，那时牛奶的价格很低，所以我卖电比卖牛奶赚得多。

制成方砖形的秸秆

和约赫根·特汉伯格一样，很多岛民都加入了这场绿色能源的实验，投资风力发电机，在屋顶搭建太阳能电池板，安装热交换器从牛奶和地下获得热能为房屋供暖，从岛上种植的植物中提取菜籽油，作为拖拉机的生物燃料。

方砖形的秸秆用于燃烧取暖

索伦·斯滕斯加德(Soeren Stensgaard，萨姆索岛能源协会经理)：萨姆索岛的居民同时扮演两个角色，一方面，他们仍然是消费者，他们从电网买电。但同时，他们也是生产者，因为他们拥有能源生产设备。

萨姆索岛上的风力发电机

萨姆索岛上有一处以秸秆为原料的供暖工厂，每年秋季，居民们都把农作物收割后余下的秸秆进行压缩，制成方砖形状，用来燃烧供暖。这样，萨姆索岛的居民依靠岛上的天然资源就可以满足冬季的供暖需求了。

博恩德·嘉尔伯(Bernd Garbers，萨姆索岛能源协会技术顾问)：这是一个非常小的区域性的供热系统，燃烧剩余的灰烬将被转移到专门的容器中，容器置于房间外部，这些灰烬将被运送到田地中。这就是这个系统的循环，我们从田地中收获麦秸，然后燃烧麦秸，再将燃烧之后的灰烬投回田地。

十几年过去，萨姆索岛上建立起21部风力发电机，除了满足全岛居民的日常生活，多余的电量还可销售给丹麦大陆。萨姆索岛通过绿色能源完成了自给自足，而且他们所创造的能量远远多于消耗的能量。

索伦·斯滕斯加德：我认为这个系统可以被全世界采纳。如果想让人们参与能源体系发展，就必须敞开大门，将他们纳入其中，给予他们发言权，让他们拥有自己的产权。这些经验对所有人都有用，仔细想想，它们其实并不复杂，对很多人来说，这可能只是一种常识。

风的能量

萨姆索岛的实验让我们看到人类社会发展的另外一种途径，这种可再生能源模式能否支撑一个高度发展的现代文明社会呢？位于欧洲北部的丹麦，国土地势低平，大自然并没有给予这片土地特别的恩惠。20世纪70年代爆发的石油危机，让丹麦人切身感受到了过度依赖石油的风险。

尼尔斯·B.科里安森(Niels B. Christiansen，丹佛斯集团总裁兼首席执行官)：大概在1970年还是1973年，我们遇到了严重的石油危机。请你想象一下，当时我们连礼拜天开车都是违法的。每到星期日，路上的车全没了，因为我们根本没有足够的燃料供我们在礼拜天驾驶。

丹麦人开始重新思考传统能源的替代方式，根据本土的自然条件，风力资源被广为开发利用。几十年过去，在丹麦4万多平方公里土地上，先后树立起6000多台风机。这些巨大的风机曾经招致无数人的反对，但是当能源危机再一次袭来的时候，我们不得不佩服丹麦人的远见。

尼尔斯·B.科里安森：20世纪70年代以来，丹麦的国内生产总值每年都在稳定增长，但我们的能耗却一直保持不变。我们真正实现了生活水平和舒适程度提高，但能耗却没有增加，这得益于我们明智选择的方案，还有我们的前瞻性。

风电并非一种完美的能源，风力每时每刻的变化使得风电极不稳定，要使成千上万的风机发出的电接入电网并良好运行，这对任何国家都是一个巨大的挑战。丹麦国家电网公司每年花费数亿克朗，用于扩展丹麦电网建设以及加强与其他国家电网之间的联系。通过高度完善的电网，风电可以输入全国以及邻国甚至整个欧洲大陆的用户家中。

在天气多变的时候，借助先进的监控系统，丹麦全国电网控制中心的技术人员可以随时告知发电厂增加或者减少发电量，向邻国电网进口或者出口电力，使得发电量和用电量始终保持在一种平衡状态。

大卫·巴特森(David Bateson，电视台特约主持人)：当暴风席卷丹麦西海岸时，风力发电站会有怎样的变化？这里我们有一段动画演示。当暴风未到来前，发电站开足马力，利用风力进行发电，并且辅助能源快速传输到其他地方。在暴风席卷西海岸时，风力发电机一个个关闭。在这个关键时刻，国家电网控制中心的工作人员正面临着严峻考验。西海岸的电力供应立刻改变，丹麦西部的风力发电接近于零，电力的输出立即停止。这个地区的电力供应从风力发电改为其他能源供电。当暴风过去，风力

发电机又开始运作。当暴风转移到丹麦东海岸，此刻东海岸的情况如同之前的西海岸。现在暴风离境，控制中心的工作人员可以松一口气了，风力发电机组又开始输出电力。这可是减少碳排放的绿色电力，而使用者可能从未意识到。

风电催生了丹麦年营业额达30亿欧元的庞大产业，更以先行者的角色占领了广阔的国际市场。如今，风力发电在丹麦电力供应系统中已经占到20%左右，但是丹麦人并不满足于这个数字。

大卫·巴特森：这仅仅是丹麦的短期目标，按照丹麦扩大风力发电的规划，到2020年，风力发电所占的比重将达到50%。

与陆地相比，海上的风更强更持续，而且空间也广阔。大海上没有密密麻麻的建筑，也没有连绵不绝的山峦，风在大海上就没有了阻挡，随之而来的则是绵绵不绝的电力能源。

简·胡勒伯格（Jan Serup Hylleberg，丹麦风力协会首席执行官）：时至今日，我们有法律规定当地能源系统当中风力发电必须占到20%，这也是为什么丹麦拥有如此多的风力发电机的原因。

艾达·奥肯（Ida Auken，丹麦环境部部长）：我认为目前对气候变化的讨论过多地将重点放在吓唬人上面，强调如果我们不行动，后果会有多么严重，而不是告诉人们，采取行动可能会让他们的生活更有意思、更轻松、更美好，从某种角度来说，更清洁。所以，我认为找到一个故事，一种叙述的方式，能够让人们感动，让人们真正地想要改变自己的行为，这是很重要的。而且，要知道，只要迈出第一步，那么前进的脚步会越来越快。

太阳能发电

远远没有得到充分利用的自然能源并不止风能。1952年，美国新泽西州的一个三人科学小组偶然发现，阳光照射在硅的表面会产生电能，于是又一扇通向无穷无尽能源的大门被打开了。

李河君（中国汉能控股集团总裁）：以前人类利用太阳能都是通过间接方式取得，通过燃烧取得，而这次是直接取得，直接把光能变成电能，中间没有燃烧，没有任何环境代价，这个变化是非常

太阳能电池板

大的。我相信将来有一天，也许30年或者50年以后，人类能源不会缺乏，可能还会过剩。

2010年，全世界太阳能发电能力相对于2008年几乎翻了一番，如果在今后继续保持这样的增长速度，2050年之前，太阳就能够提供10倍于地球所需的能量。今天，全世界大约有16亿人生活在没有电的地区，对于这些人来说，在屋顶上安装太阳能电池比建设发电站和电网的成本要低得多，太阳能发电大有取代传统火力发电模式的趋势。

李河君：在光照时间比较长的地方，太阳能发电成本已经降到了5毛以下，也就是说太阳能发电成本四五毛钱的时代已经来临，这是什么概念呢？就是大规模替代已经来临。

因为受到晶体硅材料价格影响，太阳能光伏产业的成本一直居高不下，新一代薄膜太阳能电池技术正在改变这一局面。将一层能够吸收太阳能的液体喷涂在一层薄薄的金属片上制成太阳能电池，这种技术极大地减少了硅原料的使用，制造成本只有传统晶硅太阳能电池板的十分之一。薄膜电池利用玻璃做基板，既是一种高效能源产品，又是一种新型建筑材料。而新兴的柔性太阳能薄膜电池，可以根据实际用途任意卷曲，更容易与建筑完美结合。

韦伯（Weber，德国弗劳恩霍夫太阳能研究院院长）：太阳能电池板的价格在迅速下降，这会让全世界意识到，在利用可再生能源发电的方式中，光伏发电是越来越廉价的。也许唯一的竞争对手就是水力发电，因为水力发电仍将是最廉价的发电方式，但水力发电受到地域的限制。然而世界范围内，安装产电量达数千千兆瓦特的光伏发电设备几乎没有任何限制。

东方太阳谷

皇明太阳能的菲涅尔发电设备

中国山东德州有着世界上最大的太阳能热水器和真空集热管制造基地。迄今为止，皇明集团累计推广太阳能热水器2000万平方米，相当于整个欧盟推广总量。在自动化生产车间的屋顶，是层层叠叠的太阳能热发电装置。众多反射镜组成的矩形镜场

皇明太阳谷国际会议中心：扇形太阳能发电装置用于建筑本身的供电

将太阳光反射汇聚到高处的吸热器内，随着热量逐渐提升形成的高温高压蒸汽，推动汽轮发电机产生电力。生产太阳能设备的企业，所用的电力，也完全来自于太阳。

黄鸣（中国皇明太阳能股份有限公司董事长）：其实人类走了一大圈，又回到了自己的原点。最早的时候，刀耕火种，阳燧取火。现在人类把原来太阳和地球给我们留下的东西都快消耗完了，所以不得不去寻找原始的太阳。

2005年，经营太阳能集热器十几年的黄鸣，开始倾力打造东方太阳谷。这里集中了世界最先进的太阳能光热光伏技术，太阳能照明，太阳能空调，太阳能发电，太阳能的各种新兴技术被大规模地应用于人居生活中。按照黄鸣的想法，这里不仅仅要建成太阳能应用示范推广基地，更重要的是要打造一个样板，一个摆脱碳基能源，完全依靠清洁能源维系的未来城市样板。

黄鸣：我们不仅要把节能环保当作一种技术、一种产品，还要把它当作一种文明，当作真正的时尚，当作真正的新的方式，而且我们能够实实在在地把它推广给大家。

韦伯：毫无疑问，迄今为止在所有的可再生能源中，太阳能潜力最大。所以在遥远的未来，我们的能源将有很大一部分来自太阳能的直接应用。问题在于，我们开发这项新技术的速度能有多快。

开启于两百多年前的那场工业革命，石油和煤为人类带来了发达的物质文明。如今，那些形形色色的新能源也许来自于天空，来自于海洋，来自于大地，它们为人类的未来勾画出另一个充满希望的前景。一场新的革命已经逐渐显出端倪，它也许将彻底改变世界经济和人们的生活方式。

魏伯乐：我认为，最好的方式是使得工业能够与环境相匹配。我相信，将工业增长与二氧化碳排放相剥离，是完全可以做得到的。中国在这个方面带了个好头。

莫里斯·斯特朗：我们必须改变。这不仅因为改变是件好事，而且因为改变已经成为必须做的事。因为现在是人类历史上第一次由我们自己掌控自己的未来。我们做什么，或者不做什么都将决定我们在地球上的未来。现在，我们正在严重地破坏环境。我们不能再继续这样下去了，否则生命将会从地球上彻底消失。

人类的未来将何去何从呢？也许这个时代在期待一个新的转机。人类将走进一个新的世界，这个世界带给我们的是文明的崩溃和衰败，还是延续和辉煌？所有这一切，取决于人类自身的选择。

受访者说

——约翰·亚当斯(John Adams)

美国生物圈二号代理副主管。

记者：为什么这个实验基地叫作生物圈二号呢？

约翰·亚当斯：生物圈是地球的一部分，建造生物圈二号的团队最原始的意图，只是想要把大家所见的生物圈系统，装进用玻璃和钢筋水泥搭建的空间之内，并复制表现出来。但有几个问题：第一，能不能将自然界的系统完整地移植到这个系统中，并且使这个系统能够提供大气层、能够提供食物？生活在这个人造生物圈的人类需要一段时间来证明这点，至少是两年。第二个问题是，这个人造生物圈能否让整个大气平衡？要平衡，就要有恰好分量的二氧化碳、恰好分量的氧气，这样生命才能得以维持。第三，地球这个系统到底是如何运作的？如果我们通过这样一个人造设施来研究，是否会有助于进一步的了解？

生物圈二号是一个占地面积为1.27公顷、海拔最高点为28米的环境。因为已经建造了约20年，所以里面所有的植被都有充足的时间生长和成熟。1991年9月，8个人住进了这个生物圈中。

他们将农场的富饶泥土移植了进去，那些营养丰富的土壤的确非常适合植物的生长，它们还带来了微生物的滋生。微生物的繁殖排放了二氧化碳，抑制了氧气的释放。由于植物年轻，吸收二氧化碳、释放氧气的能力不强，所以导致人造生物圈中的氧气从接近21%一路下降到了14%，这就开始威胁到被封闭在人造生物圈里的人们。所以实验进行到将近一半的时候，大约是1992年9月，人造生物圈里重新加进了氧气，大气气体含量比例恢复到均衡，人们才得以继续生存下去。

这是一个绝佳的学习经验。很多人一提到人造生物圈，就会认为这是一个失败的实验，但是实际上它并不是失败的。人们并不知道真正的实验结果会是什么，唯一知道结果的方法，就是真的将一切东西封锁到一个密闭的空间中，再让人类住进去然后见证一切。结果所发生的一切都跟他们预计的有所出入，也迫使他们作出各种调整和修改。

记者：这个实验的目的是什么？

约翰·亚当斯：19世纪80年代初期到90年代初期，美国出现了航天工业的复兴，大家都很热衷于讨论移民到外星球、建设太空站等话题。但大家对到底如何实现这些科幻想法知之甚少，对于待在外太空到底会怎么样也不明白。如果到了太空大家能够种植食物、维持大气平衡的话，那将是非常理想的一种生存条件。所以建造人造生物圈的团队就想到了这个方法：将不同的生物群体都装进一个封闭系统之内，这样他们就能够更好地理解这些系统的运作原理。如果顺利的话，基于他们的研究成果，他们将成为这种技术和知识的领军人物，在未来的太空行动中，就会由他们担任管理者的角色。这是建造生物圈二号的动机之一。

人造生物圈是地球系统实验室的一个进步，世界上还没有第二个这样的地方。在这个人造生物圈里面，你可以完全掌控一片热带雨林或者一片海洋，完全控制各种气候条件，操控这些条件往你设想的方向变化，接着就能学习和了解促发生物生存过程的基本机制。

记者：这两次实验给了我们什么启示？说明了什么问题？

约翰·亚当斯：第一，必须要知道的是，想要完全重塑地球上的系统是根本不可能的，即使在这样的体积中也不可能。地球系统有太多的变数，太过复杂，而且我们也不理解这些系统是如何互动的。

第二，有些天真的人会认为，在一个很小的空间之内，只要有一片赤道热带雨林存在，大气就会自动平衡，这还不如将整个建筑都种上热带植物来得靠谱。倘若真有这个潜在的可能，也需要对想要种植的作物种类作更多测试。

第三，实验带有社会意义，并且极具挑战性。如果你一周7天、一天24小时都跟一个人相处、工作，就要明白这种紧密的合作需要好的协调，要明白关在这个环境里的人扮演的都是什么角色。

记者：工业革命之后，人类变得有些自大，认为可以战胜自然、控制自然，人类才是自然界之王，对此您如何看待？

约翰·亚当斯：气候一直都在变化，这种变化在我们出生之前，甚至在人类出现之前就存在，以后也会继续变化。但有一点可以肯定的是，我们的确对其有所影响。我们能够污染河流，能够改变植物的品种，我们还能够改变生物群体的类型，让它们从一个地方迁移到另一个地方。我们需要了解这些变化背后真正的含义是什

么，这样才能作出战略性的决策，决定我们是否能够接受可能的结果，还是必须作出一些改变。

但现在问题是，我们对自身的某些行为会造成的结果并不清楚，生物圈二号就是这样的一个工具，一个帮助我们作出更好预测的模型。不论那些结果是基于我们的所作所为，还是一些必然的变化，我们都需要这样一种工具，来帮助我们更准确地预测到结果，让我们知道什么应该做，而什么是不应该做的。

——莫里斯·斯特朗（Maurice Strong）

联合国前副秘书长，联合国环境规划署首任执行官。

记者：您认为发展中国家应该如何处理能源消耗和节能减排之间的关系？这会是必然矛盾的吗？

莫里斯·斯特朗：这曾经是一个矛盾体，但并非必然的矛盾。我曾经是美国最大的发电厂的领导，我们通过提高能源效率减少了温室气体的排放，同时也增加了我们的利润收入。所以中国有很多机会可以把工业变得更加高效，这样可以创造更多的经济价值，也可以减少对环境的损害。对于中国来说，未来真正要做的是发展更加高效的工业，提高能源使用效率。

记者：您认为如何才能在有限的资源条件下进行可持续发展呢？

莫里斯·斯特朗：我们必须要做的是，在资源和资源的使用方面寻求一个平衡点，这也就意味着更加高效地利用资源。毫无疑问，将来的经济一定会是生态型经济，也必须是高效的经济，每个方面都要做到高效。我认为中国的未来就是发展最高效的经济，因为中国的经济不能再像过去那样发展下去了。中国有一条新的道路同样可以使国家飞速发展，那就是把经济进行转型，让它向更加高效、更加可持续的方向发展。

政府创建了领导机制并且做得很好，一些公司也表现得很好，但最重要的是人们的观念必须改变。中国必须要有一个生态文化，这意味着人们要明白，自己的行为会对未来造成怎样的影响。我们现在已经有足够的相关组织了，需要给他们更多的支持，给他们更多的权力。但我们最需要的是新的行为，通过人们合作来改变现状的行为。人们必须要意识到这是关于未来的，因此他们要共同承担责任。这些组织可以在技术支持等方面给他们提供帮助，这样他们就可以知道自己能做什么了。

（根据采访录音翻译整理）

——李河君

中国汉能控股集团总裁。

记者：请问汉能在技术并购方面有一些什么经验？汉能并购Solibro（德国太阳能电池大厂Q-Cells的子公司。——编者注），是否很贵？

李河君：在新能源行业，并购很重要，收购是汉能提升技术水平的重要方式之一。我们有一个说法，“成功的奥秘在于技术水平永远领先”。所以对于优秀的技术，我们会选择并购，但并非只单纯买工厂、产线，而是买核心技术，之后在中国升级。在购买了不同的技术路线后，汉能所做的事就是全球技术整合。

现在是购买太阳能技术最便宜的时候，因为大量中国的廉价产品冲击欧美市场，加之金融机构包括风险投资基金对产业认知不足，认为光伏产业都不行了，结果大量回撤投资。

比如，德国的技术，其实非常优秀，但缺乏投资和市场。在这种情况下汉能并购Solibro，将德国的先进技术和管理经验，与中国在制造业上的优势和市场前景相结合，有力提振了整个薄膜产业的信心。

记者：请问除了产业政策外，汉能还缺什么，缺资金吗？

李河君：海外并购在资金方面面临的问题是，虽然国家给了贷款等政策，银行也支持我们到海外收购技术，但实际操作起来难度大，因为海外并购需要到国家发改委、商务部报批，流程需要3个月到半年，而适合进行并购的时间窗口很短，所以实际上很难操作。因此，汉能目前的海外并购所采用的资金都是自有资金。

记者：请问汉能财务情况如何，太阳能光伏的板块，应收的效率怎么样，占企业的业务比重有多大，汉能每年拿多少钱补贴这个太阳能板块？

李河君：汉能是一家清洁能源发电公司，2012年年底我们的产能将达到3GW（300万千瓦。——编者注），实际上的产能释放要到2013年以后。

在太阳能板块，目前我们做3GW产能的总投资是300亿人民币。

记者：我们国内的晶硅企业是否也面临被并购的风险？

李河君：国内晶硅企业被并购的风险肯定会存在，但从世界趋势来看，晶硅已经落后了，大势所趋，没有人有回天之力。

记者：请问汉能现在的技术水平在世界上处于什么水平？

李河君：汉能的薄膜技术在国内是第一，在世界上是领先的。它有几个特色：第一，成本导向。我们自主创新的非晶硅锗技术路线，转化率有很大提高，成本方面有很大下降，例如在核心工艺流程气体沉积中，国外的技术一个PECVD沉积炉子里放1片玻璃，我们可以同时放72片玻璃。

第二，汉能的技术简单实用，从厂房设计标准到机器配备，都以简单实用为主，进一步把成本降下来。

第三，汉能的技术是可以直接量产化的技术，因为我们不是在实验室里，而是直接在生产线上做实验改进。

另外，汉能的技术是由全球技术整合而成的，我们可以取长补短。我们现在有七条技术路线，非晶—微晶路线，非晶硅锗技术，非晶硅锗三结技术，纳米硅技术，铜铟硒技术，铜铟镓硒（CIGS）技术，以及聚光太阳能技术。

记者：虽然薄膜的每瓦成本比较低，但它的转化率比晶硅低一些，在建筑面积一定的情况下，是不是它发的电比较少？

李河君：你说的情况只存在于屋顶发电的时候，单从发电量看，可能晶硅更多，但薄膜每度电成本比较便宜。此外，在新能源建筑一体化（BIPV）的情况下没法用晶硅，而薄膜能够把建筑所有立面都用上，这时薄膜的优势更为明显。

记者：请问汉能现在做“金太阳”么（“金太阳示范工程”是我国2009年开始实施的支持国内光伏发电产业技术进步和规模化发展的一项政策。——编者注）？“金太阳”存在着用户端并网和发电端并网的差别，听说现在“金太阳”的并网率大概不到40%？

李河君：我们有“金太阳”的示范项目。“金太阳”项目的并网率低，这与国内电网的吸纳能力有一定关系。从汉能本身来讲，2012年这几个“金太阳”项目，都是我们工厂的屋顶，自发自用。另外薄膜电池在高温的地方发电比晶硅更多，所以在广东等气温高的地方，它会更具有竞争力。

薄膜才是全世界范围内的光伏主流，在中国，因为晶硅进入门槛低，产能做起来了，人们才误以为晶硅是行业的主流。此外薄膜还有个有趣的特性，所有的太阳能组件包括晶硅，它的转化率是随着时间衰减，往下走的，唯独CIGS不但不往下降，还会提升。

记者：在能源使用上，目前国家政策是“上大压小”，是否跟发展分布式能源有矛盾？

李河君：决定任何一个产品是否有市场的最关键因素，是它的成本。汉能致力于生产老百姓用得起的太阳能，这是我们的目标。我认为太阳能在中国到底能不能推广，关键是看成本能不能够下降，如果太阳能成本能够降到比火电还低，就可以不用补贴，参与自由市场竞争了。所以现在汉能所做的事，就是在向量产化的低成本努力。简言之，根本决定权在市场，太阳能如果能做到物美价廉，谁都会爱用。

记者：请问汉能在发展太阳能上，决心有多大，准备拿出多少钱来并购？今后的市场主要是在国内还是在国外？

李河君：汉能的定位是全球清洁能源领导者，未来会坚定不移地做薄膜产业。并购方面我们会酌情处理，需要花多少就要花多少。未来的市场，将以国内为主，国际为辅。

——黄鸣

中国皇明太阳能股份有限公司董事长，世界太阳能学会会员。

选择太阳能是中国人的习惯使然

全球必须发展可再生能源，必须实现能源替代。中国相较于其他国家，这个必要性更加明显。中国是有13亿人口的大国，能源又极其紧缺，它发展这么快，能源消耗这么大，必须率先去发展可再生能源，实现能源替代。相较于其他国家，中国最大的优势在于它对常规能源的使用历史比较短，而且节俭的习惯还保留在大多数中国人身上。

一个美国的专栏作家问过我，为什么中国太阳能热水器的普及率比美国高那么多。中国有两亿多人口用太阳能热水器，相当于美国人口的总和。我告诉他，美国已经习惯于依赖常规能源了，而中国人由于节俭的习惯还在，所以在有电、气、太阳能可供选择时，许多人愿意选择太阳能。

发展关键：保证质量和创新理念

中国发展可再生能源，最大的障碍可能是由建筑业带来的。太阳能等可再生能源在建筑上的利用，是能源替代一个非常关键的地方。中国的建筑业发展太快，还没等到可再生能源和建筑结合的技术发展到一定程度，就已经往前跑了，很多建筑师和决策者在这方面认识不到位。我觉得需要推进教育和培训，让人们达成共识，大家共同的努力才是最重要的。还有一个关键是标准的制定和监管。就像汽车业，如果标准低或监管不力，跑在大街上的车经常出事故，那么汽车交通业一定发展不起来。如果太阳能常出问题，不能真正解决大家在舒适、安全方面的问题，那么太阳能就会被人用脚踢掉。

我们认为欧美提出的低碳经济概念是很不错的。对于能源的替代、经济转型、全球应对气候变化等问题，有很好的作用。但是我认为这远远不够。而我们提出的微排，不仅仅包括了低碳的很多要素，而且还扩展了很多对发展中国家甚至对全世界都有好处的东西。微比低要更小，微排不仅仅包括二氧化碳排放，还包括空气粉尘、水污染甚至垃圾排放等等。这样才能更全面地应对气候变化，以及人类现在遇到的能源危机和环境危机。

对我们这样的发展中国家，谈微排放更有好处，它对现代中国发展，比如新农村建设、城镇改造、新城市的发展等有极大的好处和很强的指导意义。就是说在规划、建设、运营的过程当中，不仅仅要减少碳的排放，而且要对空气污染、垃圾排放、水污染等都进行综合治理。中国太阳谷就是这么一个微排城镇的样板。太阳谷中的旅游、观光、度假、休闲、科技、制造、推广等九大微排中心，实际上就是未来100年全球信息产业的运营模板。

回到原点追求人与自然的和谐共处

人类在启蒙阶段非常懵懂的时候，所看到、接触到、依赖的无非是太阳、月亮、风雨还有火，而这些都来源于太阳，所以人类最早开始的崇拜是太阳崇拜，有很多图腾留下来。在国外有很多太阳神，比如玛雅文化、希腊文化、罗马文化、古埃及都有各自的太阳神。中国不仅仅有自己的太阳神，也有比如后羿射日、夸父逐日等美丽的神话故事。万物生长靠太阳，这些古老的原始的文明都来源于太阳，我们现在的石油和煤炭，也都是太阳能几亿年积累下来的宝贵东西。我们使用了它们，来发展现代的工业文明。其实人类走了一圈，又回到了自己的原点。最早的时候刀耕火种、阳燧取火，而现在是去寻找原始的太阳，使用太阳能，追求与自然的和谐共处。

（根据采访录音整理）

被动屋·自行车·生态城

城市的出现，是人类走向成熟的标志。在多数人眼中，城市是现代文明方式的象征，城市代表了生活的繁荣与富足。如今，全球一半以上的人口都居住在城市，在未来很长时间内，这种轰轰烈烈的城市化进程依然将延续下去。

能源是城市的血液，每一座建筑，每一辆汽车，每一个城市居民，都是一个能源消耗体。城市集中了人类生活所需的各种物质，然后再以垃圾和污染物的形式转化分散出去。如果把城市比作一个人，当能源枯竭或者供应不畅时，城市的心跳就会减慢或停止，这对世界各国的管理者，都是一个巨大的挑战。

旋转墅

位于德国南部的小城弗莱堡，是欧洲太阳能与新能源研究的“硅谷”，也是世界知名的绿色之都。在这里，环保与节能已经成为一种习惯。建筑设计师罗尔夫·迪士多年来一直致力于节能建筑的设计，他认为，一栋好的建筑不仅要为人们提供舒适的生活环境，同时更应该尽可能地降低能源的消耗。

位于德国南部的小城弗莱堡

罗尔夫·迪士设计的房屋外观

房屋内景

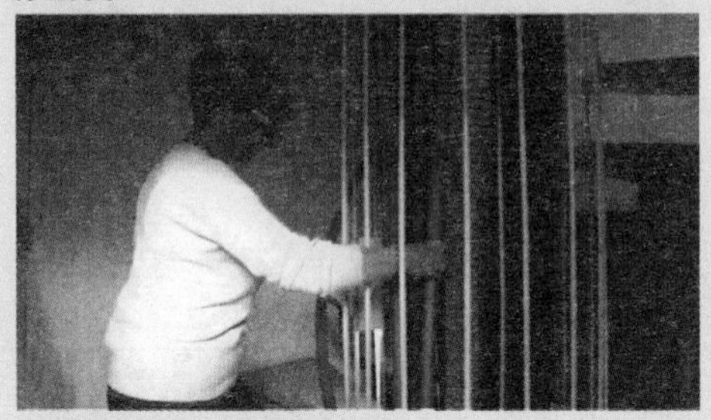

房间里的管线

屋顶的太阳光电板

罗尔夫·迪士（Rolf Disch，建筑设计师）：让房屋自己产生的能源超过它们消耗的，这样的想法由来已久。我们设计的房屋都秉承这一理念。

根据科学家得出的统计数字，人类大约40%的能源消耗都来自于建筑物，这些能耗来自生活的方方面面：供暖，制冷，照明以及各种各样的家用电器等等。1995年，罗尔夫·迪士开始了一项特立独行的实验。在弗莱堡的市郊，他为自己设计建造了一栋造型独特的居所，通过特殊的功能设计，使得整栋房屋达到零耗能。

罗尔夫·迪士：这是一栋实验性的房屋。未来居住所需要的所有要素都有所考虑，包括能源、水、建筑材料和占地面积问题。我们要考虑我们未来的生活、未来的建筑是什么样的。为了我们的子孙，我们要尽量避免对大自然的伤害。出于这样的考虑，我们设计了这栋树屋，“树干”部分只有9平方米，“树冠”处可以住人，再往上是一小片花园，带来了一些自然的气息。

莱曼女士(迪士夫人)：房间里有一根向上延伸的木质管道，一些管线集中在这里，包括送风排风管道、雨水管道、自来水管道和能源管道，电线和煤气管线也从这里经过。

旋转型的楼梯位于这座树形楼宇的正中央，通过它连接起各层的居住空间。设

计师运用机械构造让整栋房屋随着太阳运行缓慢自转，位于屋顶的太阳能光电板则以最大日照的角度对准太阳，四周的太阳能集热器也面对着直射光线，以获取最大的太阳能与热能。

房屋顶棚的散热片

莱曼女士：如果房子旋转，屋顶上的太阳能光伏设备也会随之旋转。它们是双轴的，所以可以往两个方向旋转。遇上暴雨天气，设备可以放平。它的功率是6千瓦，每年能产生9000度电，是我们自己用电量的5到6倍。

在这栋造型新奇的住宅中，各种设备极尽节能环保理念。厨房内虽设有冰箱，却没有冷冻装置，只临时存放新鲜的食品，厨余垃圾也随时倒入堆肥箱与厕所的排泄物混合成为有机肥。为了节水，厕所特别使用干式马桶，浴室用水都完全使用太阳能加热，使用过的废水也被重新回收成灌溉用水，此外，特殊的设计让充足阳光来尽量取代人工照明。

莱曼女士：我们的起居室空间很大，还有台阶。我们可以放下遮阳窗帘，挡住太强的阳光或者保护自己的隐私，但我们很少这么做。室内总能保持在令人感到舒服的温度，冬天可以利用天花板上的散热器取暖，启动后只要7分钟，暖气就开始发热。我们甚至还能使用地采暖，外面的太阳能热水器可以为地暖提供热量。但一般来说，我们根本用不着。起居室的隔热密封做得非常好，温度适宜，自然采光极好。

被动屋

在德国，人们把不需要外部能源的节能建筑称作被动屋，在政府的大力推广下，如今德国的被动节能房屋数量占世界同类建筑的一半左右。10年之内，德国将把它作为唯一的新建筑标准推广。

魏伯乐：我认为房屋是能源消耗的最大因素之一，所以说让房屋变得更加节能是关键所在，而这点是完全可以做到的。

沃尔夫冈·弗雷（Wolfgang Frey，建筑设计师）：如果我们能够让每座房子都成为一个能源供应站点，那么最终它生产、获取的能源会比它消耗的还要多。如果所有的房子都能够做到这样，那我们的问题就解决了。我想，这是可持续性建筑面对未来所要承担的课题。

当地的一个太阳能研究所

里瑟菲尔德街区是沃尔夫冈·弗雷参与设计规划的社区。一些依然还在建设中的公寓楼，通过特殊的功能设计，不仅是完全不需要任何外部能源的被动屋，而且额外产生的电量还可以并入社区的能源系统，成为名副其实的增能屋。

沃尔夫冈·弗雷：我们估计，每年这座房子产生的能源比起自身消耗的要多4万至5万千瓦。但更特别的一点是这里的居民，他们生活在互助社区里，愿意节约能源,使用各种产生能源的小设备。这里是人们生活的地方，他们节约是为了自己，每个人都愿意承担起各自的责任。

被动屋采用了可控室内通风装置，使室内废气中的80%以上可以转换为热能，同时，室外新鲜空气经过滤后进入室内。由于空气流动和墙体保温，房屋内的物品也绝不会发潮、生霉。

沃尔夫冈·弗雷：现代化的保温隔热技术也给我们带来了问题。房子的全部热能耗量少于那些电器设备自身散发的热量，电脑、台灯以及很多其他小家电所散发的热能在房间里聚集，由于房子的保温隔热性能非常好，热量根本排放不出去。这样的结果是，我们在冬季不需要开暖气，这当然非常好，但是在其他季节，房子里热能会越积越多。

被动屋的建造者在房子的地板和天花板里面铺设了水管，水流通过管道从地下室流向顶层高处，然后再回到地下室，往复循环，通过地下水温与地表空气温度的温差对房子进行温度调节，避免了空调机过多的能耗。

沃尔夫冈·弗雷在楼顶讲述风车

沃尔夫冈·弗雷：整个循环系统只需要由一个小水泵驱动，它的功率只有80瓦。由于采用的是循环系统，所以

凭借80瓦的水泵我们一年四季都可以对整个房子的20个单元进行温控。这是个非常好的尝试，很少的能耗，没有空调机，却有一个舒适的室内温度。

这座房子的房檐装有太阳能发电装置。我们也在屋顶利用太阳能为住户们提供热水。这里的风力发电机很特别。这些风力发电机数量不多，个头也不大，每个售价约1700欧元，所产生的电能可满足这座房子公用洗衣机的用电量，满足2200次标准洗衣过程。从很多小处着手，一点一点产生能源，积少成多，最后也可以获得较大的总量。这就我眼中的生态的、可持续的建筑。

魏伯乐：能源消耗与经济发展的曲线或多或少是一致的。这就使得人们认为如果想要更多的财富，就必须得消耗更多的能源。我们必须认识到二者并不一定成正比。我相信在不久的未来，用不了100年的时间，你们就会发现，降低能耗能够带来财富。

贝丁顿社区

位于伦敦南部的贝丁顿小镇是全球最先实现零碳排放的生态社区。伦敦的冬天寒冷而又漫长，普通建筑每年的采暖期通常有半年之久。但是在贝丁顿小镇，房间内却看不到暖气或者空调，设计者完全利用自然条件达到室内温度的自我调节。

菲尔·申明斯（Phil Shemmings，贝丁顿驻地公司市场外联）：现在正处于英国的冬季，今天是非常寒冷的一天。这间房屋里没有使用任何的采暖设备，没有散热器，也没有火炉，但是我们同样感觉温度很舒适。这是因为阳光照射进窗户，加热了室内的温度，而厚密的隔热材料避免了这部分热量流失。同时我们也在墙面、天花板、地板上应用了这种质地厚密的隔热材料，这样就为房间提供了特定的保温属性。这就意味着一旦达到了某个温度，房间里就会一直保持这个温度。当然，我们还用了3层玻璃窗，能够有效阻止热量流失。在房屋南面向阳的位置，我们设计了4个落地阳光区，称为玻璃温室，它们的作用是吸收阳光的热量，给室内加热。

在家家户户的屋顶上，除了为日常生活提供能源的太阳能电板之外，形形色色的植物不仅美化了环境，而且有助于防止冬天室内的热量散失，还能够有效地减少夏天的热辐射。此外，五颜六色的风帽可随风向的改变而转

贝丁顿小镇屋顶的风帽

动，一边排出室内的污浊空气，一边利用废气中的热量来预热室外寒冷的新鲜空气。

菲尔·申明斯：风帽将寒冷的新鲜空气吸入室内，冷空气与被排出的温暖污浊的空气在这里对流，向外走的暖空气会与冷空气混合。这样，新鲜的空气会被室内的空气温暖，或者说是预热。这时的新鲜空气就比房顶上方的空气要温暖了。这意味着这种通风方式只会流失大约1/3的热量，而通过窗户或排气扇通风热量会百分之百流失，因为它们只能单纯地流入冷空气。

修建于十几年前的贝丁顿社区，其实并没有多少高新科技，只是整合了各领域的成熟技术，把环保生态的理念带入普通人的日常生活。在全世界能源供应日益紧张的今天，贝丁顿的居住模式已经成为全球典范。

比尔·邓斯特（Bill Dunster，建筑设计师）：我们想要展示的技术就是如何使风能、生物量、太阳能这三项技术支持一个新城市，提供高质量的生活方式。

汽车共享

如何让一个城市的能耗降下来？除了对传统建筑的改造，对城市交通系统的改造也迫在眉睫。根据科学统计，交通运输的能源消费大致会占到世界能源消费总量的23%。汽车造就了现代城市的发展，但同时也给城市带来了新的问题。

莱斯特·布朗：所有的市长都在努力想办法解决拥堵问题，因为人人都在抱怨这件事情。拥堵会浪费时间，污染空气，让人抓狂。汽车带来了前所未有的机动性，提供了流通的便利，但是城市的汽车越来越多，到达一定程度后，反而导致寸步难行。你根本不可能快速移动。

世界各地的城市管理者和规划人员正在重新思考汽车在城市交通系统中的作用。在位于德国北部的小城不莱梅，独具特色的汽车共享制度让世界津津乐道。

汽车共享指的是一种更为便捷的租车方式。人们只要通过网络或者电话，选择自己需要的车型，然后在城市里的任意共享点就能取到自己希望使用的车辆。只要按照使用时间和路程支付相应的费用，就可以根据当天的需求驾车出行了。

大量汽车停在不莱梅港口等待销往世界各地

霍普纳（Höppner，汽车共享用户）：5年来，我一直是Cambio汽车分享公司的客户，因为我不想买车，也不需要。我不愿意四处找停车位，也不想每到冬季就想着换轮胎，我只想舒舒服服地开车，所有我选择了汽车共享。

用户在租车点自助取用汽车钥匙

另一位用户：以前我也有辆车，但花费不菲，保险、税、修理费都得自己支付，还得惦记加油的事，实在太烦。现在我省下了这笔钱，车总是加满了油，什么都不需要操心。我根本不需要自己再去买车了。

不来梅汽车共享的原理是：在一个人不用车的时间，车辆可以由另一个人使用，通过合理运筹把汽车的利用率最大化。这种方式除了可以为出行者提供便捷，更能直接缓解原本紧张的城市交通，而且大大降低因为车辆拥堵造成的空气污染和能源消耗，与此同时因为购车需求的降低，也会解放日益局促的停车空间。

里希特（Richter，不莱梅市交通管理负责人）：所有的城市，尤其是大城市，都遭受着私人汽车越来越多的困扰。我们不能再继续这样下去了，我们必须寻找其他途径。我很有信心，拼车将会成为未来交通的重要方式，它会遍布于全球的所有城市，尤其是那些人口密度极大的城市。这些城市都将受益于我们在不莱梅实行的这种拼车的经验。

电动车

伴随全球碳基能源的产量日益接近峰值，世界迫切需要发展一种新的汽车能源经济。几乎所有的主要汽车生产商，都在千方百计地设计更为节能或者使用完全脱离传统概念的新能源的汽车。

作为中国首批新能源汽车示范推广试点城市，深圳市率先强力推动电动公交系统。在深圳的街头，我们会经常看到完全依靠电力驱动的公交大巴。电动车无污染、无噪音，真正实现了零尾气排放。根据测算，这种电动大巴每年的燃料消耗成本还不到同类燃油车的1/3。

电动大巴

比亚迪E6电动汽车

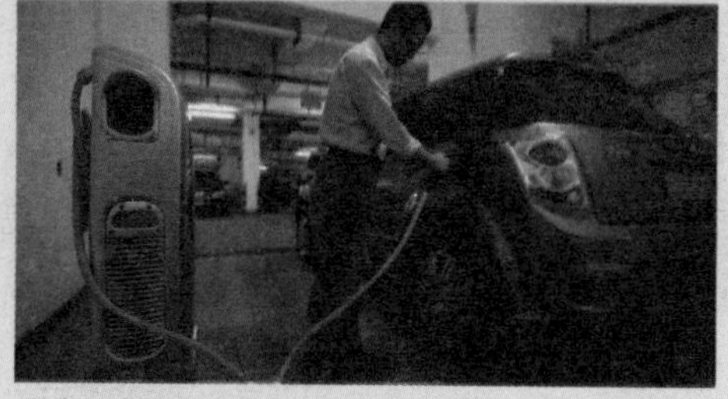
用户可在家中车库充电

王传福（比亚迪公司董事局主席）：深圳差不多有两百多万台车，私家车差不多占了98%以上，公共交通领域，包括出租车、公交大巴，可能占1.7%，但它们的排污不是1.7%，而是30%左右。我们通过这几年的探索，有了这几百台（比亚迪）E6（纯电动车）和几百台电动大巴，对减少PM2.5的贡献是很显著的。

电池行业起家的比亚迪，之所以冒险进入汽车制造业，源于王传福相信比亚迪过硬的电池技术，有可能让比亚迪跨越传统汽车制造，直接进入电动车时代。由深圳比亚迪公司生产的E6汽车，2010年5月开始作为深圳出租车投入运营，如今已经超过两年，累计总行驶里程超过千万公里，已经成为全球续驶里程最长的纯电动车。充电便捷、经济环保等优良品质也让它为城市绿色交通提供了一个解决方案。

王传福：传统的汽油车或者柴油车，一般的效率在百分之十几，而我们的电动车效率一般都在90%，因为电能基本上都变成动能了，很少变成热，很少变成噪音。人们应该大量使用这种高效率的交通工具。

2011年，比亚迪针对私家车用户销售配送充电柜，用户可在家充电，6小时可充满，摆脱了对专业充电站的依赖，而在此之前充电问题一直是制约电动车发展的重要因素。比亚迪推出的这种“白天用车，晚上充电”的新使用模式大大提高了电动车的使用便利性。

王传福：电动车电池的待电时间是不是会随着使用时间的增加而缩短呢？我们用数据来说话。我们这几年在深圳大规模使用电动车，像我们的车都跑了30万到40万公里，而电池的容量并没有显著的变化。

毫无疑问，清洁能源将决定汽车行业的未来发展趋势。以中国市场计算，如果每个家庭拥有一部车，一年需要消耗8亿吨成品油，而且会带来日益增高的碳排放量和越来越严重的空气污染。如果未来行驶在街头的汽车全部实现零排放，带来的效益是无可估量的。

以人为本的城市

到2025年，哥本哈根有望成为世界上第一个零碳排放的城市。现在，它已被公认是世界上最适宜居住的城市之一。哥本哈根也是世界知名的“自行车之城”，自行车代步已成为这座城市的文化符号。然而仅仅30年前，哥本哈根的交通也是一副嘈杂拥挤的混乱模样。

安德里亚·罗赫尔（Andreas Rohl，哥本哈根自行车计划负责人）：在20世纪五六十年代的时候，汽车对于哥本哈根、对于丹麦来说是个新鲜事物。所有人都想拥有一辆汽车，想要市中心有更宽敞的道路，而自行车就被人们逐渐地摒弃了。

冬日里依然低碳出行的人们

这几乎是每个国家都在上演的一幕，城市规划越来越以汽车为中心，越来越宽的道路以及越来越大的停车场占用了城市的大量空间。20世纪70年代，丹麦国民开始大规模抗议汽车对自行车道路以及居民休闲空间的侵占，这种运动席卷了丹麦大大小小的城市，政治家们不得不重新思考城市的真正内涵。

杨·盖尔（Jan Gehl，丹麦城市规划设计师）：在过去，我们一直从人类生活的便利性角度出发来建造城市。但是在城市规模逐渐扩大的过程中发生了什么呢？我们开始从飞机上观察整个城市，将整个城市看成是物体。然后我们开始将一个个建筑作为物体加入城市当中。然后我们坐着飞机在空中继续规划这些物体直到觉得行了，就是这样了，从飞机上看这是个绝佳的组合，从直升机上看可能也觉得很好。但是以我们的生活感受的角度看这很好吗？不怎么样。

73岁的杨·盖尔从20世纪七八十年代开始受聘于政府改造哥本哈根市区的街道。他认为城市设计首先应该关注人的体验，其次才是建筑、空间和城市鸟瞰效果。城市的居民并不在乎空中看到的景观是否壮观整齐，而更在乎他行动范围内的生活是否舒适便利。

杨·盖尔：城市规划混乱，全世界都是这样，中国也不例外。因为很多地方需要建设，所以只能从大的方面规划，只能从上方来规划，建筑物建好后剩下的空间杂乱无章。这正是当今受到质疑的规划方式。这种城市仅仅是物体的集合，这不叫城市。能够使居住者自由穿行，这才是一座好的城市。

安德里亚·罗赫尔：最幸运的是，这个城市的政府部门能够倾听市民的意见，他们改变了城市的发展轨迹。所以自从80年代早期，哥本哈根就开始谋求城市发展转型。在那之前，我们的汽车越来越多，街道上留给自行车和行人的空间越来越少。但从80年代早期开始，我们建造了越来越多的自行车道，拆除停车场，腾出更多空间，让人们能够享受生活。从那时起，这里自行车的数量稳步增长。

自行车之城

有着55万人口的哥本哈根市区，自行车的数量超过60万辆，超过54%的居民采用自行车作为主要交通工具，即便是冬日冰雪天气，我们依然可以看到绵延不绝的自行车车流。

人们更多的时候会选择自行车出行

博·阿斯穆斯·凯尔德高（Bo Asmus Kjeldgaard，时任哥本哈根市技术与环境市长）：如果所有骑车的市民开车上班，这个城市将是怎样的一个场景？这是件多么恐怖的事情。多么庆幸他们现在是利用自行车出行，但是我们仍希望骑自行车出行的比例能够提高到80%到90%。

安德里亚·罗赫尔：哥本哈根提高骑车出行率，还面临着一个巨大的挑战——在哥本哈根的上下班高峰期时，自行车道会出现拥堵现象。对于那些刚来哥本哈根的人来说，高峰期骑自行车相当费力。

丹麦对汽车实行高税收，高额的养车费用也促使越来越多的人选择自行车作为出行工具。在哥本哈根，对各种交通工具的重视程度次序如下：自行车居首，公共交通第二，私人轿车最末，交通信号灯变化的频率也是按照自行车的平均速度设置的。对于行程较远的居民而言，可以将自行车带上任何有自行车标志的地铁车厢。未来的哥本哈根将建设更多的自行车专用道以及自行车高速公路，所有这些举措的

目的是进一步加大驾车者的出行难度，同时让骑车人的出行更便利。

带有自行车标记的车厢

安德里亚·罗赫尔：对于一个城市来说，自行车的使用越来越多是非常有益的，因为毕竟提供自行车所需的基础设施的成本要比其他形式的交通工具低得多，这一点对于哥本哈根市民来说也很关键，因为这是他们在市区内行动的最简单便捷的方式。所以哥本哈根市民对于我们建设以及完善自行车所需的设施非常感激和支持。

杨·盖尔：我们需要建造更好的公共交通系统，需要围绕公共交通规划新城区建设，在交通枢纽之间建立公共交通走廊，采取交通先行的发展模式。这样，我们就能够在一个优质城市中步行，进入优质地铁，快速地到达城市的另一头，或者骑自行车穿行整个城市。

对哥本哈根市民而言，自行车为他们带来了生活的自由和便利，无论官员还是平民，都对自行车有所偏爱。这形成了一种独特的文化。在这里，自行车不仅仅是一种交通工具，更是一种现代而又健康的生活方式。

博·阿斯穆斯·凯尔德高：四处走走是很美好的。我们可以骑着自行车，或者散步。这样的生活品质才是我们想要拥有的。

中国的反思

中国曾经是世界闻名的自行车王国。20世纪80年代，浩浩荡荡的自行车流是中国城市里一道独特的风景线。但是在高速运转的城市化进程中，越来越多的人口涌入城市，中国正在复制西方国家曾经走过的发展轨迹：越来越大的城市区间，越来越宽的公路，越来越大的停车场，越来越多的汽车……这一切都开始占据越来越稀缺的城市空间。

杨·盖尔：庞大的人口以及大型城市意味着汽车数量飞速地增长。这需要修建街道，接着就会不断地拓宽街道、铺设高速公路等等。我们从美国以及所有汽车流量非常大的地方都可以看到，永远都不可能有足够的道路供汽车行驶。

比尔·邓斯特：中国文化大概是地球上最古老的文化之一。老式建筑十分秀美，坐落在自然风景中简直美轮美奂。我觉得在现代化过程中很多东西都丢失了。道路拓得太宽，汽车太多。我到中国的时候，觉得她有点像是20世纪50年代的美国。

北京，这座有着数千年历史的古都，每天都在发生着日新月异的变化，让人吃惊的是北京汽车的增长速度。根据测算，到2015年，北京机动车保有量将突破600万辆。相似的情况也在中国其他大城市上演。可以想象，如果中国人的汽车拥有率达到美国的水平，那么10亿辆汽车将使所有道路都陷入瘫痪，而随之带来的是越来越焦虑浮躁的心情。

莱斯特·布朗：我记得自己在北京的一所大学给研究生作讲座时，其中一个学生问我，难道我们中国不能像你们一样吗？这是我们的梦想！我回答说如果你们成功实现了每4个人拥有3辆车的话，那么这不是梦想，而是噩梦！

杨·盖尔：无论什么时候看汽车广告，广告上总是只有一辆车，我们可以想象一下，广告中展示的是一条拥挤的道路，一个大大的箭头指向这个品牌的汽车。你可能就坐在那里，一动不动。这就是10年、15年后，中国城市以及其他发展迅速的城市的样子。

顾朝林（清华大学城市规划系教授）：用西方的那种发展的模式去走是走不通的，为什么呢？城市化是一个综合的社会过程，我们如果重复它，我们就没竞争力了。

未来城市的交通系统，将是轻轨、公共汽车、自行车、轿车、步行的结合，汽车为中心的交通模式将逐渐改变。随着城市拥堵状况的消失，城市的性质也将改变。

刘宛（清华大学城市规划系副教授）：宜居城市应该有很高质量的步行环境和舒适的公共空间，人们日常生活的大部分交通需求能够通过自行车和步行来满足。与此同时，宜居城市的功能是多样化的，它有各种各样的设施，能够给人提供多样的选择，

莱斯特·布朗：如果你生活的城市有很多花园，可以在散步时享受大自然，这才是你想生活的地方。如果公园和停车场的比例很高，那么这个地方就适合生活。如果比例很低，就不适合居住，你肯定不想和家人在那种环境里生活。

比尔·邓斯特：我觉得这对中国来说是个很好的机会，因为你们不需要重蹈覆辙。我们的经验之所以重要，就是因为我们犯了更多的错误。其他人应该从这些错误中吸取教训而不是盲目模仿。

人性化城市

现代城市生活，一切越来越机械化，只要电闸一拉，水龙头一开，油门一踩，电话一拨，信用卡一刷，遥控器一按，信息、能量、物资一切应有尽有。人们觉得

这一切都理所当然。生活在城市中的人也变得越来越无度，越来越脆弱。在城市繁荣奢华的背后，是被人忽视的资源的消耗、环境的污染以及气候的变化。这样的生活是我们追求的理想和幸福么？

杜祥琬（中国工程院院士、国家能源咨询专家委员会副主任）：要提倡健康的物质消费，丰富的精神追求。将来中国十几亿人一定要追求这样的生活理念。人要幸福是要消耗的，但并不是消耗得越多越好，这是个很浅显的概念。比如，床舒服你就能睡得好，总统套间又起什么作用呢？

莱斯特·布朗：我们需要知道，幸福不是由消费的多寡来决定的。如果看电视广告的话，你的确会觉得，消费越多就越幸福。但是，事实并非如此。我们需要重新定义我们的生活的意义，我们的出发点应该是整个人类社会，是健康、生活质量、文化发展的机会，以及让人们能够做真正喜欢的事。

比尔·邓斯特：我认为我们很快就会实现每人一张碳额度信用卡了，这样一来每一笔消费都会有一个碳足迹记录。碳最终会成为新的流通货币，因为气候变化将会是人类面临的最严峻的挑战。人们很快将会担心他们的投资，担心他们的住房，担心他们下一笔昂贵的消费品开销，不论是汽车、交通、度假，所有一切都会对环境产生影响，每个决定都得经过讨论、评估和小心选择。和今天截然不同。

莱斯特·布朗：我们都是未来的利益相关人。我们几乎都有后代，而我们正在破坏着属于他们的世界。我们必须要积极行动，在政治上积极，要积极推动世界经济结构改革，使其能够传续文明，而不是像现在这样，破坏文明的延续。这也意味着，作为个人，重要的是要积极主动。

简单生活

悬浮在宇宙中的这颗小小的蓝色星球，是自然能给生命以庇护的唯一的地方。随着我们日复一日地持续给它以更深刻的改变，我们已经无法预测它所承载的生命的未来将会变成什么样子。对于地球上的每个普通公民而言，我们能做的也许就是改变自己，简单生活。

受访者说

——杜祥琬

应用物理学家，中国工程院院士，中国工程院原副院长，国家能源咨询专家委员会副主任，中国工程物理研究院研究员。

气候变化的概念

天气一般老百姓都能理解，比如下雨、晴天。气候跟天气有点差别，气候是地球上一个较大的地区在一个较长时间里，天气情况和大气运动情况的综合，天气情况的平均值，比如温度、湿度、气象的宏观动向等等。还包括一些特征量，比如最大值、最小值、降雨量等等。气候实际上任何时候都在不断变化，现在为什么特别讲气候变化？因为如果气候出现了一种引人注目的或者对人类有重大影响的趋势性的变化，就会引起人们的注意。比如说现在气候变暖，尽管有波动、有起伏，但如果总是在总体上处于上升趋势，这就叫气候变暖，反之叫气候变冷。如果它发展得越来越严重，以至于达到一种灾变，产生灾害性变化，那么人们就会把气候变化这个题目提到世界舞台的前沿。

绿色能源战略

我们研究能源战略，提出科学、绿色、低碳能源战略。这六个字含义很清楚，就是要依靠科学进步，以科学的供给满足合理的需求，改变现在这样一种用比较粗放的供给满足增长过快的需求的状况。

第一就是节约能源，控制总量。所谓控制总量主要是指煤和石油的总量。

第二就是煤的洁净化，以及建立煤炭科学产能的概念，这也是第一次提出的概念。所谓科学产能，就要以人为本，比较安全，对环境比较友好，手段比较现代化，比较高效，不符合这个条件的就叫作非科学产能。现在全国原煤每年生产量大约是30亿吨，但是根据对全国煤矿的分析，专家们提出，这么大的产量符合科学产能的只有不到一半，不到15亿吨。所以要确立科学产能概念，而且要走向洁净化使用。

第三是关于石油和天然气。一方面要确保石油稳定的战略地位，同时要大力发

展天然气。在化石能源当中，天然气是比较洁净的能源，所以我们把化石能源里的天然气拿出来作为洁净能源，这将是发展的重点，要增加它在中国能源当中的比重。

第四个战略就是大力发展可再生能源。首先是水电，同时也要积极发展太阳能、风能、生物质能、海洋能、地热能等等这样一些能源。一些技术和经济方面的瓶颈要进一步突破，要提升可再生能源在国家能源当中的比重，把它的战略地位从现在的辅助能源提升到将来主导能源的地位。

第五是发展核能。这是中国长期的能源战略选择。现在核能非常少，中国的电力里面它占了1%，将来我们要提高它的比重。

第六个战略就是发展智能电网。将来中国总能源里面，用电的这部分能源要提高，但是在电里面，火电的比重要减少，洁净能源的发电量要大，比如太阳能发电、风能发电、核电等等。同时要建设智能电网，让它更安全、更高效，同时也能更好地接纳新能源。太阳能不稳定，一会儿强一会儿弱。这样一种性质的能源对电网提出了新的问题，我们要靠信息技术跟电网技术的结合，使其能够比较高效地吸纳新能源。

2030年以前是中国能源转变的攻坚期，要解决六个战略的问题，要费很大的劲。我们希望到2030年有个转折。比方说到那时候每年煤的使用总量要越过峰值，以后就要降。二氧化碳温室气体排放，也越过峰值。而且一些新能源的技术经济瓶颈，要能有突破性的进展。到2050年，我们可以完成中国能源体系的转变，从现在欠安全、较低效、不够洁净的体系，过渡到一个比较多元的、节能、安全、高效的体系。经过好几十年的努力，我们希望本世纪上半叶能够完成这样一个体系的转变。

绿色能源战略的背景

我们国家这30年发展得很快，成就也很大，但是正像中央指出来的，我们也积累了“三不”，不平衡、不协调、不可持续。从能源来说，消耗增长过快，10年增长了2.2倍。2008年以前的数据是每年平均增长8.9%，如果按照这样一个趋势，到2020年，中国的能源总消耗就会占到目前全世界能耗的一半，这显然是不可持续的。

中国现在的GDP大概占全世界GDP总量的不到10%，如果我们每年消耗全世界能源的20%，这说明什么呢，说明我们单位GDP的能耗过高，而且单位GDP排放的污染气体和温室气体也就会相应地提高。美国的情况是占全世界5%的人口消耗了20%的能源，我们的人口是美国的4.4倍，如果我们每个人的消耗量跟美国一样的话，也就是20%乘以4.4。所以中国不能采用美国那样一种生产生活方式。我跟美国科学家讨论过，他们也承认，全世界如果都拿美国这样一种人均能源去发展的话，将是一个灾难。所以我们必须以显著低于美国等国家人均能耗的水平，来实现中国的现代化。

为什么我们单位GDP能耗高，比日本、美国高了好几倍，这里当然有一个很合理的解释：我们国家在快速的工业化、城市化进程中，重工业占的比重比较大。我们要从减少单位GDP的碳排放入手，来转变发展方式，转变到重质量重效益的科学发展方式。

应对气候变化进程中的技术突破

从应对气候变化的角度，科学技术的作用分为三个层次：认识气候变化，应对气候变化，完成供给合作。我们讲了几个战略，都要靠科技工作者。比如节能，发展核能、太阳能、风能，为什么还没有成大气候，就是因为它们的技术和经济的成熟性不够。不仅技术要可行，而且经济上要便宜，要划算，才能与火电竞争，才能走向市场。太阳能热利用现在已经做得不错了，比如太阳能热水器等，但是太阳能发电，不管热发电还是光伏发电，都还有一些技术、经济的瓶颈，虽然太阳能电池可以造得出来，但太贵，制造过程也不够干净，耗能太多，这些都缺乏竞争力。所以还需要一些创新的技术，包括新材料、新概念、新工艺，这些都得有人去做。

我们的科学技术工作者做这件事，首先不是为了应对国际上的压力，而是满足我们国家内在的需要。中国自己的可持续发展，自己的经济与环境双赢，建设资源节约型和环境友好型社会，是为了让老百姓的生活更安全、更干净。谁突破了新的材料、新的工艺、新的结构，谁就能在这个产业起到引领作用。我们不要用落后的技术扩大产能，而是要潜心地研究，产生原始性的创新，占领可持续发展的战略制高点。把效率提高，把价格降低，成本降低，它的竞争力就上来了，它就会发展起来，这样它的规模化生产才有前提。

——博·阿斯穆斯·凯尔德高
（Bo Asmus Kjeldgaard）

曾任丹麦哥本哈根市技术与环境市长。

应对气候变化，哥市全民在行动

作为哥本哈根市居民，我们已经受到了气候变化的影响，因此必须作出努力来应对气候变化。2009年和2010年夏天哥本哈根有多次强降雨，并且遭受了多年未遇的洪水。这是一个鲜活的例子，显示出我们所遭受的气候变化的影响。海岸线也因为气候变化的原因上升，到那时这里许多的房屋都会被洪水所淹没，所以我们必须要做些什么。大家需要了解什么是必须去做的。在我看来全球都受到了气候变化的影响，我们必须立刻行

动，勿容滞缓。

全民参与应对气候变化的三个方面

首先，我们制订了二氧化碳减排计划，此尝试在2025年之前会让我们成为第一个碳平衡的城市。为了达到此目标，我们正在尝试脱离煤以及所有此类非再生能源的使用。我们正在将能源使用转向风力、太阳能、地热能和热能，同时也在着手改善交通运输这一环节。在二氧化碳减排计划中，我们希望使用电动车、氢动能车，也需要更多的公共汽车。哥本哈根以它的自行车闻名，这里的许多人都骑自行车，因为使用自行车不会带来任何二氧化碳的排放。它没有污染，不产生噪音，并且有益健康。我们的交通政策也是二氧化碳减排计划的一部分。

我们的第二步行动是气候适应计划，我们正在修建更多的公园，造更多的河流，这样可以促进排水，而不是用费用昂贵的管道。同时我们也计划在哥本哈根城外建造防护屏障，这样海平面上升就不会影响到我们。我们希望在哥本哈根市内种植超过10万棵树木。其他国家和我们一样，以前没有做过此类工作来减少二氧化碳的排放。现在他们依旧没有做到，我们却必须制定一个调整计划。

第三步，我们计划保护生物多样性。生物多样性危机是当前世界所面临的重要危机之一。我们希望能够保留下所有不同种类的动物。作为城市，我们有责任和义务这么做，并且能够做到。我们可以将建造更多公园的计划、河流适应气候方案与生物多样性方案相结合。

能源生产、使用与传输

我们现在仍然使用煤炭进行能源生产，但我们希望淘汰这一方式。我们准备用沼气取代煤炭，同时建造许多风车。我们在哥本哈根城内和城外的海边建了许多风车，它们都非常不错。这些风车也成为我们哥本哈根的一处景观，比矿山要美上许多。我们希望建造更多的风车来获得电能。我们可以得到无二氧化碳排放的风能并最大限度地将其转化为电能和热能。我们也能从地热能中获取热能，现在可以依靠这一能源供应哥本哈根5000户居民。

接下来是能源使用的部分，要尽可能少地使用能源。我们通过评价房屋等级，防止房屋浪费能源，在建造新房屋的时候，我们也会要求建筑商建造节能型房屋。当然还有一种零耗能房屋，这些房子不消耗任何形式的能源，我们已经建造了一些。在不久的将来，可用能源越来越少的时候，这种类型的房子会越来越多。

我们希望用电动汽车来代替使用汽油的交通工具，从而使我们摆脱环境困境。这种电动汽车使用电池，这样无论是白天还是夜晚，都能利用风能帮助电池充电。

我们还想使用氢能源。目前，德国已投入大量资金用于氢动能汽车的研究，我确信在不久的将来，我们一定能够实现氢动能汽车的大量生产。

第三部分是能量传送。我们想进行一些智能传送。例如，有一种洗衣机，在有风的时候，它能够感应并开始运作。这样大家能以非常低廉的价格获得风能，同时可以一次性洗很多衣服。考虑到其出色的智能性，我们称这种系统为智能能源系统。

（根据采访录音翻译整理）

——张云

武汉大学经济学博士，高级经济师。中国农业银行股份有限公司副董事长、执行董事、行长。

记者：请您谈谈碳金融的内涵？

张云：关于碳金融，银行一般是通过进入资本环节，以直接投融资的方式为企业募集资金。另一方面，通过对新兴产业的信贷支持，或开发其他金融产品，更好地推动节能减排特别是碳排放交易，使企业能够通过这类交易获得相应减排的效益，或者说，通过提高那些增加排放企业成本的方式起到引导减排的作用。

农业银行推出了“清洁发展机制顾问业务”，通过帮助国内的电力、水泥、钢铁等企业识别新建项目中的碳排放权交易机会，为项目建设提供全程的技术咨询，帮助其在国际市场上寻求减排买家，争取更优惠的交易价格，并协助联合国指定机构对项目产生的减排量进行核证，使国内企业从国际交易机制中获得收益。

截至2011年年末，农业银行共对18个碳交易项目进行了准入和重点开发，项目地域范围涵盖7个省份，涉及水电、风电、生物质电三大业务领域，预计二氧化碳年减排量约110万吨。这只是农业银行通过这种机制提供碳金融服务的开端，我相信，随着今后中国企业更多地介入这个市场，更好地运用节能减排技术，未来还会有更大的空间。

记者：许多受访嘉宾都谈到，将来消费者会有一张“碳信用卡”，“碳信用卡”对未来低碳能够起到一个什么样的作用？

张云：其实碳信用卡在国内已经有了，这种产品除了具有信用卡的基本功能外，还可以通过持卡人的消费记录计算其碳足迹，根据其活动所产生的碳排放数量，捐出一定比例的费用，以资助相关的节能减排项目，从而达到环保的目的。

在个人消费的低碳环保方面，农业银行也一直在积极尝试。2008年，我们与中华环保联合会共同发行了国内首张以环保为主题的贷记卡——“金穗环保卡”，该卡以保障持卡人环保权益、便利持卡人环保消费、实现持卡人环保公益愿望为核心设计理念，发放的对象主要是对节能减排有服务意识或贡献意愿的有识之士。2011年年末，我行环保卡已发行69万张，成为社会上环保一族的身份象征。在中国，我相信随着建设资源节约型和环境友好型社会，减少碳排放这样一种共识会不断深化和扩大，会有更多人使用银行的此类产品。

节能减排是全社会的责任，我们国家一直在倡导“节能减排”，国家“十二五”规划对实施“节能减排”提出了明确的目标，银监会也出台了《绿色信贷指引》，说到底就是要推动银行业更好地认识到自身的社会责任，通过银行的服务推动整个社会节能减排目标的实现。而实现的方式手段，除了通过信贷资金的调节，通过市场化体系的建设，还可以通过使用碳信用卡这一方式来实现。在这个领域里，个人承担了什么样的责任，如何评价、如何发挥示范效应，都可以通过碳信用卡来记录。我相信，通过这样的示范效应会唤起更多人参与，最终形成社会各界共同的理念和行动。

问：绿色银行和绿色产业与农行主营业务“服务三农”之间有什么关系？

答：农业是为人类提供能源的最重要的产业，粮食是人们获取能量的来源，农副产品为工业和其他领域提供原料。现在讲生物质燃料，讲新兴能源产业，农业为未来新能源的发展会作出越来越大的贡献。所以支持农业本身，对于人们节能减排，对于全社会发展更多的新型能源，对于发展良好的循环经济体系都有着重要的作用。对农行来讲，把绿色金融和“服务三农”的职责结合起来，是一个特别有意义的话题。

当然，农业发展本身也是需要消耗能源的，农业银行在服务“三农”过程中，也要考虑如何通过提高自身综合服务能力，使农业真正能够实现消耗最少的生产要素产生更多的农副产品。比如说如何更好地利用土地资源，如何更好地实现节水灌溉，如何更好地减少对农药和其他资源的依赖，如何更好地进行农副产品的加工，如何提高农民的收入，如何提升农业产业的投入产出比等等。农业银行需要在对土地的改良，对生产要素的供给，对生产技术的提升，对农业生产设施的建设，对农业加工技术的提升等方面作出更大的贡献。

（根据采访录音整理）

博弈·挑战·责任

德班，非洲最繁忙的港口城市。15世纪末期，葡萄牙航海家达·伽马首次发现了德班湾，称之为“圣诞之河”。五百多年过去，2011年的德班成为万众瞩目的焦点，第17届联合国气候变化会议在这里举行。

14天马拉松式的谈判，190多个国家唇枪舌剑的争论，最终并没有取得具有实质意义的突破。此前，媒体继哥本哈根会议之后再次把德班会议称作“拯救世界的最后机会”，但问题是，这个星球上的人类，究竟还能有几次这样的机会呢？

气候谈判的焦点

如果从1992年《联合国气候变化框架公约》颁布开始算起，气候谈判已经走过了20个春秋，并非所有人都能料到，那些大气层中无形无影的气体引发的博弈，竟然是一条如此崎岖漫长、至今仍看不到尽头的路。联合国秘书长潘基文这样形容：气候谈判以冰川移动的速度缓慢推进，而冰川融化的速度快于人类自我保护的进展。

解振华（国家发展和改革委员会副主任）：气候变化的实质问题是发展问题，气候变化谈判实际上是各国在讨论如何公平合理地分配发展空间的一种博弈，这实际上是一个经济发展问题。

苏伟（国家发展和改革委员会应对气候变化司司长）：气候变化本身已经超出了科学问题的范畴，它不仅仅是一个环境问题，更多的是发展问题，涉及各国发展空间、发展权益，所以气候变化谈判也就自然地表现为一种发展权之争。

人类必须改变自身的行为模式才能缓解气候危机，节能减排、低碳发展也许是保持地球可持续发展的唯一途径。但是，这势必需要地球上的不同利益集团都站在

德班气候大会会场

一个统一的立场上。国际间的气候谈判也正是因此应运而生。

吕学都（亚洲开发银行气候变化和碳市场顾问）：经济规模越大，经济发展越快，排放也就越大。从这点来看，如果要减排，可能就会影响经济的发展。这就导致环境问题体现为一种政治上的博弈。

两百多年前，西方国家陆续爆发了工业革命，伴随着那些日夜轰鸣运转的机器，越来越多的二氧化碳等温室气体被恣意排放到大气中。发达的科学技术造就了辉煌的工业文明，也给两百多年后的今天埋下了潜在的危机。

尼古拉斯·斯特恩：现在大气中主要的温室气体来自于富裕国家。富裕国家是靠高碳发展致富的。现在我们都知道这不是个长久之计，因为我们会破坏环境，而我们的发展依赖于环境。

朱光耀（财政部副部长）：这种牺牲环境的代价，换来了当时发达国家经济的快速发展，他们在这种经济快速发展的过程中，应该说取得了很大的利益，这种利益和应该承担的义务应该是相对应的，历史就是历史，不应该否认。

两百多年过去，当那些发达国家的公民们已经在尽情享受工业文明带来的便利生活时，在地球的另一些土地上，还有很多人过着千百年来一成不变的农耕生活。当年在气候谈判大会上流传着一幅漫画：一群衣冠楚楚开着汽车的富人，正在指责衣不蔽体的穷人，要求他必须脱掉身上最后一件衣服。这幅漫画形象地说明了多年来国际气候谈判中冲突的焦点所在。

吕学都：按照（义务）发达国家要减，可是他们提出要求，光要我们减不行，你们也得减，你们不减我们也不减，这样就相当于把发展中国家，尤其是把中国、印度当替罪羊，当挡箭牌，你们不做，我们也不做。

作为全球最大的发展中国家，中国近年来经济的高速增长让世界瞩目。伴随着经济起飞、工业化以及城市化进程的加快，中国碳排放总量也在迅速增长，这使得中国在不断增强国际影响力的同时，也成为国际社会关注甚至批评的焦点。

苏伟：首先中国正处在工业化、城镇化快速发展的阶段，人民生活要改善，

经济要发展，还要消除贫困，改善民生，这一系列的经济活动，必然意味着要增加能源消费，能源消费的增加也会带来温室气体排放的增加。

有关气候问题的讨论

沙祖康（联合国前副秘书长）：他们（发达国家）已经完成了工业化，已经完成了城镇化。所以他们现在大量的排放叫奢侈性排放。发展中国家包括中国在内，正在走向工业化，正在走向城镇化，我们也在排放，但是我们是生存性的排放。这两个排放的性质是不一样的。

在国际社会每一次气候谈判的进程当中，发达国家一直在闪烁其词地回避历史，并要求发展中国家作出更多让步，一些国家继续游离于《京都议定书》约束之外，即便那些素来倡导低碳减排的引领者们，也为南北两大阵营的磋商预设了苛刻的条件。

解振华：按照《联合国气候变化框架公约》、《京都议定书》和《巴黎路线图》的要求，发达国家，由于他们历史上的责任，必须要率先大幅度地减排温室气体，并且为发展中国家提供资金和技术转让的支持；发展中国家要在自己可持续发展的基础之上，努力提高自己的适应能力，减缓温室气体增长的速度，这是《公约》、《议定书》提出的要求，也就是我们所说的共同但有区别的责任。

苏伟：从公平的原则出发，发达国家在气候变化问题上负有主要责任，你有技术、有资金、有能力，你为了承担你的责任，必须拿出资金、拿出技术来，帮助发展中国家来使用比较先进的、低排放的、气候友好的技术，我们希望这样的技术转让能够切实兑现，而不是一句空话。

原定于2011年12月9日结束的德班会议，因为在焦点问题上分歧严重，不得不延时到12月11日凌晨。

当德班气候大会终于闭幕的时候，此前曾被认定就此终结的《京都议定书》保留了一线生机，但是发达国家更为具体的减排指标还有待进一步谈判，他们在兑现减排资金与技术承诺方面，依然态度暧昧，未来气候谈判之路依然漫长而艰难。

作为世界上最大的发展中国家，中国东西部区域经济发展极不均衡，大城市的繁荣甚至很难让人相信这个国家还有庞大的群体还不能达到最基础的温饱。目前中国人均国民生产总值刚达到5000美元，而且还有1.2亿贫困人口甚至还没有解决基本的温饱问题，中国人的平均生活水平还远远落后于美国、日本等发达国家。

沙祖康：中国人民生活水平还需要提高，我们的经济社会还面临着众多问题需要去处理。我们还得继续发展。

中国的首要任务还是发展，在提高国人生活水平的同时，也必须正视越来越紧迫的全球气候危机。如何在发展和减排的矛盾中取得平衡，这是中国面临的一个挑战。

朱光耀：我们要在尊重历史、面向未来这个前提之下，展现一种对我们生活的地球负责任、对我们的人民负责任、对我们的未来负责任的态度，中国的这种态度，我想全世界是有目共睹的。

苏伟：作为国际社会负责任的成员，我们自然要根据中国国情，根据我们的发展阶段、发展水平，提出与之相适应的目标，这也代表着中国为全球应对气候变化作出的一份贡献。

在2009年的哥本哈根全球气候大会上，中国政府承诺到2020年单位国内生产总值二氧化碳排放比2005年下降40%到45%，这是一个近乎苛刻的指标。中国的承诺，向世界展现了一个负责任大国的姿态和迎接挑战的决心。

解振华：这是根据巴黎路线图的要求——我们发展中国家要在发展的同时，努力减少温室气体的排放——根据这个要求中国作出来的一个承诺，同时这也是中国可持续发展，或者说科学发展的需要。

改革开放三十多年以来，中国的经济一直保持着惊人的高速增长。在世界各地，我们都很容易找到带有“中国制造”标记的商品。由于能源价格与劳动力成本低廉，世界各国纷纷把工厂建在中国，出口、低成本也成了中国经济增长的关键词，中国也当之无愧地成为“世界工厂”。

熊焰（北京产权交易所董事长）：从综合成本上去判断，就会发现，我们的这种经济增长方式太粗放了，是建立在低技术、低人力资源成本、高污染、高能耗的基础之上的。

庄健（亚洲开发银行驻中国代表处高级经济学家）：工业，特别是重工业，是需要大量投入资金、大量消耗资源的。与现在发达国家比起来，中国在这方面投入比较大。而发达国家更多的是依靠服务业。

中国的发展离不开世界对“中国制造”的消费，这种消费使中国在生产相关产品的过程中创造了相当多的就业机会，产生了可观的财富。然而在实现经济增长的同时，中国为发达国家承担了巨大的环境责任，同时也消耗了大量不可再生

的资源。

庄健：这种传统的发展模式，是对资源、对环境的一种破坏，它不具有可持续性，也就是说在经过一段时间快速增长之后，它就不一定能有同样速度的产出了，投入产出的关系就不会有那么高了，效益可能逐渐递减。

熊焰：现在我们单位GDP的能耗水平，是美国的3倍，美国那么富有的国家，还比我们节省了那么多，我们凭什么（过度消耗）？

长期以来，中国一次能源结构一直保持着富煤缺油少气的状态，煤炭比重超过70%，而且采收和利用总效率只达到世界先进水平的一半左右。燃煤释放的二氧化碳量是天然气的两倍，位居各种化石燃料之首。

周大地（国家发展和改革委员会能源研究所研究员）：很多发达国家的能源优质化问题解决得比较好，这些国家煤炭的比例大都比较低。一些国家煤炭只占百分之几，清洁能源很多。所以现在我们的能源（与他们相比），还是有很大差距。

未来二三十年之内，中国对煤的依赖度很难有明显改观，此外，由于国内产业集中度不高，大量粗放生产的中小企业虽然能够保障就业，但是却造成了巨大的能源浪费。中国多年来形成的高耗能的产业结构对于节能减排而言也是一个巨大的障碍。在绝对的高碳基础之上谈低碳减排，话题并不轻松。

摆在中国面前的也许又是一次生死抉择。一百多年前，当西方列强伴随着隆隆炮声闯入中国的时候，也迫使那个闭关锁国的古老国家开启了一扇进入工业文明时代的大门，并用了将近一个世纪的时间去实现一种文明的更迭。而当中国历尽艰辛，终于把落下的差距一点点缩小的时候，工业文明却已经变得步履蹒跚。

叶文虎：资源的代价、环境的代价、社会不安定的代价，从某种程度来说都源于我们在学习的名义下模仿了西方工业化国家的发展道路和方法。这么多沉重的代价，原因就是没找到自己的路。

解振华：我们绝不会走发达国家在工业化过程当中，不约束排放二氧化碳的那些传统的发展道路，在这点上我们的态度是非常明确的。我们还是要发展经济，这是我们优先的选择，但是我们在发展经济的同时，必须要积极地应对气候的变化。

中国必须找到一条属于自己的发展道路。如果说，在以往的技术革命中中国曾经失去了先机，那么在这一次低碳经济大潮面前，所有国家都站在了同一个起跑线上。低碳经济也许是一次新的工业革命，对于中国而言，它不仅仅是一次挑战，同时也是一次机遇。

苏伟：毕竟大家的起步基本是在同一水平，所以如果说我们在这方面能够予以重视，能够加大相应的投入，能够急起直追的话，那么我们在今后的国际竞争当中能够占得先机。

杜祥琬：中国人均资源量少，从土地、淡水一直到矿产资源，人均量相对都少，这样一种国情大家已经意识到了。气候变化，可以说从一个侧面，又推了我们一下，就是不推这一下，我们自己也要转型发展。

解振华：我们现在面临的任务很艰巨，既要发展经济，消除贫困，改善民生，还要保护环境。面对气候变化，面对这么多的挑战，我们只有选择积极应对，走绿色低碳发展这条路。

沙漠中的绿洲

亿利沙漠产业化生态工业园位于内蒙古鄂尔多斯高原北部的库布其沙漠，面对映入眼帘的绿色，很难有人会相信，仅仅二十多年前，这里还是一片寸草不生、狂沙漫天的“死亡之海”。1988年，29岁的王文彪在沙漠腹地的一家盐厂当厂长，没有路，不通电，几乎与世隔绝的企业面临着生与死的抉择。

王文彪（亿利资源集团公司董事会主席）：企业被沙漠紧紧包围着，影响它的发展。企业面临生与死的选择。这种情况下，我们选择了挑战沙漠，治理沙漠，从沙漠中找到一条让我们生存发展的路。

王文彪与他的团队开始大胆的探索。经过艰辛的努力，一条110公里长的公路奇迹般地横穿沙漠，紧接着是第二条，第三条……为了保护公路不被风沙吞噬，人们在路的两侧用沙柳做成网格沙障固定沙丘，再大规模种树、种草。这种创造性的护路治沙新举措，收到了奇迹般的成效，二十多年过去，曾经荒无人烟的沙漠竟然真的变成了塞上的绿洲。

库布其沙漠

人们在路的两侧种树、种草

王文彪：我们二十几年绿化的面积，大概有8个新加坡大，有专家测算，生态碳汇相当于大概几百万台奥迪行驶几百公里排出去的二氧化碳。

近年来，荒漠化在全球以每年六七万平方公里的速度蔓延扩展，荒漠化面积已

占到地球陆地总面积的1/4，我国荒漠化土地高达国土总面积的27%，亿利集团却在充满绝望的沙漠中成功探索出一条沙漠经济模式，发展了沙漠治理、天然药业、清洁能源三大产业，控制了库布其沙漠1万多平方公里面积，实现了沙漠土地的绿化和可持续发展。

王文彪：我们正要把沙漠很大一部分土地拿出来作为有机农业的示范基地加以发展，我认为现在我们国家找到了开拓土地的重要途径。改善了环境，改善了民生，而且改善了土地，所以这是一举几得的。

成功之后的王文彪并没有忘记沙漠中过着贫苦生活的牧民，他把牧民们搬迁出来，让他们过上了“城里人”的生活，使他们变成亿利资源生态建设的工人、旅游产业的服务者和集约化养殖种植的劳动者。

王文彪：沙漠是可以变绿的，沙漠的土地是可以利用的，沙漠的阳光产业更是大有作为的，沙漠里边的老百姓也是可以变富的，我们亿利二十几年的实践证明了这一点。

中国的现代化无疑需要走一条创新之路，它将区别于两百多年前由蒸汽机引发的工业文明模式，它是在21世纪的今天开拓出的全新的绿色生态文明模式。2011年，中国政府第一次把“低碳”纳入了国民经济和社会发展五年规划，并勾画了未来五年中国低碳发展的蓝图：到2015年，中国单位国民生产总值能耗比2010年降低16%，二氧化碳排放降低17%，并明确提出“十二五”经济增速预期目标为7%，资源产出率提高15%以及合理控制能源消费总量等政策导向。

解振华：中国在工业化和城市化的发展阶段，主要还是要节能，提高能源的利用效率，发展可再生能源，增加森林碳汇，提高我们应对气候变化的能力，另外要转变我们的发展方式，改变我们的消费方式。

王小康（中国节能环保集团董事长）：中国自身的资源禀赋、资源环境对我们这样一种经济总量的约束，已经让我们意识到不能再这样走下去。我们必须走另外一条道路，即绿色文明、绿色发展的道路。“绿色发展”道路中的“绿色”是什么意思呢？就要与自然和谐相处，有效、有序地利用自然资源。

艰难的转型

设立于1960年的宁夏石嘴山市，是一座因煤炭而诞生的城市。在经济转型之前，石嘴山90%以上的产业都和煤炭相关，城市建设也都是围绕煤炭而生。作为中国西北重要的煤炭能源基地，石嘴山一度闻名于世。

常贵生（石嘴山发改委副主任）：一直到现在，我们到外地出差，（别人）问我们是哪里的，我们说是石嘴山人，（他们就会说）那个地方产煤炭。石嘴山就是借着煤炭资源优势在全国乃至世界闯出了我们的名头。

与煤炭经济蓬勃发展一起到来的是当地生态环境的日益恶化。而更为严重的问题是，伴随着多年来的过度开采，煤炭资源日趋枯竭。20世纪90年代，石嘴山7个国有大型矿井相继破产闭井，相关产业加剧萎缩，经济发展一度走入低谷。

常贵生：（煤炭过度开采）所引发的经济问题和社会问题，告诉我们一个深刻的教训，靠牺牲资源、牺牲环境所走的这条路已经不可持续。所以必须要转型，这才是石嘴山经济社会可持续发展的希望所在。

受访者：一方面要靠先进的技术去改造、提升我们的传统产业；另一方面，对一些耗能高，环保设施不健全或者不达标的（企业），坚决走关停并转的路子。

如今的石嘴山市

石嘴山正在一步步摆脱单一的能源依赖型产业，经过十几年坚持不懈的努力，曾经煤灰飞扬、黑水横流的石嘴山如今已经变成一座绿色之城。资源只能消耗，生态才能积累，石嘴山人越来越深刻地认识到这一点。

常贵生：过去是谁污染谁付费，那么现在的生态补偿机制呢，是谁受益谁付费，谁污染谁更要付费。这实际上就是为了实现环境保护（而制定的）一个（促进）人类与生态环境和谐共生的经济政策。

对于中国这样的煤炭消费大国而言，80%以上的二氧化碳排放来自煤炭燃烧，而煤炭的主要消耗则是用于满足不断增长的电力需求。为了支撑近年来接近两位数的经济增长率，中国正源源不断地从地下挖掘积累了上亿年的煤炭资源，其中大部分将长途运输数百公里乃至数千公里来到发电厂，为工业的发展注入血液，为城市的夜晚带来光明。

何健坤（清华大学校务委员会副主任、低碳能源实验室主任）：煤炭在整个能源结构中占的比例不太可能低于1/3。如果我们长期把煤炭作为主要能源的话，煤炭的高效清洁利用是我们当前非常重要的一个技术创新的方向。

王小康：以中国为例，一次能源在整个能源结构中所占份额非常大。根据2011年的统计数据，一次能源里煤占的份额是百分之六十八点几。这个格局在短时间内可能还很难改变。我们要考虑的是，在这样一个格局下，怎样更好地减少能源消耗，提

高能源的利用效率，同时更好地减少污染物的排放。

上海外高桥第三发电公司七号机组

2008年，上海外高桥第三发电公司两台100万千瓦超超临界火电发电机组先后投产，成为上海电网和华东电网的重要支柱。对于火力电厂而言，供电煤耗是一个最重要的运行指标。投产之初，外三电厂就凭借着自主创新技术，在全国每度电平均煤耗349克的时候，实现了每度电煤耗287克。一年后，外三电厂再次刷新了这一记录，把数字缩小到282克，拥有了世界同类电厂中最高的发电效率。

冯伟忠（上海外高桥第三发电公司总经理）：我们现在的能耗大概是全国平均水平的82%。且不说我们排出的烟气如何脱硫、脱硝、除尘，首先我们发1度电少用了18%的煤，那么也就是说这18%的煤根本没有烧，也没有排，它是零排放。

电力行业素有“10克煤耗，一代技术”之说，靠一般的技术创新和运行优化，下降一两克煤耗已是很大进步。外高桥三厂独揽15项重大科技创新，国际上5项多年未破的发电难题随着它的建设运营被集中攻破。外高桥三厂改变了中国电力工业效仿欧美日等发达国家做法的历史，在世界舞台上树起了一道中国标杆。

冯伟忠：改革开放以后，我们各行各业都在引进技术，但是能够真正掌握核心技术的，还不是很多。人家新的一代出来你再引进，这样的话我们永远处在产业链的低端。我们不仅要成为世界工业产品的生产大国，不仅要“中国制造”，更需要的是“中国创造”。

詹姆斯·汉森：我认为中国已经成为世界上最重要的产品供应国。我们需要更节能的产品。如果中国的政策鼓励这种技术，中国将会成为技术出口国。这对中国有益，也对世界有益。

2011年1月，中国国家主席胡锦涛访美期间，中国新能源企业新奥集团与美国电力能源巨擘杜克能源共同签署了《关于协同建设未来能源技术示范平台之合作备忘录》。在外界眼中，这一合作被视为中国企业开始突破国际行业壁垒，从“产品输出”向“技术输出”升级的标志性事件之一。

詹姆斯·罗杰（James Rogers，杜克能源董事长兼总裁）：我认为促进中国和美国公司之间的合作是十分重要的。与过去相比，中国的技术将会以更快的速度进行规模化发展。但是我认为，规模化发展的同时，也应重视知识产权的同步发展。只有这样，规模化发展才能够更迅速、成本更低。中国将会在这些新技术的应用上扮演重要角色，而这正是因为中国无与伦比的规模化发展能力。

王玉锁（新奥集团董事局主席）：杜克能源的董事长詹姆斯·罗杰有一个理念是“重新定位能源”，这和我主张的“能源新常态”异曲同工，所以我们一拍即合。我们都认为，基于系统能效理论的能源发展技术是未来的方向。

王玉锁认为，人类要想真正全面地解决能源问题，最首要、最关键的就是要建立一个新的能源体系，它包括全新的能源结构、能源生产方式和能源应用方式等，是一个有根本性变革的能源新常态。

王玉锁：我国“十二五”规划中特别提出“加强现代能源产业，推动能源生产和利用方式变革，构建安全、稳定、经济、清洁的现代能源产业体系”，凸显了现代能源产业体系的国家战略地位。新奥的突破正是以行动响应国家的号召。

在能源新常态下，能源生产将从传统的“资源为王”转变为“技术为王”，也就是通过技术创新“制造”能源。新奥自主研发的煤基低碳能源转化技术，实现了化石能源与可再生能源的循环转化。煤炭通过催化气化与地下气化两种方式，被转化为合成气，合成气可直接用于发电，或转化为甲烷等产品，转化过程中产生的二氧化碳、废水等物质，通过微藻生物吸碳技术吸收利用，可转化为生物柴油、化工原料及其他高附加值产品。整套技术推动了能源清洁高效生产的实现。

微藻制油

甘中学（新奥集团首席技术官）：在我们之前，最高的能源使用效率大概在56%，现在我们能够提高到65%，未来可能提高到70%以上。不管是煤资源，还是水资源，利用效率都提高了很多。

除了能源生产方式的变革，能源新常态下的能源应用模式也将摆脱过去孤立、封闭的简单利用，转变为基于系统能效最优的多品类能源协同、互补、循环的智能应用。

新奥泛能网从能源生产、应用、再生和储运的全过程出发，通过泛能机、泛能站和泛能云服务平台，将电、热、气各种形式的能源高效转化为客户所需的电、冷、热等不同品类的能量，并引导客户根据需要自由选择，实现供需一体化；同时有效联结所有的供应商、输配商和终端交易商，引导余能和废能进行高效互换，达到各取所需，进而实现能源全生命周期的能效最优和能量价值最大。在新奥廊坊基地，一个占地200亩的能源生态城正在紧锣密鼓地建设之中。这是一座基于新奥泛能网概念打造的全新城市。在这里，理想正在一步步成为现实。

王玉锁：新能源的未来已经不再仅仅局限于对风能、太阳能、地热能等清洁能源的开发利用，按照东方天人合一的哲学理论，从系统整体考虑问题，才是解决未来能源问题的思路。

詹姆斯·罗杰：中国正在推进大规模技术研发的知识产权保护。这不仅对中国人民有益，更能够造福世界人民。因为技术的规模化就意味着低成本，这对于中国以及全世界使用这些技术的人来说，都是件好事。中国有能力更快地建造这些设施，也就使得我们能够加快我们的目标进程，共同走进低碳时代。

在全球兴起的低碳经济浪潮中，中国企业显现出日益强劲的国际竞争实力，在越来越紧密的全球产业链上，中国正在一步步从“中国制造”走向“中国创造”。中国将越来越成为世界绿色产业的典范，在世界舞台上显示出越来越强的号召力。

乔纳森·拉什（Jonathan Lash，世界资源研究所总裁）：发展中国家在思索如何向前发展时，会看看中国，看看有哪些发展的可能。看到中国有这样的进步，是非常令人兴奋的一件事。

马可腾（Mark Tercek，大自然保护协会总裁）：我看好中国的经济，也相信中国的领导人、中国人民能够帮助全人类找到一条向前发展的道路，在满足人类需求的同时，又能够保护自然环境。

作为一个负责任的大国，中国正在努力兑现那个面向世界的庄严承诺，尽管在这个过程中有着众多的难题。那是一个绿色的抉择，它决定着这个星球明天的走向。世界对中国的未来拭目以待。

受访者说

——朱光耀

财政部副部长。

问：您曾是联合国秘书长气候变化融资高级别咨询小组的中方成员，您有哪些经验之谈？

答：我作为联合国秘书长气候变化融资高级别咨询小组的中方代表，在一系列会议中，切身感受到世界对中国的期望。当然也有一些发达国家，为了转移他们应该承担的责任和义务，向中国提出过分的要求。在国际政治和气候变化谈判中，这种合作和竞争并存的态势将长期存在。因为气候变化谈判本质上就是围绕发展权的斗争，各个国家都会竭力争取自身的利益，同时又都意识到，在应对气候变化挑战这一关系全人类共同利益的问题上，必须加强合作。中国是负责任的大国，中国政府是负责任的政府，我们要在尊重历史、面向未来这个前提之下，体现一种对我们赖以生存和发展的地球负责任、对我们的人民负责任、对我们的未来负责任的合作精神。中国的这种合作态度，全世界是有目共睹的。

我国的“十二五”规划明确要求，要积极应对气候变化，大力发展循环经济，支持节能减排和环境保护。为此，财政部门发挥了积极作用。在2009和2010两年，中央财政用于这些方面的支出，已经超过了1700亿元，撬动地方和市场投入的资金规模更大。今后我们还要进一步利用财政投入、补贴、税收、政府采购等手段，加大对应对气候变化和节能减排工作的支持，切实按照党中央、国务院的要求和部署，在科学发展观的指导下，做好低碳转型方面的工作。在工作中我们也认识到，要真正实现经济结构的调整这一过程是非常困难的，绝对不是一朝一夕的事，包括我们思维方式的转变，生活方式的转变，生产方式的转变等等，都需要一个长期的过程。我们要作更大的努力。

以前的发展模式过于强调速度，它是特定历史环境下的产物，当时我们要赶超、

要跨越，所以在那种特殊的情况下，忽视了应有的资源节约和资源保护，出现了“两高一资”（高耗能、高污染和资源性。——编者注）的问题，付出了巨大的资源和环境代价，天空被污染、河流被污染、青山也被污染，这一切都影响了人民的生活质量。所以中央明确提出转变经济发展方式，实现可持续发展。科学发展观是从全体中国人民根本利益出发作出的战略抉择。

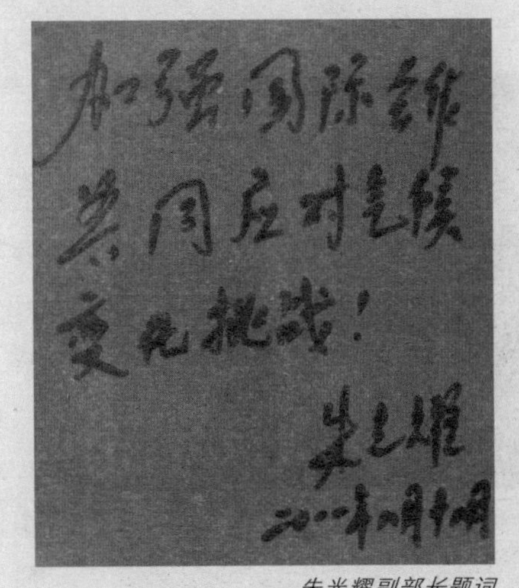

朱光耀副部长题词

在应对气候变化挑战和建设资源节约型、环境友好型社会方面，我国面临着严峻的挑战，同时也存在着很大的机遇。难题是如何把这种挑战转化为机遇。首先还是必须真正按照中央确定的科学发展观的原则来转变我们的经济发展方式，调整经济结构。再也不能走先污染、后治理的老路，不能单纯为了GDP的增长而牺牲环境、牺牲资源。在这个问题上，中国人是言必信、行必果。我想你们的采访组已经在采访中看了，现在我们中国的大地上，有大量的绿色风电设施在建设，有大量的太阳能发电设施在建设。一些地方已开始用上了太阳能发的电，越来越多的风电也在接入电网。尽管还面临电价方面的障碍，但是中国风电的发展和太阳能电力的发展，全世界是有目共睹的，这也从一个侧面展示了中国在开发利用清洁能源方面的决心和行动。

美国作为全球第一大国，也清醒认识到低碳领域的挑战和机遇。奥巴马总统在国情咨文中，也明确要求美国要看看中国的绿色经济发展，要在这方面同中国开展竞争。我们欢迎竞争，我们更欢迎合作，因为我们知道绿色经济的发展既造福中国人民，也造福世界人民。我们要在世界范围内，通过开展合作，解决好应对气候变化挑战的问题，实现共赢。

——周大地

国家发展和改革委员会能源研究所研究员，中国能源研究会副理事长、能源经济专业委员会主任委员。

记者：中国目前的能源结构是什么样的？

周大地：中国的能源结构，和世界的能源结构比较起来是有特点的，而且这个特点并不是优点。中国的能源里头70%左右是煤炭，其余的30%中，20%是石油，包括自己生产的和进口的，还有少量的水电、天然气和一点核电。如果按照所有的能源使用来讲，中国农村相当一部分人还在用薪柴，用生物质能，但是从能源统计上来看，就是说以商品能源为主的话，生物质能就微乎其微了。总的看来，我们现在是过度倚重煤炭的能源结构。优质的能源，特别是一次电力，比如核电，还有比较好的气体燃料，比如天然气，这些的比例都太低。

记者：中国应该如何应对日趋严重的能源危机？

周大地：中国现在处于工业化和城市化的阶段，能源需求的增长速度很快。所以中国不能仅仅从供应方面来解决问题，中国首先要解决高效利用的问题，就是说我们要把节能放在第一位，通过节能和高效利用能源，使我们能源需求的增长量控制在一个比较合理的范围之内。在这个前提下，才有可能在能源供应结构方面再做一些工作，一方面达到一个比较好的能源平衡，另一方面，也提供条件，使能源结构有可能改善。如果我们能源需求增长过快，从现在的资源条件和技术条件来看，很难用一些清洁能源来满足这么多的需求，所以就很可能还要继续使用煤炭。我们只有把能源需求增量控制在一定范围之内，使能源需求增长不要太快，才有可能通过发展新能源满足这个需求。在这个前提下，再慢慢把清洁能源，特别是可再生能源发展起来，以后就可以进一步替代一部分煤炭。所以我们达到能源平衡，一定要从需求控制和改善能源结构两方面一起动手，才能解决问题。

对于中国来讲，现在想一步从以煤为主的能源结构一下过渡到以可再生能源为主的能源结构是非常困难的，即使要做的话，也要经过几十年以上的时间，而且从现在的技术需求看，完全用风能、电能、太阳能等可再生能源来替代化石能源，也

仍然是非常困难的。所以中国的能源结构调整，首先要把能够大量提供优质能源又相对低碳的这些能源，尽快地发展起来。中国现在的情况，一是我们还有很多剩余资源，中国还有很多水利资源没有利用起来，可以把两三亿千瓦的水电尽快地开发出来；第二个，中国现在的核电大约只有1000万千瓦，占的比例也非常低，法国电力能源有80%是用核电发出来的，占总能源比例接近40%。中国虽然做不到这么高的比例，但是核电的发展空间是非常大的，应尽快地把它发展起来。同时，天然气方面，中国从本身的资源条件以及可获取的世界资源条件来看，还有很大的余地。中国首先应该把这些能够很快提供能源，相对比较便宜又相对低碳的能源发展起来。当然也不要轻视可再生能源，也要做好工作，把技术问题解决，使它们的成本进一步降低，争取在以后，风能、电能、太阳能、生物质能能够更大规模地利用，成为中国能源重要的绿色支柱。中国的能源结构优化，应该走这种多元化的道路，不单靠某一种能源，而是把这几种能源共同发展起来。

———王玉锁

新奥集团董事局主席。

记者：您是否觉得技术创新能让能源与环境和谐共生？

王玉锁：是的。我们经常听到一种说法，说现在环境上的问题都是能源企业造成的，我觉得能源企业挺冤的。能为大家提供能源，本应是件光荣的事情，但由于传统的能源生产应用方式，的确给环境带来了一定影响，结果就被全盘否定了。不过让我们高兴的是，现在全球已有一大批致力于改变这种现状的能源企业和技术研究机构，这些企业和机构都已经行动起来了。新奥作为其中的一员，希望通过技术创新，让能源与环境和谐共生。

我们的行动宣言是“用我所能，善待明天”，这句话的关键词是“能”和“善”。“能”指的是我们提供的能源和能力。能源，就是要发展清洁能源。一是可再生能源的开发利用。二是化石能源的清洁高效利用。能力，就是让能源清洁高效的能力，即技术创新。新奥的做法是，在能源的清洁化方面，研发了煤催化气化、煤超临界气化和煤炭地下气化等洁净煤技术，可以显著提高煤的利用效率，而生产过程中排放的二氧化碳，还可通过微藻生物技术来资源化利用，生产生物能源，这样化石能源也一样可以清洁了。

“善”指的是善意和善于。善意，是一种态度和责任。小时候，父母常教育我，要与人为善，这里的“人”既可以是人，也可以是自然环境。所以，我愿意和大家一起，把善意作为恒久的信念，与人为善、与自然为善，共创美好的明天。

记者：作为民营企业家，您觉得为什么中国民营企业能在新能源和环保领域作出大的贡献？

王玉锁：第一，中国民营企业发展清洁能源的嗅觉灵敏。政府在节能减排方面和非化石能源发展方面，都给我们民营企业很大的鼓励和支持，并确定了非常明确的发展目标。有好的发展目标和大的发展空间，同时民营企业机制又比较灵活，使得民营企业大量进入清洁能源产业发展，这也是中国民营企业在未来经济发展过程中特别是在节能环保领域能够成为一个补充力量的直接原因。

第二，中国民营企业发展清洁能源的意愿强。其实环境问题不只是某一个人、某一个区域的问题，而是全人类的事情。

第三，民营企业发展清洁能源的潜力大。从能源生产方面来说，我们研发了泛能网技术，将传统的气、电等多种能源转化成人们需要的电、热、冷的能量形式加以利用，打破了原来竖井式的利用方式，使得能源效率大大提高。

——王文彪

全国政协委员，全国工商联合会副主席，亿利资源集团公司党委书记、董事会主席。

记者：亿利资源这么多年发展离不开沙漠，您的事业跟沙漠产生交集是巧合还是必然？

王文彪：我生在沙漠中，也成长在沙漠中。亿利也是从沙漠中发展起来的。无论个人还是企业，沙漠与我们很有缘分。所以，应该是偶然、必然两者皆有的。

沙漠是养育我的地方，也是养育这个企业的地方，因此无论从哪个角度讲，治理沙漠应该是我们应尽的责任。我记得当初为什么治沙，当时由于沙漠中的企业没有出路，企业被沙漠紧紧包围着，影响发展。企业面临生与死的选择。这种情况下，我们选择了挑战沙漠，治理沙漠，要从沙漠中找到一条让我们生存发

展的路。这个战略决策不仅解决了企业自身生存和发展问题，同时也解决了沙漠中老百姓的生存和发展问题。沙漠中老百姓很苦，在我们进沙漠之前，这里的老百姓没有路、没有地、没有通讯，他们上学、就业，包括生存，都面临着巨大的挑战。

问：在此之前有过成功的案例吗？

答：没有，沙漠治理也好，发展沙漠经济也好，最大的问题第一个是机制，第二个是技术。比如说沙漠里边可以生长的植物究竟有什么。我记得当初我们确定的基本战略叫生态效益和经济效益要有同步的效应。我们发现沙漠里边，有很多药材生长得很好。所以我们就以此为一个切入点，在沙漠里面大规模种甘草药材，不用浇灌。这样既可以防沙又可以发展药业，这个产业发展好了，也把生态解决好了。所以企业做这种防沙的治理和政府角度不一样，和别人的思路不一样。

我看沙漠时，是带着情感和责任感的，我说沙漠事业既是我们企业的生意，也是我们的生命，更是我们的生活。通过发展沙漠经济，来带动我们的荒漠化治理，带动老百姓致富，这是我们的使命。沙漠中这么多老百姓，十几万人祖祖辈辈生活在荒野之中，我们通过改善沙漠，发展沙漠经济，让他们走出沙漠，过上幸福的好日子。我觉得我应该这样做，这是我的家乡，家乡父老给过我爱，我应该做这件事情。作为改革开放以后发展起来的企业，我们更应该尽一份责。

我们几代亿利人把青春汗水挥洒在沙漠，沙漠中凝聚着亿利人很多的心血，很多的思想，很多的力量，这座沙漠和这里的沙漠经济成为亿利发展的未来。

地球陆地面积有1/3是荒漠，中国也有大概1/3的陆地面积是荒漠，荒漠带给人们什么，大家都很清楚：沙尘暴、贫困等很多问题。因为荒漠化的问题，还有很多人吃不饱饭，这是很大的问题，这是民生的问题，无论哪个国家都应该高度重视。

亿利二十多年的实践证明，沙漠是可以变绿的，沙漠土地是可以利用的，沙漠的阳光产业是大有作为的，更重要的是沙漠里边的老百姓也是可以致富的。

据有关专家论证，碳汇的问题，90%还是要靠生态解决，百分之十几靠人为控制和节能减排进行调节。我们这么大面积的荒漠化土地，如果多增加一分绿色，那显然这种碳汇的问题就能够好一分，气候变化的问题就可以改善一分，我觉得这是很重要的问题，需要关注、需要研究实践。再比如说解决贫困的问题。我们治理的沙漠，在我们进去之前大概有10万老百姓，20年前人均年收入不到2000块钱，孩子上不了学，生病找不到大夫，没有路，没有电，生活很悲惨，我家就在附近，我感同身受。通过这二十多年沙漠的治理和沙漠经济的发展，最大的受益者是老百姓，环境改善了，生活方式改善了，生产方式改善了，生活水平大幅度提升。

沙漠经济是新经济。大家过去谈沙色变，望沙生畏，但只要人类多倾注心血和精力，多给政策投入，有好的机制，我觉得这个问题能够解决好。

问：您觉得亿利这种模式可以做成功的复制推广吗？

答：首先，沙漠不一定都可以利用都可以改造。通过我们这么多年的研究，我认为沙漠分两部分，一部分是地球的组成部分，是自然的东西，我们应该保护它，珍惜它，还有一部分沙漠过去本不是沙漠。我们中国现在有26亿亩沙漠，其中很大一部分是人为变成的沙漠，是沃土逐步演变成的沙漠。我认为这种沙漠一定可以改造好，可以利用好，可以变废为宝。

现在政府一直在讲，如何保住我们的农业耕地，联合国组织也在扼制土地的荒漠化。我们就这些土地，大家都倍加关注呵护。中国随着人口增长和社会发展，土地的需求量越来越大。这些土地到哪里找，我们也做过很多研究，很多学界和经济界的人士也在认真研究这个问题。我觉得沙漠里大有文章可做。现在库布其沙漠大面积土地可以耕作，我们正要把库布其沙漠很大一部分土地拿出来作为有机农业的示范基地加以发展。我认为现在我们国家找到了开拓土地的重要途径。

（根据采访录音整理）

低碳·后天·迷宫

当低碳的话题在全球引起史无前例的关注和讨论，人类最终抉择的时刻已经到来。昨天、明天，过去、将来，我们行走在时间的节点上，寻找与地球和谐共处的方法。如果来到并不遥远的2030年，开始一段对于更远未来的畅想，明天的明天，低碳话题将怎样呈现，人类文明将走向何方?

这是一条特别的路，充满了岔口，面对的却是空白的路标。而当我们走累了，或者走进了死胡同，驻足回首之后，却会发现路标上的提示也许就在我们身后。

“未来城市”设计师

未来是怎样的？每个人都有自己的答案。梦想也许会成为现实，也许依然停在幻想之中。今天的忧虑绝不会因为未来的降临而完全消失。2030年，一个并不遥远的未来，不管地球是否做好准备，都会面对这样一个严峻的现实：超过60%的世界人口将生活在城市，消耗超过70%的能源，并且依然不可避免地释放着大量温室气体。

“早上好，今天是2030年10月5日。上海天气晴，微风。”3D天气系统的信息出现在开放式厨房里的X周围。

这个生活在2030年的未来人名叫X。他将带我们前往一个关于低碳的未来世界。

X来到自己的汽车上，车内虚拟屏幕上常用的目的地立刻显示出来。

X的工作在2030年是令人羡慕的，他每天都要与城市、与科技打交道，他是未来城市的设计师。

吧台前出现了3D天气系统信息提示（片中动画）

3D天气信息（片中动画）

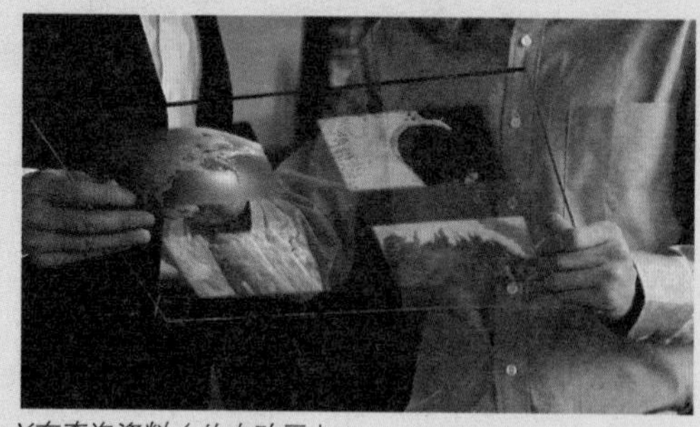

X在查询资料（片中动画）

这天早上，一封紧急邮件，让X在半个小时内赶到了低碳实验室。

5个小时前，格陵兰彼得曼冰盖再次崩离出一块巨大的浮冰，面积大于300平方公里，超过了2010年的最高纪录。那一次彼得曼冰盖崩裂出的浮冰面积达260平方公里，相当于4个曼哈顿大小。

X和他的低碳实验室将要承担一个重要任务。新一轮的气候大会将在中国召开，大会的主题是“未来低碳城市”，X所在的未来城市研究所被寄予厚望，中国希望在气候大会上提出一个适用于未来城市的低碳方案。

工业革命之后，人类的城市化进程飞速发展，科技带来了日新月异的生活方式，也带来了城市潜移默化的改变。当时的人们完全沉浸在新兴文明的喜悦之中。直到时间进入20世纪，由气候问题引发的全球危机，才让人们逐步意识到自身行为给这个星球带来的影响，并开始对未来的状况抱有不乐观的预期。

莱斯特·布朗：我们消耗更多食物，消耗更多能源和林业资源。我们日益增长的需求令地球不堪重负。

钱乘旦：到了20世纪，已经有人意识到，这种生产方式和生活方式大概是一个问题了。我们的后代以后是不是还能够在这个地球上生存等一系列的问题都出来了。

地球本身是一个勤勤恳恳的清洁工，它通过覆盖于陆地的绿色植物，辽阔海洋中的藻类，海水与大气的循环流动等等来消化废物，生物、大气、海洋、陆地从来都没有停止自然的循环。但是，当人类社会进入工业时代，这种循环开始被人类大

规模地破坏。

叶文虎：人把自然界原有的循环打断了。

田松：我们的文明越发达，越发展越进步，这个马达转得越快，就意味着源源不断地把矿藏、森林、天然水体变成垃圾。

两百多年的工业文明，人类在改变自然的过程中降低了地球的自我循环能力，与此同时在消耗大量资源之后排放出更多的废物，包括大气中越来越多的二氧化碳。随之而来的则是灾难频发、冰盖融化、海平面上升，大洋中的岛国终将面临最后的抉择。其他国家的一些城市也面临着这样的问题，其中包括我们的上海。

X的人生轨迹与上海面临的问题

X来自上海黄浦江边的一个普通家庭，2000千禧年到来之后的5分钟，他降临这个世界。在X儿时的记忆中，上海并不是一个缺水的城市，但每到冬季上海却经常会停水。X并没有意识到，冬季的停水是由于咸潮入侵导致的，咸潮的发生则要归咎于上升的海平面。

陈远鸣（上海市水务局副局长）：上海是南方城市，水量还是比较丰沛的，我们的中小河道有3万余条，湖泊也有26个，应该说我们不缺水。每年的枯水期，11月份到次年的4、5月份，有的时候，会受到咸潮的入侵。

15岁的一天，X收到一封马尔代夫网友Y的电子邮件。连日的暴雨让马尔代夫遭受了前所未有的水患。主要的街道都被淹没，污水无法排出。天气预报中未来的强降雨还要持续，当地人心惶惶。全球气候变化，加速冰川融化和海水膨胀，海平面上升，正在酝酿着人类难以抵抗的威胁。

X通过互联网，查询了马尔代夫的情况。由于地势低洼，这个岛国对于海平面上升十分敏感。如果海平面继续上升，数十年之后，马尔代夫这个国家将有80%的面积被海水覆盖。而最终，马尔代夫将无法逃脱被淹没的命运。Y一家甚至已经考虑永久移民，离开自己的家园。

通过马尔代夫洪水的相关链接，X第一次了解到，世界上与马尔代夫有着类似情况的城市并非少数，其中包括威尼斯、曼谷、纽约，以及自己所在的城市上海。

海陆拉锯战

康建成（上海师范大学教授）：上海位于长江三角洲上，它濒江临海，北面长江，南面杭州湾，东面东海，平均的海拔高度在4.5米，除了佘山比较高以外，大部分区域的海拔高度都在2米到5米之间。上海对于海平面上升是非常敏感的。

不单是海平面上升，上海还面临着另一个问题，这就是地质沉降现象。西藏路桥

四行仓库

乍浦路桥

旁的四行仓库门口有6级台阶。而原先这些台阶是不存在的。由于这里是该地区的沉降中心，松软的路基相比坚硬的建筑物地基来说更易于沉降，于是马路逐渐低于建筑物底部，形成了如今的6级台阶的落差。

康建成：长江三角洲是长江带下来的松散沉积物堆积起来的这么一个地区。在松散的堆积物里头有很多空隙，那么随着堆积时间的加长，在自重的作用下，空隙会慢慢密实化。我们用科学的语言说是密实化，实际上就是空隙在缩小，把原来的水分挤掉。这样地面会自动有个慢慢下沉的过程，这个自动的下沉就会造成上海地面的沉降。有研究显示，从20世纪20年代开始，上海中心城区累积的沉降量，在有些地方实际上已经达到了1米以上。

地质沉降现象在苏州河的沿岸并非偶然。沿着苏州河往下，邻近入江口的乍浦路桥路段，地面也出现了十分明显的沉降。如今，从这里上桥的车辆和行人需要爬上长坡才能到达桥头，而原先这样的坡是不存在的。由于路面的沉降，使得桥面与路面产生巨大落差而脱离。为了修补这个断层，路面经过数次的添补和垫高，才得以与桥面持平。垫高之后的路面形成了现在的长坡。

地质沉降加速着上海相对海平面上升，目前上海已经采用地下水回灌等方法，有效缓解了地面下沉的速度。但是潜在的危机却难以消除，在涨潮期和雨季，只有依靠防汛墙来隔离高位的潮水与城市。

康建成：台风、天文大潮，再加上洪水三碰头的情况下，如果我们没有很好的防洪措施，或者是碰到意外的话——比如说像2005年卡特里娜飓风袭击，造成的海堤决口——那么中心市区，根据以往我们对资料的分析，差不多有1/3到2/3的地区都将泡在水里，水的深度将会达到50厘米，有些地方可能还会达到1米以上。

全球气候变化中，冰川和冰盖的融化直接导致海平面的逐年攀升。同时，极端天气的频频袭击也不断刷新汛期的高潮位。对于上海这个平均海拔只有4.5米左右的城市来说，没有人敢保证潮水能永远像现在这样被控制在防汛墙之外。而危机的

来源，正是地球依然在上升的温度，以及大气中持续升高的碳排放量。

乔纳森·拉什：我们生活在这个拥挤的世界里，贪得无厌地向地球求索，并借此不断地提高人们的生活水平。我们需要找到低碳的方式来改善生活，否则，我们将会面临灾难性的问题，不得不作出急剧的改变，那将让我们付出昂贵的代价。

尼古拉斯·斯特恩：现在全世界每年温室气体排放量是500亿吨二氧化碳当量。二氧化碳当量是度量温室气体的基本单位。到2050年，我们要将这个数值控制到200亿吨以下，到2030年，也就是20年之后，将其控制到350亿吨以下。

开启“未来低碳城市”的钥匙

那封邮件让X第一次开始关注全球性的气候问题。X真正开始认识上海，这座他生长的城市。此后，他开始关注上海的自然环境、关注生态变化，考入大学后，他越来越关注低碳经济。2030年，博士毕业的他终于如愿以偿，成为未来低碳城市的设计师。

这次任务只给他3个月的时间。开启“未来低碳城市”的钥匙究竟在哪里，X必须带领大家走入正途。

让城市停止排放温室气体几乎不可能在短期内达到，但是将污染物和废料的排放控制在地球自身的消化能力范围之内，并非天方夜谭。X认为真正意义上的低碳城市，必须将城市碳排放进行量化。

沿着这个思路，人们提出了“低碳”的号召。比如，“地球一小时”提倡人们作出环保改变，每周少开一天车，节能减排……相比20年前，2030年全球碳排放总量已经降低了15%，很了不起。但是，15%的下降之后，要想继续降低碳排放量却面临瓶颈。

X想到了一个碳排放公式，碳排放量CO_2=人口总数（P）$\times$人均使用的服务量（S）$\times$单位服务量所耗能源（E）$\times$单位能源的碳排放量（C）。

这个公式并不复杂，是一个小学生都能计算的简单乘法。通过公式人们直观地看到影响人类碳排放量的因素。也许需要解释一下“服务量”，驾驶汽车10公里，使用电脑3小时，买一件毛衣，吃一块牛肉，它无处不在，每时每刻都在发生。

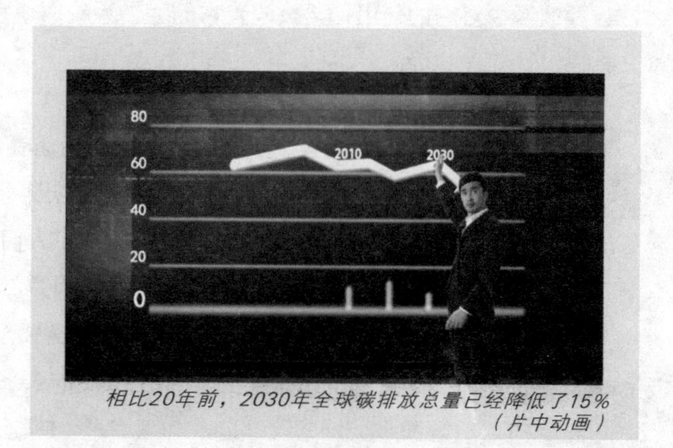

相比20年前，2030年全球碳排放总量已经降低了15%
（片中动画）

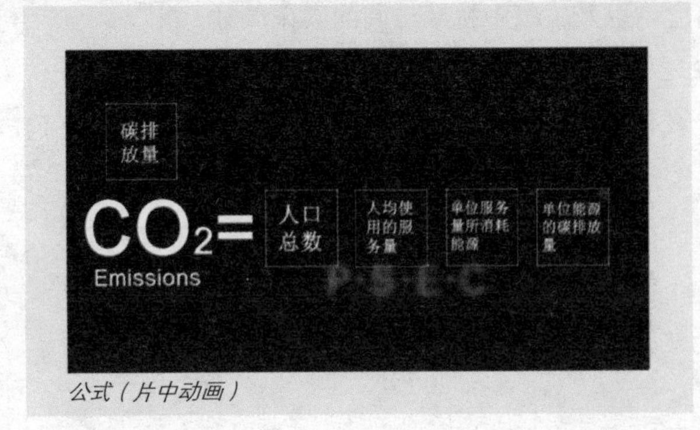

公式（片中动画）

20年来，节能技术有了飞跃式的发展，人们用越来越少的能源来完成相同的事情，单位服务量所耗能源（E）只是原先的70%；核能、风能和太阳能等清洁能源更多地被使用，也使得单位能源的碳排放量（C）降到80%；可是二氧化碳排放总量只降低了15%，很明显，问题出在另外两个因素上。20年来，地球的人口从68亿增加到了80亿，人口总数（P）大约是原先的118%；而最后一个因素的变化更出乎我们的预料：人均使用的服务量（S）是原先的129%。29%，这是一个难以置信的增幅。

在短期内，（P）地球的人口不会下降，而是继续增长；（S）期待地球上绝大部分人转向足够低碳的生活，也无法在短期内实现；（C）清洁能源虽然被更多地使用，但是要取代碳基能源却仍然是一项漫长浩大的工程。低碳的世界何时才能实现？如果实现这个目标的时候，生态环境恶化的结局已然无法逆转，那么所有的努力意义何在？想要将低碳的美好愿望落到实处，必须解决关键问题。

在公式当中最有可能控制局面的因素就是单位服务量所耗能源（E），简单地说就是办相同的事，却用尽可能少的能源。

在能源的基础之上人类建设了现代城市，并用科技搭建了一套完备的城市运转系统。毫无疑问，现代城市系统本身就是超级耗能的机器。不妨将城市比作一台机器，我们需要用宏观的眼光来看待这台机器。要让一台机器减少能耗，只有两个办法：要么减少对它的使用；要么改善它的运转系统，使它更加节能。

迷宫哲学

地球的现状已经给人类按下了秒表，这是一场比赛，一场速度与时间的竞争，一次生存与毁灭的较量。除了寄希望于全人类的改变，人们是否应该寻求更为保险的低碳方案？因为，没有人想输掉这场比赛。

迷宫示意图

我们需要全新的未来城市，一个从根本上改变的未来城市。

怎样才是根本的改变？X的哲学导师

曾经跟他提到过迷宫哲学。

当你来到一个迷宫的时候，出口看上去似乎并不太远。每个节点都意味着选择，但每次只能选择一条路。假设你在途中第6个节点，发现自己遇到了死胡同，那么回到第5个节点重新尝试其他的选择往往仍然是没有前途的，因为你很有可能在更早的节点就已经做错了选择。要想走回正道，你必须改变，也许需要回到第4个、第3个节点甚至是入口来重新考虑你的选择。

尼古拉斯·斯特恩：我们已经发现，高碳发展模式是一条不归路。我们可以预见沿用这种模式将带来的破坏，因为我们看到，这种破坏性已经初现端倪。科学也清楚地证明了这种模式将带来的风险。

根据迷宫哲学，X设计的未来城市，不能只是对现有城市细枝末节的修补，必须有足够的革命性。要打造低碳的城市，为何不让城市机器拥有低碳的运转系统呢？听起来像个绕口令，可是要实现这个表面简单的设想，并不容易。

虚拟社会

X的实验室中央，是一座建立在2030年全球共享数据库基础之上的虚拟城市。

2030年城市的交通和基础设施等信息，乃至整个社会的科学统计数据，都成为虚拟城市构建的基础。这是一个创举：一个被抽象到实验室中的虚拟城市却拥有最大限度的真实。

X设计的虚拟城市（片中动画）

在虚拟城市中，X可以随意地观察城市的各个角落，虚拟城市完美地将一个数据化的城市直观地呈现在这个实验室当中。

这不足为奇，X面对的是更生动的虚拟社会系统。人们的意愿、倾向、动机、行为习惯等等，这些积累了三十多年并经科学分析的数据都被加入了系统，成为这个系统的思维。虚拟城市就像加上了一个会思考的大脑而更像一个社会。在虚拟社会中，X可以假设许多城市生活内容，并且观察假设之后的结果。

改变从交通开始

城市能耗来自生产生活的各个领域。X的解决方案无须面面俱到，却不得不解

每辆汽车都存在空座（片中动画）

决关键问题。由于汽车交通是城市碳排放的最主要来源之一，X选定解决拥堵作为此次实验的目的。

金麒（上海世博会上汽集团通用汽车企业馆馆长）：中国最堵的时候是上班时间，北京单程是51分钟，上海差不多是49分钟。在整个的开车过程当中，差不多有70%的油是浪费在堵车的过程当中，其中30%的油是在寻找停车场的过程当中消耗的。

有人曾作过计算，同一辆车，当车速低于每小时10公里时，一氧化碳和氮氧化物排放比20公里的时速状态下要高1倍以上，油耗也增加60%到70%。而40公里时速和20公里时速相比，一氧化碳和氮氧化物等污染物的排放，至少减少50%。

与拥堵的路面并存的是汽车的高空座率。通常一辆5座的小轿车，载客只有1至2位。也就是说有60%到80%的运载力被闲置。闲置的空间同样占用着并不宽松的道路资源。

X在虚拟社会中，将汽车更改为一车一座的小型车，上路的汽车的空置率立刻降到0，路面空间很快宽松起来，平均车速从30公里每小时开始攀升。车辆的小型化，同时减轻了车重，大大降低油耗。

车联网

这似乎是个不错的设计，然而，当平均车速接近60公里每小时的时候，车速开始下降，而且下降的速度越来越快，直到落回20公里每小时上下。

第一个模拟实验意外失败。尽管车辆小型化实现了零空座率，却仍然没能解决拥堵。当车速提高到40公里每小时之后，路面上的汽车数量开始加速上升，直到最后路面堵塞时，上路的汽车数量比实验前翻了3倍。路面宽松让车辆提速的同时，也刺激了人们出行的需求，尽管每个出行需求只占用一辆小型车的位置，但不断膨胀的出行需求还是足以堵满路面。

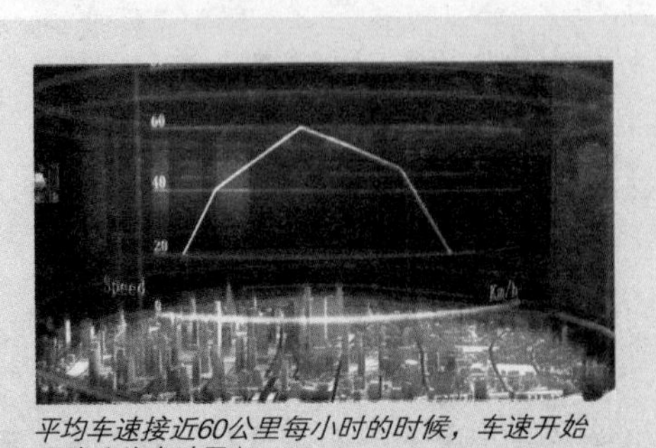

平均车速接近60公里每小时的时候，车速开始下降（片中动画）

对出行需求的变化估计不足，也让第一个实验来到了迷宫的死胡同。

这一天，距离气候大会召开只有40天。

重新分析拥堵的数据，X发现了一个重要的现象。道路拥堵时，车辆

往往都集中地堵在某些特定路段，而这些车辆前往目的地的路径其实还有更好的选择。2030年的车联网系统让驾驶者可以实时获得道路和车辆的相关数据，驾驶者可以根据车载终端的指示提前作出路线规划，避开拥堵路段。可问题也出在这个点上，即便获得实时路况，驾驶者对路径的选择却还是随意的，一条稍显宽松的马路很快就被闻讯到来的车辆堵满，而他们刚刚放弃的道路却突然变得通畅。

X想到了自动驾驶系统。在他设计的自动驾驶系统当中，每一辆车都将通过全球定位系统实时地向系统发送自己的位置、每次出行的目的地以及沿途希望经过的地点。

接下来的一切都由系统自动完成，包括驾驶。在自动驾驶系统安排之下，每一辆车都将获得一份实时路况的最优路径。

金麒：车联网技术使得你的车不再是单独的个体，你会了解到你所在的高速公路以及你周边的车辆的情况。在这个过程当中，它可以实时地来预测20分钟或者30分钟以后，你周围的车辆会集中地往哪个方向移动，造成路段的堵塞，随之自动地避开这个路段，也就是说未来的智能交通将使得自动驾驶能够动态地调整路径，然后最迅速地到达目的地。

在这个精密的自动驾驶交通系统中，十字路口的红绿灯将消失，车辆可以不用等待地通过每一个路口。精确的系统可以确保纵横交错的车辆穿梭在各个十字路口而不会相撞。拥堵渐渐消失，顺畅的交通最大限度地做到了节能减排。

这一次，平均车速的曲线终于攀升到80公里每小时上下，并渐渐稳定下来。如果这个速度可以成为最终的平均车速，汽车交通的碳排放量大约可以下降70%。给未来城市装上低碳的交通系统，这个结果，足以让X交出一份令人满意的答卷。

这一天，距离气候大会召开还有30天。

低碳与气候变化，在这场竞争中，人们改变自己的速度显然还不够。外滩和苏州河畔的防汛墙伴随黄浦江水面的上升一再被加高，上海对气候变化的负作用越发敏感。也许在不久后的气候大会上，低碳方案能够尽快在世界推广。

死胡同

这天晚上，X梦见了迷宫，自己在迷宫中迷失，无论走到哪里都是死胡同。

第二天，当他来到实验室，虚拟社会的交通系统显示的平均车速又回到20公里每小时。昨天时速80公里的高峰车速仅仅持续了8个小时。

事故的原因又在X意料之外，自动驾驶降低了驾驶门槛，只要简单的操作并说出目的地，甚至五六岁的孩子都可以在10分钟之内学会驾驶汽车。在提供方便的同时，自动驾驶带来的新增车辆却挤满了路面。

又是一个死胡同。

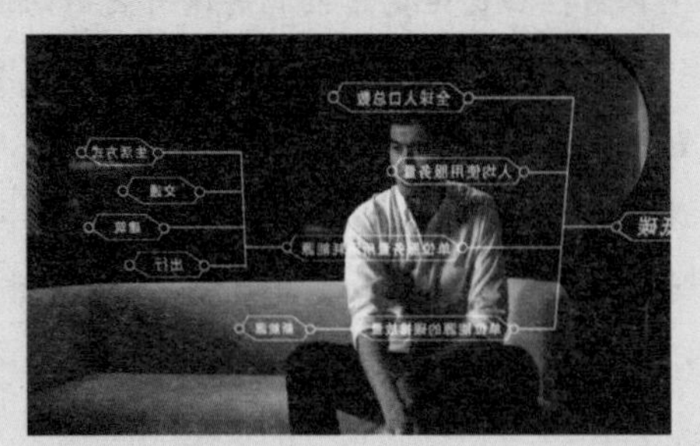
在节点模式中考虑问题（片中动画）

根据迷宫哲学，“解决拥堵”好比是X进入迷宫之后面临的一个节点，在这个节点他选择了“改善交通系统”，然而当他对改善交通系统作出几乎最优的尝试，却发现无法继续下去。这个节点原本还有一个选择是“扩充道路”，然而当下的道路已经是地上两层加地下两层的四层立体交通，道路早已经在2025年就被扩充到极限，继续“扩充道路”几乎没有空间。

借助迷宫哲学，X明白自己必须回到迷宫的上一级节点。相对“解决拥堵”来说，“出行需求”是它的上一级节点。如果可以大幅减少出行需求，拥堵问题将迎刃而解。但是这听起来似乎很荒谬，要人们成天都不出门吗？

面对虚拟社会，X翻阅着几十年来的统计数据，比较人们的行为倾向，观察他们的出行习惯，希望找到一丝突破。然而，除了发现拥堵高峰几乎都发生在上下班时段之外，他几乎没有收获。

全息影像

“嘿，晚餐时间！”有人来叫X用餐。

其实这个人只是个替身，尽管与真人几乎一模一样，但他不过是由光形成的全息影像。这是实验室在全息影像上的最新技术，通过迷你的全息感知摄像头就可以获得物体的三维全息影像。

全息影像技术，让X开始构思一个令他兴奋的想法。

人们可以将自己实时的全息影像，同步到虚拟公司。在虚拟公司中，大家同样是济济一堂。彼此之间可以通过视讯和声音互相交流，除了不能触碰对方之外，在视觉和听觉上，几乎与真的一样。

上班族只需要一席格式化的安静空间，或者在离家最近的公共写字楼，或者在家中，或者身处不同国家和城市。只是在某些必要的时候，才需要他们在真实环境中聚集。

与真人几乎一样的全息影像（片中动画）

假想成功

X从系统中减去了传统上班族的出行需求，虚拟社会模拟的结果中，他终

于让平均车速回到了80公里每小时。汽车交通系统仅仅以原先20%的能源消耗运转。

3天后，气候大会将要召开。X和他的工作同伴们终于可以睡上安稳觉了。

成功的时刻，X的担忧却更加深重。在观察虚拟社会数据的过程中，他发现众多因素往往都是可控的，并且容易预测。然而，人们的需求和欲望在许多关键时刻却远远超出自己的预期。就像滚动中的雪球，欲望的体积永远没有上限。科技并不能解决一切问题，人类必须对自我作出改变。

一直以来X将“低碳”作为迷宫的入口，他所有的努力都是为了实现低碳城市。然而根据迷宫哲学，沿着“低碳”往相反的方向行走，很快就会发现，“低碳”并不是入口。

反思迷宫哲学

其实迷宫哲学本身是有缺陷的，它并没有说明哪里才是入口。身处其中的人们，即便向后退了许多个节点，也无法得知自己是否已经回到迷宫的入口。

X迷失了，低碳何尝不是迷宫的某个节点，而入口却在它之外。

总有一天，非碳基能源将成为主要的能源，单位能源的碳排放量（C）将趋近于0，到那天，人类对于低碳的争论将画上句号。

但是实现零排放甚至是负排放，对于地球来说是足够的吗？如果将来的非碳基能源不仅清洁环保、取之不尽并且安全可靠，利用这些能源，欲望的城市是否能停止对地球的索取？

莫里斯·斯特朗：我们已经没有机会回到最初的时候，如果我们可以重新来过，并运用我们现在已经掌握的知识，我们也许可以防止这些事情的发生，但是这是不可能的，我们已经造成了破坏，所以我们必须改变，必须弥补过失，这意味着我们必须彻底改变现在的文明，走可持续发展的道路。

大卫·M.肯尼迪：我们现在的精神世界，与我们的祖先在进入现代社会之前的几千年间相比截然不同。因此我们有理由期待，未来将会发生改变，不仅是发生改变，而且应该变得更加美好。

如果人类文明的发展是在走一座迷宫，那么在文明诞生后的很长时间，并没有节点产生，人们因此在农业文明中直行了1万年。直到瓦特的蒸汽机吹响工业革命的冲锋号，文明的脚步终于在这个节点前作出了选择。从那一刻开始，世界改变的速度插上了翅膀，人们用两百多年的时间创造了超越此前1万年的物质财富，同时也让自己走入了发展的困境。重新反思走过的道路，我们会发现，绿色和谐发展的生态文明，正是人类文明必然的抉择。

受访者说

——莱斯特·布朗（Lester Brown）

美国地球政策研究所所长，《B模式》作者。在这本书中，作者将传统的现行的以破坏环境和牺牲生态为代价，以经济为绝对中心的发展模式称作“A模式”，把以人为本的生态经济发展新模式称作“B模式”，呼吁全世界立即行动，以“B模式”取代“A模式”，拯救我们的地球，延续人类的文明。

记者：您能否给我们具体描述一下B模式？

莱斯特·布朗：B模式使我们意识到今天正遭受气候变化、人口增长、食物价格上升等复杂的挑战。B模式的第一项主要内容就是，到2020年，使汽车废气的排放量削减80%，从而稳定气候环境。第二就是使人口数量控制在80亿。我们不能任其发展到110亿到120亿之间，那样是不行的。第三是根除贫困现象。改变家庭结构的关键是提高家庭的生活水平，尤其是改善女孩受教育的情况。女性受教育水平越高，她们组建的家庭规模就会越小。因此，女性的教育情况可以加速家庭结构的转变，从而稳定世界人口数量。第四就是恢复自然环境的可持续性开发。今天我们过度使用森林、草地、渔业、土壤、农业等资源，结果森林被破坏、水位下降、渔业资源枯竭、草地变成了沙漠。我们需要采取行动矫正这种错误趋势，它会摧毁整个自然支持系统。现在时间所剩无几，B模式就是要阻止文明的最终崩溃。

记者：您能否给我们讲述一下我们今天面临这种困境的原因？

莱斯特·布朗：在20世纪尤其是在20世纪的后半期，世界经济突飞猛进地增长。今天的世界经济每年的增长量比1800年第一次工业革命前后全世界的经济总量还要大。我们有直观的印象可以发现我们已经消耗了大量的资源，而我们正继续消耗资源来加快经济发展。

随着我们日益增长的需求，我们正在吞噬整个地球的资源。B模式的目的就是重建人类消费和地球自然环境以及资源之间的平衡。就拿能源来说，B模式不是告

诫我们不要使用能源，而是转变能源使用方式，逐步从化石燃料向可再生能源方向转变。煤炭资源不会长久存在，石油燃料也有用尽的一天，因此我们需要找到新能源来代替使用。

记者：在20世纪后半期，尤其是第二次世界大战以后，美国成为世界经济的主要力量，美国的社会发展和经济增长模式被很多国家效仿。您如何认识美国战后的经济发展模式，其中的缺陷是什么呢？

莱斯特·布朗：美国是西方经济发展模式的代表，然而不幸的是，从长期发展来看效仿美国却是不明智的选择。我两年前在上海提到过B模式的三个观点，我谈到新经济的必要性，谈论了21世纪的经济以及美国和欧洲今天的经济发展模式。中国效仿的是19世纪的经济模式，也就是煤炭经济，以及20世纪的经济模式，也就是石油经济。

今天我们需要设计的是21世纪的经济模式，我们知道这将会朝低碳经济发展，而不是高碳经济。美国过去已经犯了很多这些方面的错误。但是在发展中国家，我们仍然有时间追问21世纪的经济增长模式应该朝什么方向发展。

记者：您能具体阐述一下我们需要避免的错误吗？

莱斯特·布朗：比如说在美国以汽车为中心的运输系统，今天我们每4个人就拥有3辆汽车。然而不幸的是，中国也开始效仿这种做法。中国2011年的汽车销售总额已经达到大约2000万，这远远超过美国。

所以中国的汽车增加的数量已经超过了美国。问题是汽车会占用更多的土地，增加2000万辆汽车意味着需要占用100万英亩的土地资源。所以如果中国像我们美国一样允许每4人拥有3辆汽车，就会浪费大量的土地资源。

如果中国像美国一样每4人可以拥有3辆汽车，那么中国会有10亿汽车，这将让我们无法承受！我们无法想象这种巨大的交通堵塞现象！任何交通工具都不可能挪动！这不能成为现实！我不知道中国的领导人或者其他发展中国家的领导人是否问过自己，这种西方的经济模式，或者是美国的经济模式是否适用于自己的国家呢？

现在华盛顿已经建成了自行车交通系统。自行车站可以帮助我们凭借刷信用卡使用自行车、停放自行车，非常方便。几年前巴黎也开始采用这种方式，很多城市现在都开始采纳这种方式，我们看到很多人开始骑自行车去公交车站。为了在城市里通过公共交通工具来减少汽车的数量，我们需要有健全的公共交通系统。

不是说发展中国家不能模仿西方的经济模式，但是西方工业国家已经放弃了这些经济发展模式。这种模式对发达国家和发展中国家都是不适用的。

（根据采访录音翻译整理）

——金麒

上海世博会上汽集团通用汽车企业馆馆长。

记者：现有的交通系统在能源浪费上有哪些情况？

金麒：现有的车首先自重比较重，差不多都有2吨左右，这本身就造成了很多能源的无谓浪费。未来的车，平均每辆车差不多在400公斤左右，整个车本身的自重只相当于原来车重的1/5，油耗也相当于原来的1/5。另一方面，根据国内外的统计，30%的能源消耗是浪费在堵车这个环节当中。如果通过智能交通使得车辆能够减少堵塞的时间，也将极大地降低车辆的能耗。

记者：您再概括一下自动驾驶节能主要是在哪些方面？

金麒：自动驾驶使得车辆能够自动地去感应周围的其他车辆跟行人，通过自动驾驶，车辆减少了安全防撞以及相关的一些动力部件，所以重量只有一般车辆的1/5，400公斤左右。另一方面，自动驾驶时，车辆能与基础设施联网，根据道路情况以及通过车联网技术实现的车辆其他信息的互通，自动调节到适当的速度，使车始终在相对匀速的状态下行驶，从而减少能源的消耗。通过跟智能交通的连接，它不会有频繁的起步跟停止，到目的地的整个过程用时最短，堵车可能性最小，整个过程对能源的消耗降到最低。

问：道路资源还有很大的发展空间吗？

答：我觉得道路资源是可以从两方面做提升的。一个是车辆本身所占用的道

路。现在很多车实际上只是坐了一个人或者两个人，但是占用道路的面积却是按照四个人甚至更大的体型来做，那么它会无谓地浪费道路面积。第二个是在道路上行驶的过程当中，怎么样能够以一个相对均匀的速度行驶，从而使得在一个固定的时间段里，车辆对道路资源的占用是非常均匀的。自动驾驶、智能交通以及车辆的技术，能够使得车辆不仅时时感应当前路况，而且能够感应30分钟以后的路况。它在任何十字路口不需要红绿灯，不需要频繁起步或者停止，可以非常顺畅又不会有相互碰撞地快捷地到想去的地方。

在这样的过程当中，车辆在道路上的排布是最均匀的，同时因为避免了频繁的起步和红绿灯的一些控制，车辆在行驶的过程当中始终非常有序地匀速行驶，同时又能够非常有效地把整个道路的空间充分地利用好。

问：高效利用的道路的运行状况应该是什么样的？

答：一方面要看道路的使用率，一方面要看车辆是不是能够均匀地排布在道路上，还有一方面是它的通过性——同样路段上，一分钟内通过的车辆越多，道路的利用率就越高。通过智能交通，我们城市的交通管理部门能够实时地根据路况作适当的调节来控制车流量，使得车辆始终均匀地排布在道路上，并使道路得到充分使用。

我们所描绘的未来20年的自动驾驶体验应该是这样的：当你坐在未来的车里，只要设定一个目的地，GPS就可以在0.01米的精确度上规划你要行驶的道路。同时你的行程将根据实时的路况作调整。在你行驶时，你会收到周边的路况信息。车联网技术使得你的车不是单独的个体，你会了解到你所在的高速公路以及你周边车辆的情况。在这个过程当中，它可以实时预测20分钟或者30分钟以后，你周围的哪些车辆会集中地往哪个方向移动，造成路段的堵塞，随之自动地避开这个路段。也就是说未来的智能交通将使得自动驾驶能够动态地调整路径，然后最迅速地到达目的地。

汽车将成为我们未来深入的一个空间，它不仅仅是我们的交通工具，你可以在车里面看书、娱乐，可以工作，也可以休息。这样的一个空间提供给我们更多的生活的可能性。

（根据采访录音整理）

附录：《环球同此凉热》纪录片创作手记

灾难一年后的“美好未来”

导演：陈磊

苏西兰（Shushilan），这个小镇的名字在孟加拉语里的意思是“美好未来”，多漂亮的名字，会不会让你想到莲花池塘，椰树摇曳？可我们下船上岸后，看到的是一望无际的烂泥滩。对，灰色的泥地，零落的几棵树或是枯死或是正在枯死，人们住在简陋的草棚里，来来往往地用铝罐子运送着淡水。

苏西兰海湾对面村庄的美丽景色

对于这样的景象，我们不奇怪。因为早已知道，这是2009年的热带风暴“艾拉”的受灾区，反常的台风暴雨使得海平面升高，将数个小村淹没。“村干部”说，以前这里和河对岸的村子一样，绿树掩映，到处都是池塘田地，是很漂亮的孟加拉乡村景色，可现在什么都没了。

苏西兰村现今的景象

关于孟加拉国，我们从国内的新闻里听到的除了政局变换，最多的就是每年夏季的风雨之灾。而孟加拉国地处河流众多的低地平原，一路上我们见不到高坡和山脉，河水暴涨或者海平面上升，都会淹没掉大面积国土。也正是因为这个原因，孟加拉国将是全球变暖

打水的村民

后，因喜马拉雅融雪和海平面上升而首当其冲遭受灭顶之灾的国家之一。然而用不了等到那个时候，如今，这个身处“世界50个最不发达国家”行列里的农业国，面对日渐频繁的气候灾难，已经难以抵挡，甚至一年前受到的创伤，也久久无法愈合。

就像这个叫作“美好未来”的小村，距离那次热带风暴已经一年有余，人们才刚刚把最外围的一圈堤坝修好。我们上岸后，第一眼看到的就是在加固堤坝的村民。他们的方法是就近将100米范围内的泥土挖出来，垒成一堵墙，而工具就是铁锹锄头和能顶住竹筐的脖子脊椎。他们知不知道这样原始的方式对抗的是让各国政治家和科学家都头疼不已的叫作“全球气候变化”的东西？“村干部”告诉我们，在这个简陋的堤防筑起来之前，每天涨潮后，海湾里的海水都会再次灌注到村子里来，日复一日的浸泡在灾后持续了一年的时间，这片村落被泡得面目全非，这也解释了为什么直到现在苏西兰的人们才开始重新修整灾后的家园。

在一片烂泥堆上，我们见到了一位年近40岁的妇女。她告诉我们，这脚下的土堆就是她以前的家，她现在正打算一点点把房子再盖起来。她没有丈夫和儿女，与她的老母亲住在一起，所以这一切都得靠她自己亲手来操办。谈起去年风暴来时的情景，她说那时正在做午饭，村里人通知赶紧跑，她们什么也没拿就逃走了，结果风暴一到房屋就被掀翻了。说着说着，她情绪越来越激动，眼泪流了出来，声音颤抖——那个景象在她心里留下了多么恐怖的影子啊！虽

在采访中哭泣的受灾妇女

苏西兰村拍摄现场

然之后翻译才跟我复述了她的故事，但在那样的泪水和言语中，我仍能在第一时间感觉到她对灾难的恐惧和对生活的绝望。最后，我问她，为什么不搬家呢？如果这样的风暴以后还会发生，该怎么办？她说，我是不会搬家的！我在其他地方没有亲戚和朋友，只有这一小块土地属于我，这是我唯一的家，我只能以此为生。要是风暴还要来，那就让我死在这里吧！——话里已经不只是绝望了，还充满了对命运的怨恨。当然，她也不知道，这样的愤怒该抛给谁，谁该对她所失去的平静生活负责。

苏西兰，“美好未来”，回去的路上再念到这个名字，大家都不禁无奈地摇摇头，谁能知道，苏西兰的未来，到底是好是坏？

我所感受的“环球同此凉热”

导演：徐林

这是一个荒凉的地方，在这片碎石构成的戈壁滩上，没有任何人力的作为可以改变它的荒凉。枯草似生似死的一丛丛立着，似乎想宣示生命的存在，可这些站立的尸体却成了生命不存在的证明。在这个地方，没有水，没有生物圈，也没有其能够衍生的一切文明产物。也许这片荒漠唯一拥有的，就是太阳。

而这足够了。在这样一望无垠的荒凉之中，出现了一望无垠的人工作品。几十万块太阳能电池板，一直铺设到大地的尽头。这片戈壁滩终于有所出产——那是电能，人类现代文明最珍贵的资源之一。就在这个生命禁地，它被纯净的生产出来，毫无保留。

荒漠里的太阳能电池板

在参与这部片子的过程中，很多问题慢慢产生，又慢慢消融掉。

孟加拉国上涨的海潮，与伦敦上涨的海潮并无区别，因为全球共享着同一个海平面。当海平面上涨，无论你在世界的哪片海岸，人们都在共同担心，而转过身去，人们的活动又在无意中加剧着海平面的上涨。哪怕增加一滴水，全世界的海平面都会增高一点。可是，北极的冰川已经消融了亿万吨。

冰川为什么会大量消融？因为气候加速变暖。为何加速变暖？因为人类排放的影响。排放从哪里来？能源的消耗。谁在消耗能源？你和我。

老旧煤电厂的排放，新型热电厂的排放。发展中国家的工厂，发达国家的工厂。南极的冰川，喜马拉雅的冰川。马尔代夫的海平面，伦敦的海平面。亚洲的台风，美洲的飓风。你的地球，我的地球。也许，这就是环球同此凉热。

人类，具有强大的能力，在影响自己命运。从农业文明的开始，到工业革命的

进步，车轮不断前进。

人类也改变了自己。这个种群似乎不再是自然界中的一员，他们用源自大脑中的思维力量，重新组合着身边的一切元素，获得了强大的力量，而且将它轰轰烈烈地使用出来，以得到更多的力量。

我们可以不负责地去使用力量，因为没有什么能拦得住人类的发展，强大的车轮碾碎胆敢阻挡它的一切事物。然而谁也逃不出这个地球，一切后果都要人类自己去承担。假如有一天，所承担的远远大于所得到的，那时候，我们将走上末路。

赴欧美采访的经验之谈

制片人：赵琳琳

此次赴欧美3个摄制组能如期采访到重量级嘉宾，很多人认为我们是运气绝佳。其实不然，这里有些经验分享给大家。

拍摄国际题材纪录片时的外联工作需要两种外联互相配合。一种是摄制组自己负责与国外的专家联系。通过学校的网页或者大使馆都能找到这些专家的邮箱等联系方式，但是需要相当的耐心和大量的资料查询。另一种是真正的“外联”，就是找国外公司或国际制片，他们更容易与国外专家沟通并达成信任。这是我们取经《华尔街》拍摄经验时就被告知的。考虑到《环球同此凉热》的美国采访是重头戏，嘉宾数量非常多，在2010年年底我们就开始着手寻找美国的合作伙伴，后与美国一家有着深厚政治背景的非政府组织——美国可持续发展研究中心达成了合作意向，由他们帮我们联系美国和部分英国、德国的政要及经济学家。这项工作也正发挥了他们的人脉优势。当然，国际外联必须要有国内外联严格把控进度。在委托国际外联期间，我们会定期跟他们开电话会议，逐个了解联系情况。

摄制组在美国街头拍摄

另外，国际外联有一整套提供采访资料的流程，在没有熟悉流程之

前，邮箱会被各种问题追问到爆炸。通常情况下，美国公司会把我们已经翻译好的简介根据外国人的理解习惯再翻译一遍，然后发给采访者探路，接着我们就要开始依次递交导演、摄影师详细到出生地的各种信息、采访提纲和采访时间、采访内容将出现的位置、时长、该段落前后的内容、观众的数量和质量……这些可都是要用英文邮件回复呀。很多采访地甚至告知我们，携带过多设备者要走垃圾通道附近的货梯。经过一段时间的适应，翻译已经能很淡定地问前台："请问垃圾通道在哪里？"

在这里，摄制组要对3位美女和1位"钻男"表示真诚的感谢，她们分别是贺景瑜、陈卓佳、林婕、史江涛，没有他们的努力，我们不可能这么顺利地办理出国手续、完成采访。小贺的外事经验非常丰富，为了我们能如期出国，多次往返广电总局和台里催办各种手续。卓佳在做美国外联期间怀孕，在美国组出国前，她照样天天晚上跟我们一起开电话会议，跟美国的电话会议每次都要从10点开到凌晨。就在我们到达美国的第二天，从微博上得知她的宝宝出生了。林婕是在卓佳休息后接替她的工作的，那时正赶上她毕业论文答辩的紧张时期，摄制组在美国期间，她白天在学校里忙着答辩，抽空给外拍导演翻译各种信函，晚上协助外拍导演办理各种申请手续。她每天最担心的是错过邮件，刷邮箱已经成了她的强迫症。三个组前后出国，史江涛把协调设备、购买转换配件、办理手续、接机送机等等各种事务处理得井井有条，甚至连每个行李箱都被他提前整理得很齐全。

《环球同此凉热》摄制组是一个很有战斗力的团队，国内的后勤部队积极主动、无条件地配合国外的拍摄进程，对于深夜的来电从无怨言。在国外的摄制组成员，无论是烈日还是暴雨都没有放松对拍摄的严格要求。回国后不久，导演们有的又开始了国内采访，有的进入机房开始编辑样片。如今片子已经播出，摄制组终于看到《环球同此凉热》从最初的6个字而逐渐完善直至梦想成真的一刻。

公共责任险的故事

导演：袁博

关于英国的采访，有3个重要的博物馆在我们的拍摄内容之列，尽管我们提前了半年开始预约，可是问题似乎总是在临出发前的那几天冒出来：大约是出发前一周，3个博物馆几乎不约而同地要求我们把一份保额500万的公共责任险传真给他们，有了这个，再加上每个博物馆各自的拍摄合同，他们才能为我们最终确认具体的拍摄时间。

组里的英语外联董俊把一封封言辞越来越紧迫的邮件转发给我，并且警告我说，如果不能及时将公共责任险传真给对方，对方会拒绝采访。天哪！什么是公共责任险？公共责任险如何购买？需要多少预算？博物馆可不可以代购？不知是不是为了避免广告嫌疑，对方全不作答。只是固执地坚持，我们必须将保险传真过去。

我打电话问过了中国的几大保险公司，没人知道这是什么；问外资的保险公司，他们也答不出个所以然；我甚至问了在瑞士的保险公司的朋友，朋友经过调查后明确告诉我，中国境内的所有保险公司都不能替你做这个保险，你必须在当地购买。

出发的时间一天天临近，我们与旅行社共同设计好的行程路线基本敲定了，这时候，如果拍摄计划再有一点点变动，相应的酒店、其他的采访内容都将随之改变，而英国人最不喜欢的就是改变计划。如果发生改变，可能意味着取消。

英国的博物馆一天天地催促着我们，公共责任险却实在难以落实。伦敦博物馆甚至已经答复我们：计划的拍摄时间已经很近了，因为你们不能传真公共责任险，我们已决定不安排此次拍摄。

中国人的道理在老外那里似乎难以讲通。眼看着伦敦博物馆的采访就这样泡汤了，后面的两个也是岌岌可危，大伙都不知道该怎么办才好。总导演祁少华在微博中感叹：我们太缺少境外拍摄的专业人才了！

那一周，我使劲搜索脑海中所有我认识的可能有涉外拍摄经验的人。曾经在美国留学过的廖晔老师给了我实在的帮助。廖老师向我推荐了一个在北京工作的国际制片。董俊联络之后的答复是，因为任务相对简单，对方的工作以小时计费，每小时1000元人民币，保险费另计。经过一番讨价还价，对方答应替我们购买境外公共责任险，工作酬劳是2500元人民币。

不知是幸或不幸，也许因为时差的关系，反正在出发前我们没有再收到拒绝采访的通知。怀着忐忑的心情，我在微博上留下一条“公共责任险尚未搞定，我们出发了……”就准备出发了。

登机之前，正准备关机，董俊来电话了：国际制片说，公共责任险约合7万人民币，如果我们同意购买，请立即付钱给他。

嗨！7万元的保险费严重超过预算，我们因此放弃拍摄吗？

纠结啊！夜不能寐。

第二天，是英国的周一，我们原计划的拍摄内容是伦敦博物馆，忐忑不安中抵达英国，我们还是按原定计划去伦敦博物馆看看，佳能5D相机可以帮我们完成一部分拍摄，同时我和翻译杨悦抓紧落实公共责任险的事情。

整个上午，祁导和摄影师王琥用佳能5D完成了部分拍摄，我和翻译杨悦留在车里不停地打电话询问公共责任险的事情。看来这个保险真的很小众，大多数保险公司都不知道这个险种。还是翻译杨悦比较有办法：她先上网检索英国最大的保险公司，然后打电话咨询，这样，五六个电话打下来，居然有了眉目。在对方的指导下，我们找到了相关的网页。我跟杨悦说：“这是急事，咱们问问他公司地址，直接上门办理吧。”

杨悦摇头：“在英国，即使保险公司就开在你家隔壁，人家也不接待你上门购买，必须通过网页下单。”

通过电话咨询了相关问题之后，我们下单了，最后居然是用我的中银信用卡结账付款，整个费用约合不到5000元人民币！回溯整个过程，其实保险完全可以在国内购买，只不过我们在国内的时候没有想到用这个办法来找保险！

完成付款后，我的心情无比阳光灿烂。

祁少华总导演得知我们最终以不到1/10的价格完成了这份让人睡不着觉的公共责任险，还是一副不显山不露水的模样，淡淡来了一句：“回国后，我们可以代理国内所有境外拍摄的公共责任险。服务费1万。”

回想起来，从着手准备出国开始，到完成拍摄回国，每一天几乎都有我们不曾预想到的情况发生，一件事情的变化，可能要牵动相应的一堆事的变化，考虑稍有不周，就可能酿成大错。就像是摸石头过河，反正这河，被大家一步一步、小心翼翼地走过来了。所有应对得了和应对不了的问题，都被我们一一应对了！

剧组像贝壳里的珍珠，在磨砺中渐渐绽放出光彩。而每一位编导，在自己所经历的挫折与收获中渐渐积累出经验。愿在不久的将来，随着国内纪录片题材的国际化，我们的这些涉外拍摄经验仍能够有机会被其他的同事用上、被他们丰富，被越来越多的同事越来越多地用上、越来越多地丰富。

瞎　想

导演：陈磊

2012年4月，春天的一场暴雨夹着大风降临北京，下了整整一天。

第二天早上，我正巧有事出门，坐上出租车，到了朝阳北路上。雨过之后是个大晴天，阳光灿烂，但风还很大，吹着深蓝色天空上的云呼呼地跑。走过无数次的街道和街边的大楼从车窗外掠过，似乎变得比以往漂亮了许多！嗯，眼前的城市还真有点像各种宣传片里的“国际大都市”！鲜活、明亮、整洁、锐利——洋气。这立刻让我回忆起了半年多前在美国东西海岸几个城市奔波拍摄的日子，有一大部分时间，就是坐在车子里，看着窗外的城市和公路，忍不住一次次掏出单反相机来拍下那些美丽画面。嗯，今天北京的景象和旧金山纽约有的一拼！要是安排在今天拍拍北京城市的空镜，一定会很唬人！

我这么想着，便觉得挺不公平的，凭什么外国的城市，什么时候去拍都能有那么好的质感，而北京只有在一场大雨之后才露出这样的面貌呢？我们聊天时，祁少华导演也感叹，在欧洲那些国家拍空镜，摄像机往那一架，拍下来的就跟电影里的画面似的。这对中国的摄像师们来说也太不公平了吧！为什么呢？中国就那么脏乱差吗？只能靠一场大雨把城市洗干净，才能看上一两天吗？但想起洛杉矶、曼哈顿的街道，其实也能看到很多垃圾，许多上世纪七八十年代的大楼也显得老旧不堪，哪怕是曼哈顿最繁华的街道上，也时常能看到一堆堆黑色的大垃圾袋。亲眼所见，外国很多地方并不见得比北京干净。而北京那些崭新的大厦和街道，也完全不逊色于西方。可为什么我们这些拍片子的人总觉得拍出来的东西一眼就看得出国内国外的区别呢？

这种画面质感的细微差别，可能在于我们影视从业者眼里的敏感。之前也和几个朋友随便聊过一些这样的感受，也没要真下个什么结论。我一直认为这种质感的差异和光线有很大关系。我从南方广西的家来到北京，便注意到同样是晴天、同样是黄昏，南方的阳光和北京的阳光差别太大了，从光的软硬程度、强度、照射角度等多种感受上都有很大差别，而这些差别直接会导致拍摄出的画面景观从质感到风格都会产生明显的差别。在上学时的摄影课和毕业后的实践中，我越来越感觉到光

的重要性和非同一般的魔力。一个好的摄影师，最关键的能力不是把握构图、线条、色彩，而是掌控光。眼前的街道，并没有什么美不胜收的美景，而这纯净的光线把每一片树叶、每一扇窗户、路面斑马线上的每一个颗粒最原本的色彩反射出来，几乎无损失地投射在你眼里。这幅图画中的色阶是饱满而充盈着细节的，饱和度拉上几个档次，就像是那些PS过的HDR（高宽容度）效果风景照。

可是，为什么只有在大雨过后才有这样好的光线？空气！不仅仅是大雨，因为雨过之后骤然转晴，完全不一样的天气系统的转换，伴着大风，使得城市里的空气彻底清换了一通。就是这样清澈纯净的空气，才使得阳光能够将毫无损失的最本真的色彩传达出来，呈现出鲜活、明快的影调和质感。之前所讨论的各种无法言喻的、神秘的影像质感的差别，应该就是画面中这看不见的空气的差别！空气中的干湿度、尘埃颗粒等等因素，都会改变透过它的光线的质感。这可能是一个常识，可能各种摄影教材里都屡次提到过，可我背过就忘，考完试就交差了。但这一次，是自己坐在出租车里，根据亲身感受进行了一次如此专业性的思考，并找到了很自以为是的答案，还是有那么点小成就感的。可随之而来的就又有点小哀怨——我们拍片子能摆布灯光，能有限地掌控光线，可这根本的空气质感我们无能为力，只有靠运气拼人品了。

经过三元桥，附近的某使馆自己在监测北京的空气质量，准确与否众说纷纭，一时间北京人都开始为自己从空气中吸入多少颗粒物而纠结。《环球同此凉热》制作了近两年时间，我也有幸采访了许多研究气候变化的权威专家，他们用尽一辈子的时间，甚至几代人都沉浸在研究空气中某些成分的变化可能给人类生存带来的影响。这看不见摸不着的东西，它的变化，不仅会影响一个人的健康，还有可能带来末日灾难。嗯，这样想想，能拍到多好看的画面还真是没有多重要呢……

消失的繁荣——寻找66号公路

导演：陈磊

车子往东开出洛杉矶不远，公路两旁的地貌就越来越荒凉，尽是一簇一簇的灌木和仙人掌，司机告诉我们，这就是跨越三个州的莫哈维荒漠。高速路在荒漠中穿梭。我们下了主路，又行驶了一段距离，来到了一个安静的小镇，找到了这个似乎并不起眼的博物馆。

这是关于一条公路的小博物馆，加州66号公路博物馆。

显然，博物馆的主人对我们如此遥远的来客显示出了极大的热情，门前还特意立了一块“欢迎中国CCTV摄制组”的牌子。进到博物馆里，满眼都是写有“66”字样的各种路牌、历史照片、汽车旅店和餐馆的招牌广告、30年代的古董老汽车，甚至还有一间老公路上的简易厕所……收藏者是怀有多大的痴迷来搜集这些展品的啊！

可我们为什么要跑到荒漠中，来探访这样一条旧日的公路呢？

66号公路博物馆门外欢迎摄制组的牌

作为美国公路时代之初最繁荣的一条通道，66号公路建成于20世纪30年代，从芝加哥直通洛杉矶的圣莫妮卡海滩，是最早沟通美国东西部的主干道。在大萧条时期，66号公路的建设和使用曾经提供了上万个就业岗位，成为众多工人维持生计的救命稻草。无数人踏上66号公路，到西部追求自由、财富和新的生活。66号公路逐渐成为美国人的梦想之路，它的公路符号也成为随处可见的流行标志，人们亲切地把它称作“公路之母”和“飞翔之路”。这条路上承载过太多的梦想，发生过太多的故事，比如那个叫杰克·凯鲁亚克的青年，还把自己游历的经历，写成了一本《在路上》，影响了整整一代美国青年，也影响了现代文化。时至今日，66号公路的盾形路牌，仍然是体现自由精神的典型美国标志之一。

摄制组在66号公路博物馆拍摄

我们结束了博物馆内景的拍摄后，迫不及待地让馆长带我们开向这条传奇之路。终于,看到了那仍然印有“66”字样的路面。但如今这条路上已经少有车经过了,它的辉煌早在50年代终结，因为一项新的工程取代了它的地位。

1956年，艾森豪威尔总统颁布了一项“联邦公路法案”，开启了被誉为“金字塔之后最大公共工程”的州际高速公路计划。笔直平坦的四车道州际高速公路，在全国范围内建立起一个前所未有的交通网络。二战之前，艾森豪威尔自己开车穿越东西部用了62天，而州际高速公路建成后，只需短短4天时间。一个速度更快、网络更密集的公路体系建立了起来，这之后，越来越少的车在66号公路上行驶，“小镇们逐渐消失，沿途商业凋敝，人们搬走他乡，只剩下空空的农场和无人居住的鬼镇”，馆长对我们说。

这几乎是一部最简洁的美国公路史了。在人类文明进程中，路的修建总是或多或少地在影响、改变一个地区的文化和生活，从丝绸之路到高速公

公路上的拍摄

路，无不如此。美国发达的公路交通系统,让你只要拥有一辆汽车,就可以到达这个国家的任何一个角落,这让汽车的生产和需求量大大增加,汽车成为每个成年人的生活必需品。也因为有了便捷的交通和流水线的汽车产品供应,美国家庭才能够享受远离大城市的郊区生活,拥有草地、花园、独栋别墅和新鲜的空气，公路和汽车塑造了一种典型的美国生活方式,这是历史上各种时代里的普通人所能享有的最高品质的生活,是发展中国家经济发展所追求的目标，也是生活在工业文明时代的人们可以享有的幸福。但现在,越来越多的人担心,之后的人们会为这时的幸福付出巨大的代价。我们的生活——不仅仅是工业生产,都全面依赖于石油煤炭这样的化石能源。一方面,我们在全速消耗有限的资源；另一方面,化石能源产生的二氧化碳排放成了气候变暖的主要因素。就目前的能力来看，人们似乎没有办法有效解决任何一个危机。

“每月有数以千计的人从欧洲、澳大利亚、巴西等地前来，只是为了看看这些残存的风景，”馆长说，“许多欧洲人和澳大利亚人梦想来到这片旷野，看沙漠，听牛仔的故事，感受坐在一部旧车里的激动之情，回想当年关于这部车，或者这些沿路旧的商铺可能发生过的事情。”

在美国被FBI询问的惊险经历

助理导演：王琬

2011年6月8日，我与中国气象视频网的回天力作为大型纪录片《环球同此凉热》摄制组成员，和导演张晓敏、摄影赵发忠一起踏上了飞往美国旧金山的航班。下飞机后，在海关入境处，每个人都需要单独接受工作人员的询问。摄影由于英语水平过于惨淡而被带走进行二次询问，不知道会被询问些什么，也不知道被带去了哪里，大家完全束手无策。好在此事有惊无险，只是从此大家便紧跟翻译，不作他想。

采访专家

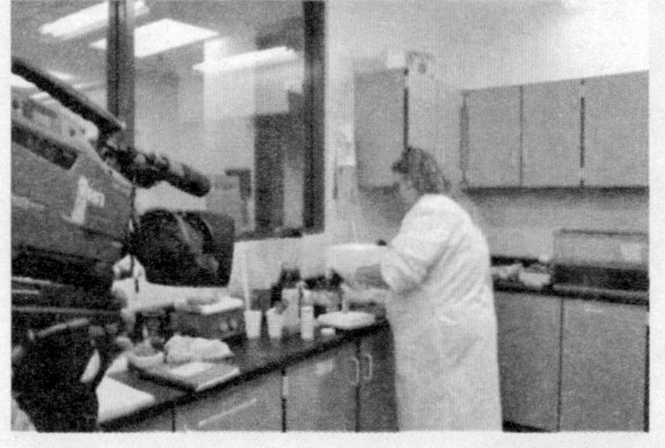

拍摄藻类发电实验

类似的突发事件同样发生在拍摄休斯敦英国石油公司（BP）炼油厂时，由于之前办理拍摄许可非常复杂，只能冒险隔着一条马路在车内拍摄空镜，但还是被工厂内尽职的保安发现。我们想离开却为时已晚，三辆警车呼啸而至，按例出示证件、询问，在国内可以随意印发的名片，在这里却似乎变得和护照一样重要，同行的美国人一再告诫我们，绝对不可说一句谎话。十多分钟过去，美国警察并没有要归还护照的意思，我们被告知还需等待FBI官员的到来。

迥异于好莱坞电影里面的形象，这位穿着花格衬衫的官员50岁上下，他仔细察看了我们拍摄的素材，花费了20分钟对我们解释不能拍摄的理由，直到我们完全心服口服为止。他允许我们保留素材，但绝对不可继续拍摄。

这事最终化险为夷，但为后面的拍摄提了醒。比如在纽约及华盛顿拍摄外景时，为防止惹人注目，我们舍弃了大机器，以佳能单反5D2取而代之，5D2机身小巧，携带方便，拍摄出来的视频效果也并不逊色于大机器。同时我们不再集体作战，而是分开工作，这样也缩小了目标。

此番美国之行，摄制组采访的十余位人物在美国政界、商界、学界都作出过相应贡献，并具有较大的社会影响力。包括时任联合国副秘书长、2012年联合国可持续发展峰会秘书长沙祖康；限制理论的提出者、当代著名人类学家罗伯特·卡内罗等。采访内容包括可再生能源和新能源在城市建设中的实际运用、绿藻发电的原理和过程、如何处理经济发展与节能减排之间的矛盾、如何通过冰芯的演变推测地球古代气候的变化轨迹等。高密度的采访唤醒了大家沉睡已久的英语词汇量，听力水平直线上升，在拍摄的后几天，一般的日常交流不需要翻译就可搞定。

10天，6个城市，每天都是早出晚归，“下车拍摄、上车睡觉”。金山大桥、曼哈顿、自由女神、皮卡、汉堡、汽车旅馆，我们对美国虽然只是匆匆一瞥，但它的社会脉搏与文化特色，鲜明而值得回味。

爱哭的小群众演员

导演：马琳娜

经过一个月的准备，2011年9月2日—12日，《环球同此凉热》开始拍摄第二部《黄色·回忆》的情景再现部分。摄制组奔赴北京七棵树创意园区、小汤山影视基地、内蒙古月亮湖、宁夏水洞沟风景区进行拍摄。

在七棵树创意园，摄制组用了3天时间拍摄《稻谷·洪水·大迁移》等戏份。导演希望通过老者伯益的讲述，来展示一个原始部落在历史长河中跌宕起伏的命运。在这一部分的设置上，为了避免伯益独自讲述造成的画面单调、枯燥，导演安排了一众小演员与伯益互动，听伯益讲故事。

这些小演员虽然人小，但是个个活泼机灵，活跃了现场气氛，却也一度给摄制组添了不少负担。拍摄的第二天，已经是夜里11点有余，一个孩子突然哭了起来，眼看着最后一个镜头就要结束，大家都很焦急，可是小朋友的情绪依然无法控制，最后工作人员找来了家长，在家长的怀抱中，她才渐渐平静。另有一个场景是拍伯益和孩子们齐齐围坐在火堆前，为了拍摄效果，不得不在火堆的一侧打开吹风机，这样火苗才会有动感。但是坐在对面的小朋友就可怜了，被烟熏得睁不开眼睛，然后哭了起来。奈何哭泣在儿童的世界是最易传染的行为，于是片场“一哭百应”，有的直嚷胳膊疼，有的哭诉没有酸奶喝，还有的因为妈妈站得太远，抽泣不止，小朋友们集体哭了起来。摄制组被迫暂停拍摄，服装部门、化妆部门中具有亲和力的“大姐姐”纷纷出马安抚，制片组立即出动买酸奶等各类健康零食，在大家的努力下，孩子们的脸上终于绽放出笑容。

在孩子们、家长们、摄制组全体成员的共同努力下，孩子们的戏份终于圆满结束。短短两天的拍摄，大家都欷歔不已，一来为着小演员们的敬业坚持，即便是年纪最小的孩子也没有半途而废，抹干眼泪又乖乖开始拍摄，二来也为摄制组每个成员对孩子们的付出，对完美镜头的坚持所感动。

《丝路·绿洲·罗布泊》创作手记

导演：张晓敏

人类文明的诞生已经有数千年，在数千年的时间里，地球的气候和环境一直在发生着变化，这种变化直接或间接参与着历史的进程。对于中国这样一个农业大国而言，更是如此。

《黄色·回忆》作为三部曲的第二部，主要承担两个任务：一方面是要讲述数千年来气候环境演变与人类农业文明历史的关系，为今天面临的现实提供类比；另一方面要从中国传统文化中吸取今天可以借鉴的生态哲学观点。中国传统文化中讲求“天时地利人和”，“天时”排在第一位。我们的讲述方式也是从“天时”开始，进而引出“地利人和”的故事。

整部片子的叙事风格在前期的创作讨论中已经确定，即主要叙事线索分为两条:一条是主观线索（主人公视角），从主人公角度讲述他那一个时间跨度下的所思所感；一条是客观线索（导演视角），历史背景和哲学思辨都将在这条线索中展示。两条主线也可看作是主人公视角与全球视角的穿插讲述。用故事的方式讲述气候环境与文明发展，而用导演视角的内容为我们的故事提供一种印证和说明。三部曲展示的是不同时空背景下的故事内容。具体到第二部，主要故事都取材于中国历史，为了避免分集故事的重复，四集设定的故事类型有所不同，从不同的侧面讲述农耕文明中人与自然的辩证关系。

第二集楼兰的故事就是在这样的大创作思路下展开的。我们将故事的发生地设定在楼兰，这是一个当时异常美丽的绿洲国度，她兴起于西汉初期，由一个渔猎部落慢慢定居屯田，成为一个富庶繁华的城市，但最终由于种种原因而覆灭，湮没于黄沙之中。关于楼兰的覆灭，学界大概有几种观点，但主要还是生态原因，一是由于温暖期气候逐渐干旱，粮食水源缺乏，另一个是由于人口过多，大量砍伐森林，造成生态恶化，社会原因是丝绸之路改道，繁华不在，楼兰渐渐成为一座被沙漠掩盖的废都。

我们希望以楼兰这个古城的兴废讲述一个人与自然关系的故事：农耕文明并非不存在对于自然的破坏，人类一旦不能很好地处理与自然的关系，便会遭到自然的报复。此外，楼兰的视角很像今天处于生态危机压力之下的一些南太平洋小国，同样是消耗资源，大国消耗得起，小国却无法挽回厄运。

以主观视角展示一段楼兰的生活故事，这个不难实现，但问题是另一条线索——导演视角的切入却困难重重。首先导演视角这条线索主要展示点都落在考古证据上，但目前几乎没有可用的视频资料，最多的是照片，但这些照片也很难得到。此外，文物基本都散布在各国的博物馆，要拍摄很难。这要求我们必须找到更为合适的方法。经过讨论，最后我们回归到了故事与人物这条路子上来，决定采取故事套层结构，将一些需要的关键线索（原先必须以考古证据的形式出现）放在内层结构的故事讲述中表现出来，这样画面的展示就可以落在故事上，而不是直接地展示考古证据。

套层结构具体为：故事的外层时空是公元4世纪末，西域鄯善国一位名为广仲的年轻武将，决意趁着中原大乱之际，袭取长久以来被中原势力所统辖的楼兰城。那是他们祖先居住的旧都。在前往楼兰的征途上，广仲向自己的士兵们诉说他们的祖先和楼兰的渊源。这是他从自己的祖父那里听来的故事。从这里开启本片的内层时空。外层时空的故事主要表现广仲一步步探寻楼兰灭亡之谜，并最终找到答案的过程。而探寻过程中的线索、故事、当年的记载就交给内层时空完成。内层时空由鄯善国王的讲述拉开帷幕，进入楼兰的历史。

此时的剧本讨论会中，已经确定了外层时空广仲解密的故事，但这个故事更多是起到穿针引线的作用，故事的主体内容还必须在内层时空中表现，因此如何将这些资料好看地展示给观众成为剧本创作的一个难点。为此，我们安排了三个不同时期的人物生活在楼兰由盛转衰的这段历史时空中，通过他们对各自生活的描述，糅进上述史料，让广仲从他们留下的文字中寻找楼兰灭亡的谜底，从而串联起楼兰覆亡的整个过程。通过这样的方式，能够比较好地协调可看性与信息量之间的关系。

在剧本创作时，我看到了大量同时期文明没落的资料，就在楼兰覆灭的同时，玛雅文明在南美大陆上也消失无踪，当年的西域三十六国，如今都已埋身黄沙，气候变化是其根本原因。人类对自然的索取超出自然能承受的范围，就会遭受自然的惩罚。然而，我们反观当时人类朴素的自然观念就能发现，在漫长的农耕文明社会中，在农业文明状态下存在人与自然和谐的观点，我们今天和谐自然的观点正是来自于中国的古典哲学，或许我们的自然观应该建立在积极吸取古文明智慧的基础上，一个对自然重新认识的基础上，从而形成一个新的生态文明的观点。

《黄色·回忆》情景再现拍摄花絮

导演：马琳娜

2011年9月5日，摄制组20余人收拾行囊，由制片人赵琳琳与总导演祁少华带领，开赴内蒙古和宁夏，展开为期4天的外景拍摄。

在茫茫的沙漠中，当摄制组乘坐越野车一路惊险刺激地抵达绿洲，每个人都意识到，等待我们的一定是一段奇妙的历程。果不其然，沙漠苍茫、壮丽的景色让摄制组欣喜不已，第一天的拍摄在惊奇、期待的情绪中有条不紊地展开。

"宿舍"

沙漠的拍摄条件不同于棚内。我们住在蒙古包里，一直听到蛤蟆叫，男生宿舍一个晚上抓了好几只蛤蟆，女生不敢抓，只能不停转换枕头的位置。广袤无垠的沙丘上没有任何可以遮阳的地方，全体摄制组成员每天暴晒于烈日之下，女士们“全副武装”，依然难逃晒伤的命运，男士们更是挑起了拍摄重担。由于沙漠上没有“方便”的地方，大家不敢喝很多水，一直坚持着拍摄。大家深深地体会到了那句电视圈的名言：“女人当男人用，男人当牲口用。”虽然如此辛劳，导演却异常高兴：这一片沙漠十分符合剧本中对场景的设想，沙漠的寂寥壮阔也激发了演员的表演激情。

第一天的再现拍摄任务顺利完成，大部队收工，制片主任史江涛不忘细心地捡起留在沙漠里的矿泉水瓶。夕阳下的沙漠景色迷人，仿佛梦境，导演和摄影忍不住开机继续拍摄空镜。谁料，晴空万里忽然阴云连连，大风顺势刮起，制片人急忙嘱咐剩余人员回撤大本营，但导演与摄像师坚持要拍下这天地一片混沌的奇景。不过

等待拍摄

拍摄现场

“楼兰姑娘”

打扫脚印

5分钟时间，天地已经是茫茫一片，大风裹挟着黄沙扑面而来，小木箱被吹得一个个滚落沙丘，越野车司机站在远处，不停地做着各种手势让摄制组回撤。终于，最后一个镜头拍完，大家扛着机器，互相拉扯着迅速回到车内，关门的刹那，雨水倾盆而下，越野车疾驰回营。

为了贯彻“省钱办大事”的精神，制片人身体力行，亲自上阵出演“楼兰姑娘”一角。这场戏在导演的设想中，天地一线，黄沙漫漫，沙漠中行走着一队远行的商旅，驼铃声声，阳光将他们的影子拉得极长，楼兰姑娘的裙角衣袖轻扬，面纱在风中柔柔飞舞。然而谁也不料，当天傍晚，天公不作美，太阳光被阴云层层挡住，扮成商旅的演员们只能原地待命。远处沙丘上的工作人员也着急不已。虽然这场戏在最后的成片中仅有短短的几秒镜头，但为了拍摄质量，演员们等待了将近40分钟。终于太阳露出光芒，商旅得以踏上旅途，制片人骑着骆驼在风沙中颠簸了一个多小时。

除了上诉种种不可控因素之外，对骆驼的掌控，也是摄制组遭遇到的不大不小的难题。在一场广仲将军寻访楼兰的场景中，需要表现他骑在骆驼上的坚毅

表情。然而骆驼实在太难掌控，于是工作人员利用轨道与木板，制作了一个简易工具，6名工作人员抬起坐于其上的演员，抬轿子一样前后晃动身体，模拟骑骆驼的小小颠簸，这一镜头总共拍了3遍才过，几个回合下来，抬人的工作人员汗流浃背，就连被抬的“广仲将军”都连连感叹：“骑在木棍上被抬来抬去的，也不好受！”

骑“骆驼”

在拍摄过程中，导演、摄像师需要一次又一次地上前与演员说戏，调动演员不断调正走位。同时，服装、化妆、道具等部门也需要不断应画面要求上前调整。在平时的拍摄中，这都不成问题，但在沙漠里，却着实令人头疼。在所有大景别的镜头中，或者是在画面中出现脚步特写而前景为沙漠的镜头里，场工们需要一次次地扫去脚印，或者用沙土一个一个地填满这些足迹，不留痕迹。

“古墙”

结束了宁夏的拍摄之后，全体摄制组成员马不停蹄立刻回京，下火车后立刻赶到小汤山影视基地，继续拍摄。在这里一共拍摄两个场景，一是广仲将军在楼兰空城中，与最后一个楼兰人相遇。二是广仲将军在大殿上接受国王圣旨。拍摄时间共两天，在第一个场景中，工作人员和摄像设备依旧经

“皇宫”

受着风沙的折磨。为了模拟真实的沙漠环境，鼓风机需要不断地向演员和摄像机吹起沙土，每天拍摄结束，大家浑身上下都是厚厚的尘土。为保证健康，不出镜的工作人员纷纷戴上了口罩，由于影棚封闭，气温很高，戴了一天的口罩甚至都和着汗水粘在了脸上。

然而，设备没有“口罩”，尽管摄像尽量保护机器，一段日子的拍摄下来，两台佳能5DII和多个镜头都损坏了，变焦的时候，能听到镜头中“咔啦咔啦”的磨沙子声音。

每一个到影棚的人都赞叹那片古墙制作得很真实、很唯美，那是制景人员配合美术人员花了一个多月的时间加班加点，先钉框架、再抹上泥浆，在三层楼高的梯子上彻夜工作的结果。它的价值在拍摄中已经发挥到了最大，拍摄结束后，不到半个小时，它就将化为灰烬。

在皇宫的场景中，为了拍出美轮美奂的纵深效果，摄影师及其助理充分运用现场资源，几分钟的时间就用木条、钉子制作出一个简易的相机支架。这个改变看似简单，但是却解决了在摄像轨道上前移镜头时，轨道进入画面的“穿帮”问题。

康西草原情景再现拍摄手记

导演：徐林

2011年10月，康西草原。

夏日已经褪去她的色彩，除了远处偶有几排绿树，整片草原已经一片金黄。对于摄制组来说，这里颇具象征意义：一片草原，一排风力发电机，一座远山，还有一队“蒙古骑兵”。这似乎影射了我们影片的主题：过往与现实，在同一片天空之下。

“蒙古骑兵”与风力发电机

天公还是很作美的。虽然昨夜的连绵细雨一直下到清晨，把制片主任同志急得够戗，但在摄制组来到草原的时候，雨就停了，留给我们漫天的云彩。演员们也三三两两地来了。集合，列队，发道具，“大炮”架起来，马儿跑起来。

骑兵演员换装

在这些骑兵演员里面，跑在最前排的10个人都是蒙古族小伙子，任何马匹到了他们手里都会乖乖听话。他们似乎天生骑术精湛，即使马匹的来源参差不齐，甚至有些还有爱踢人和逃跑的倾向，他们却驾驭得犹如军马一般驯服。背上弓箭，穿上盔甲，拿起马刀，尖利地啸叫着，几十匹马疾奔起来，蹄声如滚雷。刀光剑影中，那些纵横欧亚的蒙古骑兵、成吉思汗

蒙古族骑兵演员

演员在等待命令

“骑兵”小歇

拍摄过程中

的勇士们，复活了。

600年前，就在这里，这些演员的祖先，北元的蒙古骑兵与明帝国北方军团对峙，那片战场正是这片茂盛浓密的草原。从汉唐延续的千年血战，几百万人头落地，直到同为游牧民族一员的康熙皇帝远征瓦剌的噶尔丹王，才最终停歇于和平。

600年后，草原随着气候一起变迁，这些牧民早已定居下来，喂养牲畜之余，走出家乡打工。游牧与农耕民族的子孙站在一起，说说笑笑，穿上戏服扛着摄像机，再现他们当年的雄姿。那些战争、铁血的争夺，仿佛与这些后人毫无关系。

饰演成吉思汗的演员，是个沉默寡言的人。试着跟他搭话，却总是问一句答一句，每句不超过3个字。聊了半天，我们只知道他来自内蒙古西部，家里养马，就如所有牧民一样。

跨上骏马，他不怒自威。内蒙古西部，正是当年蒙古瓦剌骑兵世代拥有的土地。他或许并不知道，在300多年前那场康熙与噶尔丹的惊世一战中，闪着他祖先的刀光；在500多年前那场战败明帝国主力、俘虏明朝皇帝的“土木之变”中，有他祖先的身影。现在的他沉默着，和700年前的成吉思汗一样，面对眼前的草原沉默着。这千年的征尘，早已沉寂了。

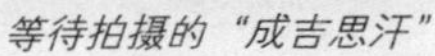
等待拍摄的“成吉思汗”

“成吉思汗”跨上骏马

太多生命，太多的血。游牧民族要把中原的桑田变为牧场，而农耕民族想把广袤的草原变为粟米之仓。元帝国想要中原的茶盐铁，大明朝想要草原的牛马羊。于是贸易，于是攻杀。

气候变化，草原变化，时代变化，人变化。

鲜血已去，草叶飘摇。

在山与海的中间，几百年前的战场上，农耕与游牧的后代们聊着天，谈笑着，然后穿起祖先的衣服，对视，沉默。

听，历史在说什么？

蒙古国采访手记

导演：张晓敏

清晨5点，天还看不出一丝亮起来的痕迹，摄制小分队已经整理好行头，即将奔赴机场。我们的目的地，是《环球同此凉热》在国外的第一站——蒙古。

在飞到乌兰巴托上空的时候，我从飞机上往下看去，乌市的南北两面是连绵起伏的群山，东西两面则是广阔的草原。这时的草原看上去只是黑压压的一片，并没有我想象里北方大草原应有的绿容。同行的原内蒙古电视台副台长额尔德尼告诉我，这就是10月底蒙古草原本来的样子。

下了飞机，最先迎接我们的是成吉思汗。其实这几天，无论我们走到哪里，随处都能看到成吉思汗的威严之身。这位12世纪铁血勇士的形象在今天的蒙古无处不在：从我们第一眼见到的机场设计到蒙古每个角落的文化景观。经过800年漫长的时光，蒙古的一切依然深深烙刻着成吉思汗的印记。那些行走在路上的人们，有着蒙古族典型的脸庞，肤色棕黑，棱角刚毅，眉眼之间张扬着成吉思汗子孙的英气。

从机场出来，通往市区的路上仍然有好多亮点：超多的加油站，20分钟的路程大约经过了近20家，并且油价看上去也不贵；公共汽车站几乎没有站牌，估计是只有一趟公共汽车通向市区吧；可以看到部分山峦上已经有雪覆盖，那些看上去让人有距离感的雪让我觉得本来就冷的蒙古这下更冷了。或许是因为山上的雪给我的冷感太强烈，路边美丽的花让我觉得有点格格不入——那么冷的天怎么还会有那么好看的花，仔细一看，原来全是假花。

吃完午饭，摄制组就赶往了传说中的宝寺——甘丹寺。甘丹寺是乌兰巴托乃至蒙古全国最著名的寺院，也是蒙古国目前最大、最重要的喇嘛寺庙，理所当然的，它也是蒙古国的佛教活动中心。鼎盛时期，甘丹寺曾有1万名喇嘛。寺内的章冉泽大佛引人注目，高28米，全身镀金，镶嵌大量宝石，是蒙古国人人引以为傲的国宝。根据史书上的记载，1921年苏联控制蒙古以后，以革命的名义没收佛教寺院财产，摧毁庙宇，逮捕、镇压喇嘛并勒令还俗，给藏传佛教以毁灭性打击。但是随着国家渐渐脱离苏联阴影的笼罩，传统文化也慢慢恢复元气。目前蒙古国每年一度的祭祀活动，都要由总统先生亲自到甘丹寺主持仪式，可见甘丹寺在蒙古人民心目中有相当重要的地位。或许佛教圣地都会潜移默化地感染人，摄制小组在寺里拍摄的时候，每人心里都有一种莫名的虔诚和静谧。而拍摄时发现的一朵奇特的云，更是

增加了这座宝寺的神秘感。

甘丹寺的拍摄工作结束后，摄制组又马不停蹄地在城市里四处游走，拍摄空镜。虽然时间紧张，但我还是仔仔细细地把乌兰巴托打量了一番。整个城市街道宽广，两旁的树木高大挺拔，车辆来往穿梭。

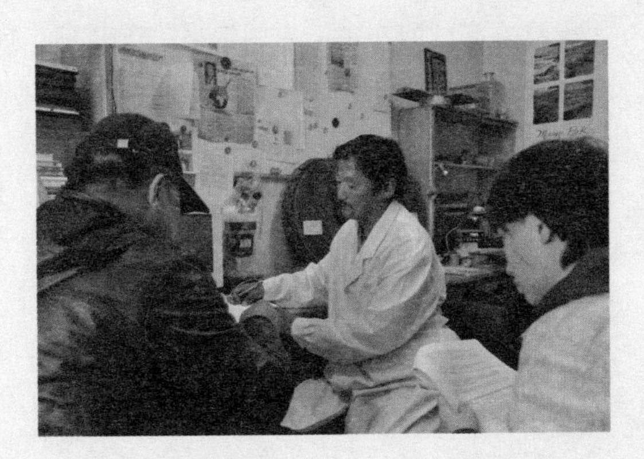

蒙古国立大学在城市一角，校区不大，我们此行的重要目的之一就是探访这里的树轮研究室，采访巴特尔毕力格·纳琴教授。该实验室是美国哥伦比亚大学拉蒙特—多尔提地球科学研究所

（Lamont-Doherty Earth Observatory）的树轮实验室与蒙古国立大学合作的项目之一。他们在位于蒙古中西部塔瓦格基泰山脉的高地上收集已经存活了500年的西伯利亚红松的标本。经过几个月的研究，该小组根据公元1465至1994年存活的树木绘制了一条温度曲线。然后他们又从那些尚存的枯木上搜集其他标本，并把这些碎木上的树轮与那些存活的红松上的树轮建立关系。这样，关于气候的树轮记录可以延伸到公元850年。对巴特尔毕力格·纳琴教授的采访在额尔德尼老师的帮助下顺利完成。

为了表现气候变化对蒙古草原牧民的影响，我们来到了蒙古中央省阿拉坦宝力高草原，跟踪记录了牧民一家由于天气的变化而进行迁移的生活场景。男主人的名字音译成汉语叫巴图，女主人叫百萨，不过我们叫她百笑，因为她总是时不时地发出爽朗的笑声，一天下来不下百次。

深秋的蒙古草原，天湛蓝，牧草早已泛黄，偶尔掠过太阳的白云使远处群山看起来忽明忽暗。白色的蒙古包星星般缀在一望无际的、像大海一样辽阔的草场上，彼此间相隔的似乎有些遥远，在外乡人眼里也许会觉得与世隔绝，但是对于蒙古人来说，这是本民族几千年来

一脉相承的文化传统，也可说是一种草原精神，这种精神和他们随性、追求自由、爱好天然的性格息息相关。我们走访的这户人家就是如此，男主人巴图，女主人百笑，豪迈中带着友善，粗犷而不失细腻，端几碗飘香的奶茶，捧一盘最原汁原味的奶皮子，再熬上一锅新鲜的羊汤，在主人爽朗的笑声中，赶路的疲惫早已散去，取而代之的是安心与温暖。

巴图一家至今还基本保持着古老的游牧民族生活方式，夏季驻扎在相对开阔、水草肥美的夏营盘中，一旦天气转凉，就要尽快离开已经枯黄的草场，迁徙至山脚下避风的冬营盘。祖祖辈辈相传的生存经验确保蒙古人可以完全适应多变的草原天气。看似单调的生活并没有消磨掉蒙古牧民天然的快乐情绪，反而给了他们更宽广的心胸和更大的心灵舞台。

这种草原精神不仅感染着蒙古人，也传递给了大草原上每一种生灵，肥壮的牛羊、矫健的骏马，无不是无拘无束、随遇而安。

天色渐晚，残阳如血，远处的山包罩上了玫瑰色的光晕，蒙古包上炊烟袅袅升起，百笑哼着长调将羊群赶进羊圈，巴图骑着心爱的马从地平线远处匆匆赶回家，家中定有一碗温热的奶茶在等着他，对于真正的蒙古人来说，自由永远在心，而不在远处。

赴丹麦采访手记

导演：袁博

一　垃圾厂的思考

赫斯霍尔姆是哥本哈根人均收入最高的社区，居住在这里的律师、工程师等富裕居民似乎毫不介意其粗笨的邻居：一个巨大的垃圾焚烧发电厂。

Vestforbraending垃圾处理厂的控制中心

仅仅10年前，老式的焚化炉还任凭有害物质从大烟囱里排出。而现在在丹麦人眼中，垃圾已不再是难闻、丑陋的废物，而是一种清洁能源。Vestforbraending，这种新型的垃圾焚烧发电厂比传统的焚化炉清洁很多，电厂内安装有数十道过滤设施，捕捉汞、二噁英等各种污染物。

10年的时间里，这种新型垃圾发电厂已成为丹麦主要的垃圾处理途径，而且还能为丹麦各地提供能源。它们的广泛使用不仅降低了丹麦的能源消耗及对石油和天然气等化石能源的依赖程度，还减少了垃圾填埋场地的使用和温室气体的排放，对环境保护非常有利。这些电厂的清洁程度很高，垃圾焚烧产生的毒物比丹麦家庭壁炉和后院烧烤所排放的二噁英还要少。

这些垃圾电厂直接建在其服务的社区当中，有些新电厂还特意建成各种雕塑的形状。规划者小心地把居民交通出行路线和运送垃圾的卡车专线分开。

焚烧垃圾产生的热量直接用于住宅供暖。垃圾焚烧产生了赫斯霍尔姆所需的80%的暖气和20%的电力。赫斯霍尔姆业主协会的会长汉森·罗斯特（Hans Rast）表示：“购房者对这个电厂基本上没什么意见，较低的取暖费用是一大优势。”

垃圾处理厂夜景

垃圾处理厂处理操控中心一角

许多正在大规模提高垃圾焚烧发电能力的国家，如丹麦和德国，同样是资源回收利用率最高的国家，只有无法回收的材料才用于焚烧。

在欧洲，环境保护法规促进了垃圾发电技术的发展，欧盟对新垃圾填埋场的设立有严格的限制，其成员国也已经批准了《京都议定书》到2012年减少二氧化碳排放量的承诺。

在赫斯霍尔姆，现在仅有4%的垃圾需要填埋，1%的特殊垃圾(化学品、染料和一些电子设备)被运送到德国一个废弃的盐矿，密闭封存。61%的垃圾得到回收，另外34%则通过垃圾发电厂焚烧处理。

现在的垃圾焚化炉配备了各种过滤、清洗系统，能捕捉氮氧化物、二噁英、呋喃及重金属。目前这类垃圾发电厂的废气、废水排放完全符合欧盟严格的环保标准，其排放量甚至只有欧盟规定上限的10%到20%。

焚化处理完成后，收集到的酸类物质、重金属和石膏可供出售用于生产或建筑，小部分无法分解的有毒有害物质则被压缩，运送到挪威峡湾的毒害物质仓库或者废弃的德国盐矿。

在Vestforbraending，运送垃圾的卡车必须首先称重付费才能倾倒垃圾，相关机构会对垃圾进行随机检查，如果发现有可回收材料，倾倒者将面临严厉的罚款。

赫斯霍尔姆的业主协会也曾指出垃圾焚烧厂带来的一些小问题，比如运送垃圾的卡车偶尔发出的噪音。不过总的来说，会长汉森·罗斯特先生称该电厂是一个“值得尊重的安静邻居”，并未产生任何注意得到的空气污染。

二　哥本哈根大学的绿色灯塔

绿色灯塔虽然仅仅是哥本哈根大学科学系的一个学生咨询中心，但因是丹麦第一个按照碳中和理念设计的公共建筑而享誉世界。该项目仅靠对日光的合理设计使用，就节约了过去照明用电的38%的能量，再加上自然通风等环节，该项目使能耗降低了近75%。

绿色灯塔设计单位是丹麦克里斯坦森设计师事务所（Christensen & Co. Architects）。能源设计由丹麦最大最负盛名的科威（COWI）咨询公司负责。

绿色灯塔项目在进行设计招标时，克里斯坦森建筑设计事务所的设计师根据其圆柱外加倾斜顶面的造型，以及它和太阳有着密切联系的设计，给它取了一个富有东方情调的名字：日晷。后来，大家又根据其强大、先进的环保、节能、可持续等特征，把它改名为绿色灯塔，号召大家关注绿色、关注环保。

绿色灯塔的设计灵感来自丹麦民间文化。丹麦有一种独具特色的奶酪，外表呈斑驳的绿色，内部则是奶白色。

在创意之初，设计师就想到了2009年年底在丹麦召开的世界气候大会，想通过自己的努力，向世界展示，凭借2009年的技术和材料，完全可以实现碳中和的设计目标。也就是说，绿色灯塔在设计之初，就是一个具有强烈展示功能的建筑。总体设计原则：一是尽量减少能耗，二是尽量使用可再生能源，三是高效使用化石能源。而要展示建筑各个不同的立面在接受日照、采集太阳能的即时的数据变化，最好做成圆柱形。因为一天乃至一年中，太阳的角度、高度、光照强度等都是在变化的，而最能及时反映这些变化又可以作为建筑使用的实用形状，应该就是圆柱形了。

绿色灯塔内部

绿色灯塔采用了带大中庭的设计，其用意有四：一是根据其用途，刻意设计出开敞、通透的空间；二是为参观时人多、需要集中讲解考虑；三是为采用烟囱效应自然通风；四是为提高整个建筑内部采光的均匀度。

名为“仪器”的艺术雕塑

丹麦国家建筑规范里，有一个有趣的规定：每栋公共建筑，可以拿出相当于预算1.5%的钱来做艺术装饰。绿色灯塔项目，请了丹麦国家艺术院的两名艺术家，做了一个名为“仪器”的艺术雕塑。这个雕塑看起来像一个探测器，其主体共由8个“手臂”组成，每个手臂上装有30面小镜子。如果阳光充足，手臂的镜子会随着光线角度的变化，在中庭的地板上随之变化出一个圆形光环。

绿色灯塔项目花在采光模拟计算上的时间，较之以往的任何建筑，都要多出许多。威卢克斯公司采用最新开发的采光模拟分析计算软件进行工作，对光照分析计算的结果与实测结果的最大误差不超过4.9%，平均误差仅有2.9%。

首先，建筑的内部照明以自然采光为主，结合丹麦当地的光气候条件，除在建筑的立面安装了适量的竖窗，还在建筑的顶部设置了一定数量的屋顶窗，这给建筑的中庭增加了自然光照明。

其次，项目工程师们应用该软件，对这个建筑的每一个房间、每一个角落，分全云天、半阴天、晴天等几种情况，对春分、秋分、夏至、冬至时的光照分别进行了计算，对有眩光的部位，对采光系数小于3%的部位，与建筑师一起进行反复的设计和比较。

丹麦地处北欧，气候比较寒冷，建筑的良好保温性能是建筑节能的重要环节。为此，绿色灯塔在外墙设计、门窗选择上花了大量时间。这里值得一提的是太阳热的采集和储存问题。

在夏天，需要太阳的光线，却要把热量隔绝在室外。而冬天，在需要太阳光线的同时，也需要太阳的热量。这样来说，使用所有时间都是一个传热系数的低辐射镀膜玻璃（LOW-E玻璃），就不是一个聪明的办法了。比较好的方式是，使用合适的遮光、遮热窗帘。

近300平方米的屋顶面积，除了少部分用作屋顶窗采光外，大部分可以用来安装太阳能集热板和光伏电池。绿色灯塔项目上的太阳能集热板，满足了建筑本身对热量的需求，同时，夏天使用剩余的来自太阳的热量，将通过管道传入地下的季节性蓄热设备，以备冬天使用。

绿色灯塔项目上，安装了一定数量的光伏电池，用于照明和维持热泵的运转。热泵主要用来收集建筑使用剩余的热量。

热敏地板可以用作热储存器，尤其是在冬天，把白天的热量储存在地板内，可以使得第二天工作期间不再使用过多的热源来加热建筑。同时，地板供热比起空气供热来，人的感觉要舒适一些。

绿色灯塔使用了季节性蓄热技术，这项技术的实质，是在夏天太阳能量过剩的时候，将一些热能，以一定的形式储存在地下，待到冬天能源短缺时，再放出来使用。这个技术对中国大部分夏天有着充足日照，冬天又非常寒冷的地区来说，有着巨大的价值。

在绿色灯塔项目上，以100平方米为单位，分为9个区域，有光感、温感、风感、二氧化碳检测等若干个探头对这些区域进行监控，一旦发现光照不够、温度不够、空气质量不好等问题，这些探头就会把信息发到中央处理电脑上，该电脑再根据室外的气候情况，通过自控系统，采取开窗、启闭窗帘、启闭电灯等措施，使用最佳策略来改善室内气候。同时，能源使用记录系统，还将随时记录各个区域的供热、热水、通风、照明等的耗能情况，以供分析和研究。

根据设计，绿色灯塔在供热方面的耗能情况预计为22千瓦时/平方米/年。按预计方案，35%为可再生能源太阳能，来自于屋顶上的太阳能电池；65%为热泵驱动的区域热能，由储存在地下的太阳能热能供给，对生态环境不会造成威胁。热泵可将区域热能利用效率提高约30%（按目前汇率计算，该项目每年的区域供热成本为1900欧元左右）。绿色灯塔的屋顶上45平方米的太阳能电池是建筑物主要能量来源，可满足照明、通风和热力泵动力需求。

能源设计是丹麦进行的一项崭新的尝试，是一次具有真正意义的试验。从长远来看，此方案可被推行至欧洲大部分地区的办公楼和厂房建设项目，并将成为未来二氧化碳零排放问题的创新解决方案而得到更广泛的应用。这一方案设计仍在不断完善之中。

受访者的话给我们留下了深刻的印象：“如果我们仅使用2009年的技术和材料，就能达到2020年的设计预想要求，那这其实就是一个佐证，说明只要引起重视，只要精心设计、精心施工，人们是能够在很大程度上减少化石能源的使用，增加可再生能源的利用的。”

挪威丹麦拍摄手记

导演：余乐

挪威的乌特斯拉（Utsira）岛是我们此行拍摄的第一站。飞机到达斯塔万格之后，我们换乘长途巴士前往海于洛松。

在飞机上

甲壳虫乐队的名作、村上春树的小说、伍佰的歌曲、陈英雄的电影《挪威的森林》让“森林密布”成为大多数人对挪威的第一印象。然而，相比芬兰71%的森林覆盖率，挪威36%的数据就不足为奇了。不过挪威海岸线的长度却很惊人：包括峡湾在内，总长2.1万公里，而挪威的国土面积不过38.5万平方公里。两小时的“海岸大巴”（Coast Bus）旅途，我们把挪威漫长海岸线的美景尽收眼底。

来自乌特斯拉岛的邮轮

在海于洛松的码头，来自乌特斯拉岛的邮轮从迷散着雾气的远处海域向我们驶来。这是一艘大船，载着我们摄制组3人前往绿色能源之岛乌特斯拉。

乌特斯拉的户籍登记簿上只有215位岛民，其中还有不少人在岛外

乌特斯拉岛景色

工作。说它是绿色能源之岛并不为过，因为全岛的电力都来自于两个大风车。风电在平时不仅供应全岛的用电，富余的电力还能卖给大陆的电网。等到无风的季节，岛上用电从大陆电网购入。除了风电，潮汐能、地热能也被岛民使用，如此建立了绿色能源的小系统，简单而完美。

挪威的国土呈南北带状排开，坐落于特罗姆瑟的挪威极地研究所就在这条长带的最北端。在这里，挪威极地研究所主任温特先生和研究所冰、气候与生态系统中心的主任诺兰·考克斯向我们讲述了极地气候和海冰变化的最新信息。当天下午，我们乘坐飞机继续往北前往斯瓦尔巴德群岛。

飞机飞得并不高，云层离我们很近，暖暖的阳光和时而出现的山脉让照相机的快门声连续响起，以致邻座的女士禁不住问我们是不是第一次来斯瓦尔巴德。

斯瓦尔巴德位于北纬78度，常年较低的气温和较少的人类活动让这里的自然生态环境得以良好地保持。

“末日穹顶”种子库离机场不远，从山脚下能清楚地看到半山腰上种子库的异形大门。进入种子库之前，学习注意事项是必需的。来自瑞典的诺兰德·冯·波斯梅尔教授是种子库钥匙的唯一持有者，他的讲解严谨而不失风趣。想要进入种子

极地研究所内拍摄温特先生

种子库库房大门

在种子库门口

种子库内的合影

库的库房，需要经过5扇门和长长的隧道，这是为了将种子库的空气与外界充分隔离。来到库房门口，一扇并不起眼的门覆盖着冰雪，门里面零下18摄氏度的仓库里存放着来自世界各地的植物种子，为地球上的植物作备份。库房里还有最后一道铁栅栏门，除了波斯梅尔教授之外谁也别想跨越。种子被放置在密闭的容器里，外层用塑料袋封闭，然后装在一个个箱子里放入库房。我们和教授开了个玩笑，如果世界末日真的降临，那么他也许就会成为地球生态系统的拯救者。离开前，我们在库房拍摄了一张难得的合影。

回到奥斯陆的第一个晚上，奥斯陆的市民正在参与一个关于河流的庆祝活动。无数市民沿着河流行走，享受奥斯陆的自然风光。河流旁的道路上满是各种奇异的艺术行为和表演。艺术在奥斯陆人的生活中十分平常，那是他们每个人用来表达自己的方法，就像说话、写字一样普通。

保护河流的活动是由志愿者发起的。奥斯陆市内原本有十几条河流，后来都不同程度地受到人为的破坏而无法呈现天然的状态。志愿者们经过十几年的努力，让河流恢复了原本的模样。年纪最大的组织者图·霍坦-哈特维克（Tor Holtan-Hartwig）已84岁高龄，在谈到保护河流的活动时，他异常激动。

拍摄期间，梅元梅（Rigmor Johnsen）女士是我们最好的向导。她常常带我们坐下来，喝一杯咖啡，或用相机拍摄下身边的环境。她说“享受”（Enjoy）很重要。几天下来，我们喝了不少不同种类的咖啡。其实咖啡并没有多么特别，拥有一份Enjoy的心情才是关键。挪威并没有商业社会那种所谓的繁荣景象，但是人们简单的生活方式后面却充满了生活哲学。一周多的时间里我看到的是他们精神的富足，而没有物欲横流的感受。挪威留给我的印象是一张张Enjoying的脸孔，这真是一个天人合一的国度。

哥本哈根市政府自行车项目负责人、自行车先生安德里亚·罗赫尔（右一）和他的秘书（左二）

与主演蚊子（左二）和剧场负责人（右二）合影

与现任丹麦环境部部长艾达·奥肯（右二）合影

到达哥本哈根的第二天，奥斯陆出现了明显的极光现象。我们不禁感到有些遗憾。

周末，我们到哥本哈根的几个大公园拍摄休闲的人们。秋日暖阳照射的草地上，有许多度周末的家庭、奔跑的小孩和热恋的情侣，哥本哈根市民悠然自得的状态仿佛让时间慢了下来。我相信对于大多数中国城市的居民来说，踏上公园里松软的草地只是个梦想，因为我们的草地是不让踩踏的，因为人太多。这件小事让我们颇有感触。相同的行为在人口与资源比例迥异的环境中，它的合理性却常常会发生倒转。

自行车在哥本哈根随处可见，还有专属的蓝色车道，地面的自行车LOGO，自行车红绿灯，带有自行车标识的宣传标语和文化衫。自行车可以上列车、进公园，自行车停车场无处不在，哪怕是在议会厅的门口。毫无疑问哥本哈根的自行车，已经不仅仅是一种交通工具。

Baisikeli Café是一个综合了咖啡屋、租车、修车、售车、订制车服务的综合服务站。我浏览了一遍热销的车型，多是结实耐用的高档车。哥本哈根市政府自行车项目负责人、自行车先生安德里亚·罗赫尔向我们介绍了丹麦自行车的状况以及政府和社会组织对自行车的规划。

安德里亚·罗赫尔先生还为我们联系了一个儿童学习自行车的户外场所。各种年龄段的孩子们在这里的模拟地形中训练骑车的本领。孩子们在不亦乐乎的玩耍中渐渐成为技术过关的自行车骑手。自行车学习场地旁边是一个剧场，正上演一场与自行车相关的剧目，主演是一只“骑自行车的蚊子”，为了救下自己的爱人，他骑车与草丛中的蜘蛛决战，最终用智慧和勇气击败了蜘蛛，从此和母蚊子一起过上了幸福的生活。剧目结束后，我们在剧场门口采访了那只勇敢的蚊子，一位来自法国的车技表演者。孩子们涌过来，争相找这位英雄签名。相信看完这个剧目之后，孩子们一定会爱上自行车。

当天下午，我们采访了时任丹麦议会环境和区域规划委员会议员艾达·奥肯，一位年轻、美丽、干练的女士，她休闲的穿着颠覆了我预期中的官员形象。更有趣的是，当时正值丹麦大选，等我们回到国内，她已当选为丹麦环境部部长。

“拯救明日于当下”——南非德班气候大会编导手记

助理导演：林婕

经过十几小时长途飞行，飞机终于降落在德班机场。COP17/CMP7（《联合国气候变化框架公约》第17次缔约方会议暨《京都议定书》第7次会议）的标志随处可见，机场工作人员得知我们前来参加气候大会，一路绿灯，让我们顺利入关。从寒冷的北京来到南半球，满眼是耀眼的阳光，漫山遍野葱葱郁郁的绿色植物，醺醺的海风，旅途的疲惫已消除大半。

随处可见的COP17／CMP7的标志

大会现场

德班气候大会为期两周，摄制组在第二周到达，此时已进入高级别会议阶段。由于之前没有参加此类国际大会的经验，因此一下飞机我们立即与几个同行见面取经，并确定了第一天的拍摄任务——解振华副主任的一天。

解振华副主任参加德班“中国角”活动

作为中国气候谈判代表团的首席代表，解振华副主任在国际气候谈判领域倾注了大量的心力。十几小时的长途飞行，对于我们这样常年奔波的摄制组成员而言，都颇为吃不消，可以想见解主任工作的辛苦。12月6日早上7点，摄制组来到中国代表团下榻的饭店，7点15分，解主任简单用过早餐之后，就率团前往国际会议中心（ICC）的中国角，召开每日例会，介绍各谈判组的工作进展，确定当日任务，解决问题。早会刚一结束，澳大利亚环境部部长康别特一行来到中国馆，解主任马上就投入与康别特先生的谈话之中。谈话之后，解主任又接连接见了美国总统气候变化特使托德·斯特恩与联合国环境署主任施泰纳。

根据出发前的任务安排，施泰纳先生是我们的目标采访对象之一。没想到在第一天就遇到了。摄制组欣喜过望，我们打算在解主任与之会谈结束之后，顺路“拦截”施泰纳，做个简要的采访。一小时之后，会见结束，解主任与施泰纳先后走出会议室。我们正要上前邀约采访，不料解主任一行步履匆忙地直奔ICC会场，准备参加即将召开的“基础四国”的新闻发布会。摄制组顿时陷入两难之中。权衡之下，摄制组收拾设备，追随解主任一行而去。

随后的行程可谓“马不停蹄”。“高级别会议开幕式”“‘基础四国’部长磋商会议”“部分发展中国家部长非正式晚宴”“国际气候资金问题招待会”，工作安排一直持续到夜间，由于部分活动不对媒体开放，所以摄制组在傍晚即收工返回酒店。回程的路上，跟拍了一天的摄影师疲惫不堪，我们顿时感慨气候谈判真是一件体力活。

此行的一大重要任务，是拍摄中国谈判代表。行前大家信心满满，以为本着“穷追不舍”的精神，肯定能顺利完成拍摄任务。结果不曾想，摄制组一到会场，就受到了无情的打击。首先，气候大会的会议安排紧凑，会议之间没有预留休息时间。因此在ICC的会场中心，常常能看到解振华副主任、苏伟司长一行匆匆步入某个会场，1小时之后，又裹挟着大批媒体，风驰电掣般赶往下个会场。除此之外，中国谈判代表团核心人物参加的会议大多不对媒体开放，解主任的行踪更是难以掌握。虽然我们不断地多方打探，但也收效甚微。摄制组也曾“围追堵截”中国谈判代表团，但每每还未靠近解主任与苏司长，就有代表团工作人员礼貌地告知，他们

解振华副主任在会议现场

解振华副主任在会上发言

即将参加的是闭门会议，不接受媒体拍摄。

拍摄到苏伟司长可谓功夫不负有心人。我们在会场中心偶遇正在找会议场地的苏司长，摄制组望风而动，摄影师赵志伟老师背着摄像机一马当先，蹿到苏司长身旁，摆好架势，围着苏司长前后左右拍了个遍，制片人赵琳琳老师拖着三脚架，扛着大包小包，穿梭于熙攘人群中紧随其后。这一次直拍到苏司长进了会议室。考虑到这样的偶遇实在可遇不可求，所以摄制组打算在会议室门口等候苏司长。问题是这个会议到底要持续多久呢？如果持续较久，摄制组大可以先拍摄其他内容，回过头再来拍苏司长出会场的镜头。但如果会议行将结束，我们又正在别处拍摄，就会错过这个难得的机会。真是个两难的选择。于是我们跟守在会议室门口的工作人员套近乎，无奈他们也不知道会议将持续多久，但是他们手上的一份文档引起了我们的注意。这份文档标出了当天所有会议室的使用情况。根据表格推断，苏司长所在的会议室在1小时之后将召开一个新的会议，这就意味着目前进行的会议，1小时之后肯定是要结束的。正在此时，某国谈判代表中途出会场休整，我们又从她口中得知会议将在30分钟后结束。于是，摄制组像追星族一样，在会议室门口守了半小时，待苏司长一出门，摄制组三人以半圆形阵势迅速包围苏司长，拍摄他与外国友人交流的镜头。赵琳琳老师小声请求苏司长与外国友人“多聊两句”，和蔼可亲的苏司长自然是帮了我们的忙。一番辛苦，终于拍到了需要的画面。

随着闭会日的临近，会场的气氛也日趋紧张。12月9日是大会章程规定的闭会日，但据同行介绍，每年的大会都会推迟。果不其然，Baobab会议厅里的大会从9日傍晚一直开到了10日早上6点。根据惯例，在会议之后，解主任将作一番简短的评论或表态。我们希望拍摄到这一珍贵画面，因此从9日傍晚开始一直守在会议室内。漫长的12小时，谈判代表在场内慷慨陈词，各国媒体在场边苦苦支撑。会场气氛一度十分紧张，出于维护各自利益的需要，谈判变得异常艰难。在京都议定书特设工作组（AWG-KP）会议上，委内瑞拉代表多次就《京都议定书》第二承诺期的文本草案发表观点，并指责主席并没有给发展中国家平等话语权。随着时间一分一秒的流逝，主席终于迫于时间压力，赶在更多代表要求发言之前落锤。紧随其后的长期合作行动特设工作组（AWG-LCA）会议重蹈覆辙，众多发展中国家对草案提出了众多修改意见，虽然LCA会议在11日的凌晨终于落下帷幕，但代表们对最终草案始终没有达成一致意见。此时，会议已经进入第二个不眠之夜，各国代表已经马不停蹄地谈判了三日，疲态尽显。谈判间隙，会场内常常能看到喝着咖啡提神、嚼着面包补充体力的谈判代表。不少代表实在不堪疲惫，直接就在无人的角落席地而眠。会场内的一段小插曲恰逢其时缓解了沉重的气氛：AWG-LCA工作组组长已经为气候变化谈判工作了22年，即将退休。为此，多名国家的老代表纷纷发言，表示对组长多年工作的敬意。同样走过漫长谈判历程的苏伟司长笑言，作为同样奋斗于气候谈判一线的“同事”，希望组长能拥有轻松愉快的退休生活。这段小插曲是漫长会议中为数不多的温馨场面。

在最后进行讨论的“德班增强行动平台”（Durban Platform for Enhanced Action）议题上，欧盟提出的“欧盟路线图”引起轩然大波。欧盟坚持必须在德班启动一个新的具有法律约束力的国际协议谈判进程，该协议将置所有国家于有法律约束力的减排框架之下，而《京都议定书》的第二承诺期只是作为该新协议谈判达成之前的过渡。该计划遭到了中印两国的强烈反对。解振华副主任言辞激烈，批评西方国家拒不履行业已达成的各项协议与承诺，罔顾国际社会多年来艰辛的气候谈判工作所取得的进展。解主任在发言中提到：“要想真正实现应对气候变化，就要兑现自己的承诺，采取切实的行动真正实现应对气候变化的目标。到现在为止，有一些国家已经作出了承诺，但并没有落实承诺，并没有兑现承诺，并没有采取真正的行动。我们是发展中国家，我们要发展，我们要消除贫困，我们要保护环境，该做的我们都做了，我们已经做了，你们还没有做到，你有什么资格在这里讲这些道理给我？”这一段讲话直抒胸臆，表达了对某些国家在应对气候变化方面既不愿意出力也不愿意出钱的做法的强烈不满，也表明了中国等大部分发展中国家的立场与想法。发言立刻引起了很多在场与会人士的强烈共鸣，大家纷纷鼓掌，表达了对中国的理解与支持。

“气候公平协调者”负责人哈尔吉特·辛格在会前接受媒体采访时说道：“尽管中国还没有加入强制性减排协议，但是已经做了应该做的。”为了使会议能顺利推进，取得积极成果，中国表现出了极大的诚意，在维护本国及广大发展中国家利益的同时，也表现出了一定的灵活性，获得了国际社会的积极评价。

天际发白，马拉松式的大会终于结束。经过36小时艰难的谈判，当会议室的大门再度打开时，人类4年的努力，终于换来一个差强人意的结果。《京都议定书》和《联合国气候变化框架公约》下的多边谈判机制均得以保留。结果虽然不十分理想，但也总算能让奋战了两周的各国代表回国交差了。两天一夜，这是框架公约历史上最长的一次缔约方会议。各国、各非政府组织代表纷纷步

会议间歇，摄制组抓紧时间休息

出会场，媒体蜂拥而上，摄制组在混乱之中，顺利拍到画面，成功完成任务。两周的大会落下帷幕，4年的轮回重新开始。

南非德班

结束了会议的拍摄，摄制组在最后两天开始补拍一些德班城市空镜。经历了漫长而又沉重的谈判，重新回到景色宜人的德班街头，我们的心情自然十分愉悦。达·伽马纪念钟是我们此行的拍摄目标之一。1497年，葡萄牙航海家、探险家瓦斯科·达·伽马在前往印度的航行途中偶然发现了德班海湾。从此，世界认识了德班，大量的外国人带着各式各样的需求从四面八方登陆此地，才让这里变成了今天的德班海湾。作为对达·伽马的纪念，当地铸造了一座精美的钟表亭，坐落在德班市中心的街头上。历经岁月洗礼，钟表亭虽不复当年胜景，但依然精美动人。摄制组在德班街头一如往常地开始拍摄，但我们发现年轻司机小白的神色看起来十分警惕。在我们的追问之下，小白告诉我们德班市中心治安较差，白天打劫也是稀疏平常的事。一席话说得我们心惊肉跳，回想世界杯时媒体的遭遇，感到危险离我们如此之近，再也无心欣赏美景，加快了拍摄速度。

景色怡人的海滩

德班街头的达·伽马雕像

达·伽马纪念钟

除了市中心之外，德班的治安情况还是比较好的。小白带我们沿着弯弯曲曲的山路来到山顶。四下一派幽静，草木欣欣向荣，远处的海港、沙滩、橙红的灯塔，近处的人家，在碧蓝的天空下显得静谧美好。不论是气候大会，或者是我们这个反映气候与人类文明进程关系的纪录片，都在努力为“拯救明日于当下”尽一份力，都是为保护自然、保护城市、保护人类诗意栖居的梦想。

《低碳·后天·迷宫》拍摄手记

导演：余乐

暖化的地球、不断上升的海平面，让我们的城市开始转向“低碳”的道路。未来的低碳城市将是怎样的形态？现有的低碳行为是否真能持续，或者仅仅是美好愿望？在多久的未来我们的低碳行为能阻止地球继续暖化？

关于低碳的命题，留给我们无数的疑问。

2030年，主人公X将我们带入一个发生在20年后的“明天”的故事。

未来世界拍摄在一个三面绿幕的摄影棚内进行。这次拍摄也是一次很有意思的尝试，无实景、无实物、有情节的表演，对于主人公X来说也许就像是一场为期数天的表演考试。而对于前期拍摄的导演、摄影、灯光等部门来说，则需要与后期制作充分沟通，来确保实拍与三维环境结合之后的技术解决与情境真实。

在皇明集团多功能厅搭建的摄影棚

绿幕和演员

每一个监视器前的工作人员、演员，都需要用想象去将画面中的绿幕替换，场记工作的重要性变得尤为突出（不然后期很难将相似度极高的、绿背景加演员的片段区分开来）。好在大家磨合的速度很快，都能迅速进入状态，每天的拍摄都能高

效完成，主人公X也在虚无的绿幕中挥洒自如。

虽然是未来世界的故事，也涉及了不少未来科技，但此片的主旨并非是向大家展示未来世界的高科技是如何令人向往。

一个迷宫的比喻，表达了我对工业文明之后人类发展道路的一种理解。工业革命开启了工业文明的时代，人们像进入迷宫一样不断地面临选择、作出选择，最终来到“低碳”问题的面前。

严格地说，这是一个严肃的哲学问题。

在低碳的道路上前行，明天我们也许会拥有一个低碳甚至是零碳的地球，非碳基能源的普及，也许会让能源使用不再产生碳排放。但明天之后，我们作为这个蓝色星球上的主要居住者，是否能够反思迷宫哲学？当我们回溯文明的历史，我们能否重新思考人类的未来走向呢？

被放大的一天——第一版成片诞生之日

导演：马琳娜

2012年8月初的一天，12集的片子全部完成。

这天的任务比较紧急，10套光盘和7份全集剧本要尽快做完。就在我往返地穿梭于常常闹情绪的打印机和铺满光盘的桌子之间的某一不起眼的刹那，满腹心事的祁少华老师淡淡地告诉我和制片主任史江涛老师："记得每人要写一篇创作手记。"他声音不大，却直戳心灵，至少是戳进了史主任的心灵，因为他顿了一秒，之后立刻央求我做他的"枪手"。当然，我用迷人的微笑和会说话的近视眼，坚定地拒绝了他。

翻翻日历，我进入《环球同此凉热》摄制组已经一年有余，确切地说是399天。其间，我很苦恼当别人问我整天做什么时我该如何回答，因为我的工作实在比较零碎：从一开始的"气候变化人物志"（参见《环球同此凉热》官网），到现在还没交稿的两套图书（我跟林婕通力合作）；从外拍的小助理，到后期的字幕校对；从联系嘉宾，到跑上跑下盖章和收发快递；从整理拍摄清单，到打印带签儿……难怪那天制片人赵琳琳老师调侃我是"日理万机"。

其实，我的"忙碌"是最轻松的一种，而其他导演和制片人承受的压力与焦虑实在是百倍于我。所以，哪怕我只是把别人各部分工作之间的空隙补上，能使整个团队的工作更加顺畅和高效，那么我的工作也是有意义的。

今天，全套片子刻好的盘在桌上堆成了小山，祁老师看了又看，不知是不是爱不释手。他对整部片子是有感情的，而且是超乎寻常的感情。记得中午他迈着轻快的步子在房间中踱来踱去，走到窗边时，喃喃自语："拨开云雾见月明了！"忙碌了两年的12集大片终于亮相，多好！

而我在此处一定要自夸一句，虽然我做着不起眼的工作，可我却是掌握片子动态的最前沿战士，整部片子的完成日期即使总导演也未必会清楚地知道。偷笑之后，就让我来公布今天的日期——2012年8月6日。虽然，这一版片子日后还将面临一些改动，但我还是宁愿无限放大这个日子的意义，起码大家在这一天都松了一口气。

关于国际外联工作的手记

国际外联：陈卓佳

负责国际外联？这事我做过，行！办理出国拍摄手续、制定行程？这事我还真没干过，自己旅行都交给旅行社了。这么大的队伍带着仪器出国拍摄，这事领导还真让我负责了！好吧，这我得努力，要不拍摄进度就拖后了。

记得有那么两三个月，我每天都忙着发邮件，和上百个国际专家联系，取得前期的拍摄许可；跑拍摄国驻中国使馆新闻处，谈拍摄可行性方案。每天最刺激的就是上班打开邮箱的那一刻，运气好时，会有几十封邮件回复；要是遇到多个“Sorry”的回复，一天的心情差到极点。要是使馆打来电话，安排专家在国内进行采访，那真是相当的幸福与满足。

2010年，我们的足迹到了蒙古、丹麦、英国、肯尼亚、孟加拉国和马尔代夫；2011年我们到了挪威、美国、德国。每次出国，都会遇到各种让人焦虑的问题。首先我要查户口，把组里的签证表填了，还得追缴各种证明诸如结婚证、房产证、纳税证。刚开始，导演们叫苦连天，打听着如何开证明，每次交资料总有遗漏。到了2011年，导演熟悉了这个流程，一说要交资料，一个文件夹，所有的全齐了。我还要列出拍摄仪器清单、拍摄行程单，换外币，越琐碎的事情越要处理好，以保证拍摄小组顺利出国。顺利出国后，就更担心了。拍摄方案总有变动。有时候是采访改变，有时候是天气原因带来的交通延误。前方一有变动，后方一定要有第二套方案，要不就会耽误宝贵的拍摄时间。最麻烦的还有时差，肯尼亚的时差最好克服，最难过的是美国时差。好在各组都拍摄回来了，留有的小遗憾，如果还有下次合作，我再弥补上吧。

最后感谢各位专家，谢谢你们准备场地，方便我们采访，并耐心回答我们的提问；谢谢驻华使馆友人，提供采访线索；谢谢驻站记者在远方带给我们家的温暖；谢谢实习生刘畅、小黄和晓青，有你们的陪伴，真好！

以梦为马

制片人:赵琳琳

在《环球同此凉热》摄制组近一千天，每天叫醒自己不是闹钟，而是梦想。

一直想写篇手记好好整理一下，但是总觉得白纸黑字不知如何下笔。

2012年8月的一个周末，带4岁半的女儿去看“麦兜兜”，舒服的影院里只有几个孩子和妈妈。突然觉得很享受，在一个相对私密的空间心无旁骛地和女儿一起关注她的最爱。细想想，两年多来，这样的机会很少。

被领导委派负责《环球同此凉热》是在两年多前，那时女儿刚上幼儿园，胆怯，复述不清自己在幼儿园吃了什么。她的“很萌”像极了我进入《环球》之初的状态，那时我经常把片名说成《全球同此凉热》、《环球同此冷热》。

进入八月后，《环球》十二集片子全部完成了，每次看片时总会不自主地溜号：两年是怎样一晃而过的？我们跟从几百本书中搜罗出来的嘉宾名字实现了面对面的采访；我们的片子从最初几百万的规模，达到了千万级的规模；片子从一纸策划变成了600多分钟的节目，导演心中的每个人物都变得有血有肉，活灵活现……

突然电影“麦兜兜”里的老师泪流满面地唱了一首歌，其中的一句歌词让我如被点穴：“逐光芒未遇见，我以奔跑忘不安”、“以梦为马，以汗为泉”……我不正是那匹靠食梦为生的马么。

前段时间北京电视台的记者采访摄制组，我说，我正在写一篇手记，题目叫作《以梦为马》。过了几天，总导演祁少华突然问我：你那个“指鹿为马”的手记写完了吗？

去体验那些伟大的时代

导演：陈磊

片子第一部《黑色·困惑》里出现了三个人物，一个是工业革命时期的英国工厂主，一个是中国清末留洋西学的幼童，再有一个就是二战后婴儿潮时期出生的普通美国人。这三个人物历史上完全不存在，但你又不能完全否定历史中曾经存在着这样几个“普通人”的可能性。的确，在几次试映之后，多数观众的第一反应就是——他们是真的还是假的？哈哈，我想这就是他们有意思的地方。

工业革命时期的英国工厂主

二战后婴儿潮时期出生的普通美国人

中国清末留洋西学的幼童

我们想让观众观看的时候，感觉这是在历史中真实存在过的人物，因为他们在这几个风起云涌的历史大背景下，真真正正经历着人类历史上那些关键的转折和改变，他们能够体验并参与到历史的进程中，个人命运也随之改变。这是很有意思的一个创作方式，在以前的纪录片里我们不太敢作这样的一个比较大的假设，即完全拿一个虚构的东西来说历史，以前基本的思路就是要“考证”历史，纪录片嘛，天经地义。可这回的尝试，我们花了相当的力气在“假设”上。“考证”历史的目的在于考证之后“还原”历史，而这回，我们想在假设之中来“体验”历史——从第一人称的视角来经历那些伟大的的时代。历史中有些事情太过复杂以致我们很难下结论，但在虚拟的体验当中，很可能有些结论就会不言自明。

当我们确定了这个创作形式之后，我就觉得来做这个东西会很好玩，可能会设计出一些比较有意思的场景场面，但是要这样做的话，手段上必须采取另外一种新的尝试（全都再现实拍也吃不消），就是拿动画表现这几个人物的故事。好吧，就算是一般动画片的成本也会很高，于是我们就采用了一种所谓的分层动画的形式，相当于把一个动画分层来做镜头运动。这种形式并不是我们的原创，国外一些动画已经有过这方面的探索和成功的作品，在技术层面，我们也是完全可以达到的。它的好处是，一方面，它像插画创作一样能使工作集中在每幅场景上，可以使每一幅画面做得更精致更精细，另一方面，它又具有动画的立体的空间和气氛，并不是平面的图片，再就是，这是一种还算“新潮”的形式，对具有漫画阅读经验的年轻人来说，完全是我们的菜啊！

但开始进行创作之后，我们才发现，这样的制作太困难啦！撇开分镜头和气氛合成等工作不说，一上来的原画创作就很让人头疼。首先上马的英国一集从最开始的构想到完成就用了小一年的时间。因为这毕竟是个纪录片，你不可能画得特别卡通，像给低幼的小孩儿看的，那样真实性和凝重感就会荡然无存。那到底要画成什么样？油画风格？写实素描风格？连环画风格？很长一段时间我们甚至拿不出一张图片说：好，就照这么来吧！我脑子里飘着一些零散的标准，像中世纪的一些版画的效果，色彩不能特别鲜艳，人物尽量是一种写实插画风，线条不要太圆滑，不要太简洁，要有大阴影、大反差这样的感觉。

之后便是无数次试稿，反复调整，肯定否定再肯定再否定。合作的都是很有实力的公司和极富天分的画师，但都存在跑偏或低估了这个项目的难度，甚至出现了在制作3场之后中断退出的情况。最终，在不断的尝试中，几位天才的原画师进入了我们的创作团队。他们中有热血创业的青年，也有动画专业讲坛上经验老到的教师，还有网络上知名的画风凌厉的我的同校师弟等等一系列神人。他们笔下的线条和阴影精妙地搭建起了那一个个历史和命运的瞬间，进而在镜头运动和特技渲染之下越发撼人心魄。即使是画，也能把你带入那一个个激动人心的伟大的历史时刻。虽然时间仍显匆忙，结果仍有遗憾，但我觉得这样的创作应该还是能够给观众带来一种不一样的难忘体验。

动画创作感想

画师：陈阳

用心做功课，严谨求实的创作

做这部片子最大的一个体会是：画什么比怎么画要重要得多。因为它是历史题材的写实纪录片，需要用严谨求实的态度去查找资料和研究历史背景，才能还原故事所表达的当时的真实历史状态。做功课变成了动笔前的头等大事，幸好有网络信息化技术的支持，不用像以前那样天天泡图书馆做研究，当然还是少不了焦头烂额地翻找，毕竟项目有紧张的时间限制，要在最短的时间内重温“历史”。在刚接手有关英国工业革命那场戏的时候，一开始真有点发蒙，脚本里涉及的方方面面的细节太多了，建筑、服饰、机械、工具、街道、首饰、田地等等，真的是大到房屋小到怀表无一不要考究。毫不夸张地说，这场戏的前期调研、查找资料花费了近一个月的时间。现在回想起来，那比初高中学历史都要认真百倍。在查找资料的过程中，我还发掘出很多逸闻趣事和典故花絮，这些都是在课本上学不到的。最有成就感的是，我发现了脚本与历史的一个小出入：当时我按照脚本里提到的女王的形象去找资料，发现工业革命时期英国不是女王统治，而是乔治家族统治的。如果真不小心把女王画到镜头里，那就真出笑话了。

分镜沟通，直达导演意识，服务整体主旨

这个项目在刚开始制作的阶段，分镜是非常关键的一环，因为实拍和动画在制作技术和手段上还是有很大区别的。“英国”这场戏，我在画分镜前，特意先按照自己的想法构思了一遍动画的文字分镜，结果发现和陈磊导演预想的分镜包括动作表演上都有很大的分歧，还好这个问题暴露在了动笔前。于是，我们马上调整沟通方式，坐在一起当面讨论，根据文字脚本分段，一个镜头一个镜头地分析，勾画草图，互相演绎镜头运动。像这样的说戏，经常从下午一直持续到晚上，细致推敲人物表情、道具的摆放，花了很多时间。虽然一直是纸上谈兵，但事实证明，这样做下来，后面关于画面构图等细节的修改和返工确实非常少。分镜出来后，我们又进一步，剪辑制作了动态分镜，确定了时间节奏和大致镜头运动，这样又给后期制作以明确的指向。这样的经历实际上是实拍和动画制片一次非常成功的磨合，给后续几集的动画制作提供了很好的案例参考。所以说，前面下得功夫越多，想得越明确，越能推动整个项目的进展。简而言之，前面辛苦一点点，后面方便一大片。

全新的立体化、动态化的插画创作思维

这个项目的镜头原画部分实际上是一幅幅插画的创作，相当于动画里的设计稿，而且还是上了色精致绘制的设计稿。与一般的插画、漫画和连环画不同，这个项目的原画具备两个特性：立体化、动态化。立体化，说的是画面在镜头下是有层次关系的，画面上每个元素都不是单一平面的，而是分层、有空间深度的，这也是为了服务于后期的镜头运动；动态化，说的是很多画面其实是镜头运动下的动态连贯空间，并不是能在屏幕上看到的完整静帧构图。这两个特性需要把前期原画和后期合成结合在一起考虑，原画师需要有镜头意识，在一开始作画的时候就要带着立体化和动态化的镜头思维，要有意识地安排空间层次，考虑镜头运动下画面局部构图的连贯性。这样画出的原画，才能既符合导演的镜头需求，又方便后期的制作。这些特性是数字动态漫画一个主要的创作思路，也是我自己从这个项目总结出的心得。

高效的软硬件设备体系匹配灵活的后期制作流程

这次的项目是高清制式，在硬件制作体系上还是有一定门槛的。我们采用的是千兆网的工作网络系统。在这个硬件设置体系下进行过很多项目的实践，证明这个设备体系是靠谱的。特别感谢我的老战友吴秀斌，再次配合我搭建了这套系统，给这个项目的制作打下了坚实的工作基础。在后期合成环节，为满足这个项目多样化的场景和气氛表达需求，我们在紧张的制作中设计出很多特效和动画的创新方案，相当于为这个项目定制出了一个特有的特效风格。我们的后期制作没有出现有些制作公司惯常的混乱和延迟，同时还制造出一些意外的惊喜，导演组给了我们团队很多的肯定。实际上，很多时候我们制作人员也在享受这个还原历史、讲述故事、表达情感、渲染气氛的美妙过程。

《白棉纱·黑化石·自然之死》动画创作手记

画师：高乔

《白棉纱·黑化石·自然之死》集中体现了18世纪英国工业革命时期代表性的元素，以美式黑白漫画的风格加入一些噪点、纹理，来演绎一段老旧的历史故事。所以画的过程中，18世纪英国人文景象的如实传达就成了高于画面艺术效果的首要任务。人物的形象、衣着，建筑风格，器物的造型，都必须有准确的时代标志。

绘制原画的过程更像是一种精工，画面里每个元件在画之前都要去网络上查询相关图片和资料，然后严格按照史实资料去雕琢画面元素。为了尽可能符合实际，导演提供了大量的国外相关资料文献。看到他如此用心，我们也“被迫”把前期准备工作提高到一个新的等级。

这一篇的人物风格采用简练概括的美式漫画风格，摸索大气简洁的构图，用大的色块和光影来分割画面。造型突出轮廓感。层次也处理得非常分明，黑

白灰跨度很大，很少有模糊界限。该风格确立之后，便被《环球同此凉热》沿用到很多篇章中。

《白棉纱·黑化石·自然之死》的后期制作中，为凸显空间感，创造性地加入了飞溅的白点、噪点，作为后期空间媒介。通过这种方式很好地丰富了画面，也体现出运动过程中空间层次的变化。

这篇另一个难点是表达片中男主人公不同时期的不同面貌，从懵懂无知的小男孩到一个走在世界工业革命大潮浪尖的富翁，各个时期不同的年龄阶段和精神状态都要表现出来，但仍要看起来像同一个人。为此我们有过一些修改，才最终统一。

片子里具有时代标志的轮船和火车都是查找历史资料文件以后，经过严格的结构解析，再落到纸面上的。完全还原了历史。上图是历史上第一辆火车“火箭号”和当时的标志性轮船。

右图很有难度，它的透视不是单一的，而是头部是一个透视，转到手部又是另一个透视。单从画面来看，这种透视是很不合理的。但恰是这种带有透视变化的画面，在镜头移动中，才能让镜头内的画面看起来正常合理。这就需要绘画者对透视有很强的理解力和预想能力。

大光影大透视是片子常见的视觉风格。落地窗前简约地勾勒出强光下

的影子，栏杆似勾了银线，使画面层次条理分明。海鸥轮廓风格化，让画面视觉中心集中在远处的船上。这些都是我在创作过程中体会到的实用小技巧。

对动态镜头的表现更加大胆，运用了很多空间跨度超大的镜头衔接，让这一集成为一个张力极强的篇章。

《美国梦·黑金子·全球变暖》动画创作手记

画师：李博

长久以来，我们的生活中填满了各种来自美国的文化产品，被动或主动地，每个人都会接触一些美国文化。我从小就比较喜欢美国文化，能有机会亲身去把这些自己曾作为观众欣赏过的五光十色的内容表现出来，实在难得。这次有幸参与纪录片动画部分的创作，自然是荣幸得很。

拿到纪录片背景资料和动画制作具体要求的时候，手心里出了一把汗。去配合一个制作严谨的纪录片，本身就需要做非常细致的考证工作，而这部分片子讲述了一个跨度半个多世纪的故事，每一个阶段的年代背景，都曾出现在我们看到过的各种图文影视资料里，这对于搜集整理来说确实是一件好事情，但同时，美国战后的情景，由于出镜频繁大家实在是太熟悉，一个小小的谬误或不当就会被敏感的人看出来。再加上动画部分角色的连贯性和递进感要求，这种考证过程，更需要做得细致谨慎。每个年代人们的发型，家具的结构，窗户是用百叶的多还是挂窗帘的多，展示牌的字体是怎样的，凉鞋又是哪种款式，汽车的雨刷是否同向，出租车多为哪种型号等等都需研究。多亏陈磊导演给的各种提示，总算没有出现大的穿帮谬误，我心里稍微踏实些。不过，对于平时只是走马观花浮光掠影去接触美国各种时代电影的我，这次算是补习到了很多知识，你瞅，咱现在也能逮着某个电影里的一辆老福特，跟人从头到尾像模像样扯上大半天了。

《稻谷·洪水·大迁移》动画创作手记

画师：高乔

参与《环球同此凉热》项目是种缘分，最初从祁少华总导演那里了解到项目的构思，脑海里已然不断出现或凄婉或壮观的画面。

公司把这一项目确立为当时的一个制作重心，不仅因为它是公司第一次参与的制作时间跨度如此大的纪录片(从公元前1万年一直到清朝)，还因为它形式很新颖：写实动画结合实拍。以这种方式讲述不同时期不同国度的人文故事，来阐述气候和环境对人类历史的深远影响，导演旨在以国际化的角度、电影化的视听语言来展示这个片子，非常用心，这让我们在整个制作过程中充满干劲。当然，就如历史的曲折前进，制作的进程也是充满艰难险阻。

《稻谷·洪水·大迁移》展现的是人类文明起源，原始农牧业的诞生等。由于时间定位在1.2万年以前，关系到历史考证问题，所以一开始参考资料的收集是一大难题。

主人公“弃”就是带领人类迈进农业生产的圣人。通过对剧情的解构，主人公的设计完成并没有花费很大功夫。倒是在原画制作和后期润色的过程中，因为首次合作很多效果的实现都在摸索阶段，遇到了各种各样的表达和制作困难，其中地理气候、介质、光影的表现是最关键点。不过，有时挑战是一种乐趣。

印象最为深刻的是弃播种失败后，在雨中死去的几个画面。我们为了渲染画面里失落但又壮烈的气氛，在颜色和构图上，用深蓝的色调体现出环境的冷漠和主人公“弃”的绝望。

不同寻常的倒影视角，让弃

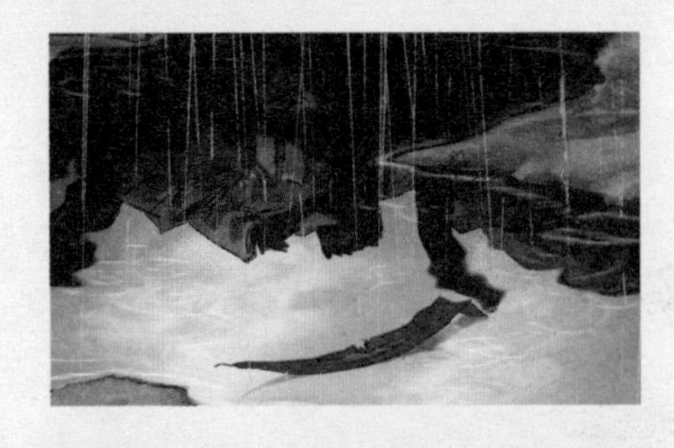

的死显得壮烈凄美。像用一片枯叶的凋落来寓意弃已经过世，既含蓄又深刻。

正面躺下的弃，这是一个很特殊的角度，并不常用。雨和身体的透视配合出的画面张力，体现出震撼人心的效果。深蓝偏紫的色调凸显出画面冷峻的气氛，力求让观者感受到冷冷的雨无情地打在主人公已冰冷的身躯上。

下图是农业发展起来后，原始部落一片丰收的景象。画面用金色来作为背景的主调，层次分明地逐渐递进画面的关系，前进画面让丰收的立意清晰起来，宽幅的画面通过后期横移将原始部落的原生态风光更全面地展现给大家。

后期动画有时候也会遇到为了效果不得不加入中期原动画的情况。有一段弃在田野上奔跑，因为是静态的画面，如何展现弃发泄狂奔的速度成了大家讨论的重点。最后为了达到画面的效果，将弃的动作画成原动画，配合后期镜头的运动，较好地将这个镜头需要的速度感展现了出来。

“大禹治水”这一节为了体现洪水面前人类的渺小，很多构图用了意象化的表现手法，例如上图，画前张牙舞爪的树包裹着人们避难的小岛，小岛顶的一棵树仿佛是在支撑着希望,但又很无力。

治水部分的画面力求气氛到位，所以水雾的运用更为凸显。一层层水雾分布在画面各层之间，既拉开层次，又让画面更朦胧丰富。

涉及众人的场景总是难点，人物绘制的难度有目共睹，人们身上的配色都要逐一调整才能达到最佳效果。而上色的分层就成了很恐怖的工作，每个人身上的每种大色块都要分成单独的层，过程让人很头痛，需要定个大色调，在调好每个人的颜色后，再加上环境光的渲染。

《丝路·绿洲·罗布泊》动画创作手记

画师：高乔

《丝路·绿洲·罗布泊》是我印象很深刻的一个章节，因为它在楼兰古城走向灭亡的大背景下讲述了一个感人至深的爱情故事。主人公若兮对爱人的思念再浓，也抵不过环境的变迁将两人永远地割离开来，最终若兮含恨而终。这篇的表达需要凝聚很多感情元素在画面当中，才能支撑起凄婉的故事设定，这就是在做《丝路·绿洲·罗布泊》这篇时最大的难点。我们在绘制分镜的时候用了彩色分镜的方式，这样能更直观的对画面和制作有一个客观的估计。

第二个难点在于楼兰的各种设定，楼兰这个古城遗留给世人的只剩满地的沙丘、风干的枯树以及断壁残垣，真实的楼兰城和城中的生活到底怎么样，没人知道，网上关于楼兰的资料图片除了各种各样的干尸和大致的地形就再无其他了。这让我们在创作的时候一度陷入瓶颈：该如何画出让大家相信的楼兰城，如何让大家通过画面和光影感受到城中人们的生活气息呢？在经过对楼兰周边城镇历史资料考证和对丝绸之路沿线驿站的文献调研后，我们终于敢于在笔下给大家呈现较为有根据的楼兰城的模样。

第三个难点是后期制作。因为想尽量细腻逼真地表现沙漠的气候，且要配合画面的写实环境和光影，所以后期的难度大大增加了。不仅有很多图片层，还附加了各种效果层、光影层，最终才达到影片现有的效果。

马队和驼队踏过沙漠，浩浩荡荡来到楼兰的画面。构图力求大气，往日的楼兰城在阳光下熠熠生辉，街上的人群熙熙攘攘。人群经过3次添加才有了比较繁荣的感觉。光影也几经调整才有了如今烈日下的古城邦的效果。

城中生活的人们的服饰。因为楼兰在丝绸之路的重要位置，所以汇聚了各个民族和人种，于是我们参考了当时历史背景下很多民族的传统服饰。

由于楼兰镜头很多都有较大的推拉摇移，所以画的时候画面的初始画幅会定得

非常大。尤其是这张楼兰门洞的画面。画面从远处的地平线跟着马队，穿过城门外的层层绿地，拉至落幅的场景。这不仅考验画技，还考验了后期合成人员的逻辑能力、对位能力，更考验了公司机器的硬件性能。

坐在稻谷边上老人孤寂的神情。背后的亮色与老人身躯的颜色形成对比，老人的身躯全在阴影下，表现出孤苦无助的感觉。近景突出日晒的画面氛围，让老人脸上

的轮廓更清晰，凸显沧桑感。

琳琅满目的商品，给线稿上色的小朋友一直抱怨里面的物件太多了。给这张图配色也是一件很令人头痛的工作，要做到统一不乱，但还要区分开各种商品。

女主角若兮，对爱情执着的女子。画她的相貌的时候费了些心思，因为她就代表着楼兰城的兴衰命运。

若兮的恋人在给她的信中说到的另一片水土丰茂之地，在构图和用色方面都和楼兰的环境有极大的差别，夕阳余晖下映出的波光粼粼，岸上茂密的植被，从远处城市的轮廓可以幻想出街道的喧嚣繁华。而此时的楼兰，已经几乎是空城，城内被黄沙掩盖，房屋都在风沙中被渐渐残蚀。两幅画的色调表明了两者气候的差别。

若兮独自拖着长长的影子，扶墙站在门口的这张图，构图最大限度地表现了孤独感。

后期里这张图的透视和景深感是重头戏，镜头从卧倒的若兮的正上方拍摄，屋内被黄沙贯穿，若兮蜷曲的身体用黑的薄布覆盖，显得更加单薄。整张图的用色都非常暗淡，力求让画面浸在一种冰冷绝望的氛围里。

若兮临死前去看红柳的场景，后期制作的漫天的黄沙和底图完美结合，呈现出气候破坏后的狂暴的天气。若兮的身影在环境里弱不禁风，寓意着环境恶化的楼兰也同样如此。

《黑色·困惑》声音创作手记

音乐导演：刘颖

《黑色·困惑》部分的声音创作有以下特点：

1.旁白：分为主观与客观两种。客观旁白通过比较几位配音员的声音特点后选用李立宏老师的声音，他的声音浑厚而松弛，配音的风格沉稳淡定不张扬。与之相比，主观旁白则更富有个性色彩和感情因素。这一部分分为四集，除第一集为整部片子的概述无主观旁白，第二、三、四集分别讲的是英国、中国、美国的工业发展，配音也相对具有地域性，更生活化，自然化。在频率处理上，客观旁白低音切除外频谱相对饱满，主观旁白的频谱较窄，高低频都有所衰减，这样就通过频率的区别来体现了主客观旁白的声音层次。

2.音乐：这一部分主要讲述了全球工业化发展逐渐引起的环保问题及人们对此的反思，客观叙述中穿插了某个人物的一生经历，音乐分为主客观两大视角，主观视角音乐具有地域性及情感因素，客观视角音乐有两大基调，发展与反思。本部片花音乐的设计，采用了女声与重鼓相结合的方法，女声体现了反思，重鼓既体现了工业的发展也体现了反思，配器单纯而鲜明地表达了创作者的态度。

具体而言，第一集是整部片子的概述，主要讲述了目前出现的环境危机，人们的忧患意识以及为此作的努力，音乐充满忧患与反思。第二集讲述英国工业发展带来的环保问题，英国特有的民族乐风笛，宫廷式的小步舞曲等增添了浓郁的地域色彩。个人视角的音乐则突出了回忆、叙述及情怀。在中后部描写工业化带来的环境问题时采用效果化音乐与创意音效的使用，突出了令人窒息及惶恐不安的气氛。第三集讲述了中国在清政府时期工业的发展与之后出现的问题。音乐采用中国的民乐与弦乐相结合的手法，体现了当时全球工业发展的迅速与中国清政府故步自封的反差，音乐充满忧患与哀婉。第四集讲述美国的发展及出现的问题。音乐风格更为多样，按照发展的顺序，以各种爵士乐为主，辅以乡村音乐，还使用了一些歌曲（如《MONEY》等），突出了美国人在经济上升时期富足的生活状态。

3.音效：采用写实与写意相结合的手法，并以此作为分隔主客观叙述部分的过场隔断。

《黄色·回忆》声音创作手记

音乐导演：黄钧业

这是一部宣传环保理念的片子，我负责《黄色·回忆》，即农业文明的部分。这一部分每一集都有主观和客观两条不同的线索，主观主要是通过一个个鲜活的历史故事体现，客观的部分主要叙述当时实际发生的气候变化，这是我对这个片子的粗略理解。一个个历史事件，结合当时气候的变化，导致许多不同的结果，起初我拿到这部片子时就想到了这些。当我创作声音的时候，也会分为主观和客观的思路来体现片中的主旨，主观部分我用了一些有地域性风格的不同音乐契合片中的主旨思想，客观部分我更偏重用真实的音效来体现。

第一集主要讲述农业的起源及初期的发展，一些原始悠远的音乐也许可以体现这样一个主题。我确定了这一集的基本思路和主题格调，整个创作的过程跟随片中的主旨走向。其中，代表人物之一“弃”有着凄凉的色彩，我用了忧伤孤独的音乐来映衬这一人物。结合片中的逻辑，我使用了一种空灵吹管乐器作为主题，可以一下子把人带入蛮荒世界，让观众能够更加投入片中。

第二集主要讲述楼兰古城的历史变迁。楼兰古城的兴衰史，让我联想起很多风格的音乐，但具体制作过程中，还需要和片中的逻辑、主旨结合。楼兰古城好比一个纯洁的少女，我用了一个空灵幽怨的女声来体现这一角色。片中中原的文化和开垦农业一点点渗透和蚕食这片世外桃源，我用激烈的鼓乐来体现这种一步步蚕食、一次比一次强烈的形象。

第三集讲述的是蒙古帝国的故事，我用了马头琴这一最具蒙古代表性的乐器贯穿这一集的始终，并用激烈的打击乐和铜管乐来表现战争的残酷与冷兵器时代蒙古帝国的强大。

第四集讲述了明末和整个清朝时期的历史。这集通过不同的自然灾害给历史事件带来的影响，体现出当时农业对社会发展的重要性。我用了埙这一乐器，它那苍凉的音色具有悲情的色彩。每当这个乐器声出来，都预示一些灾难的发生。同时我也用带有中国元素的恢弘管弦乐来体现当时清朝的空前繁盛。

四集片子的制作过程中，我结合片中主旨和具体情节，运用不同的音乐风格结合不同的意境特色，利用真实音效、厚重的管弦乐、地域风格的乐器等几大元素，体现片中的主旨思想，并依据人物心理细节的变化配乐，让观众有一种感同身受的感觉。

这部片子是我多年来参与制作的少有的好片子。整个片子跌宕的情节，独特的见解，唯美的画面，每每让我在创作中感动。片子内容的安排合理妥当，让我在创作的过程中非常流畅，有点一气呵成的感觉。非常感谢能有这样一次合作的机会，衷心希望以后能参与制作更多这样的片子。

《绿色·抉择》声音创作手记

音乐导演：凌青

音乐：这部分的音乐主要分为思辨式音乐和氛围式音乐。思辨类音乐从主观上表达人类对地球能源、资源的消耗和对未来的一种期盼，情感上赋予全片一种应珍惜、保护地球，对地球负责的态度，在功能上帮助画面和解说更好地去推动所要表达和反思的内容。从客观上讲，起到的作用是思考，用一种思辨式的态度来审视现在的一切，包括新能源，新的科学技术，未来的发展，所以用一些有现代感的，理性的，也带有一些新奇、未知感的音乐来进行全片的音乐编辑。而气氛性音乐常在介绍不同国家时使用，当介绍到这个国家时，用一些带有这个国家特点的音乐，起到一种带入的效果，也可以使观众更好地了解文化背景。气氛音乐还会用在科技展示上，属于音效化的音乐形式，用视听配合着画面，让人们感受到一种新奇的氛围。科技类的音乐在和画面剪辑点的配合上也下了很大功夫，让画面的节奏和声音融为一体，相辅相成。

音效：真实的环境，如拥堵的汽车、噪音、重工业带来的污染、能源消耗带来的环境破坏、因全球变暖而上涨的海水等，用真实震撼的效果，推动画面，带来人们的思考与担忧。而未来地球的生态环境，是一个未知的世界，音效用一些频率较高，而带有未来的科技感的声音，创造出一个人类未知的空间。这部分的音效更好地展示了真实和虚拟，表达了担忧与思考的态度。

回望“世界末日”

总导演：祁少华

时光流逝，历史进入2013年，玛雅人关于世界末日的预言已经成为昨天。

今天的人类真的将面对世界末日的来临么？当我们一次又一次见证了一个又一个末日传说的破灭，难道人类所有的担忧仅仅是杞人忧天么？

纪录片《环球同此凉热》在这样的质询当中展开了我们的讲述，在长达9个小时的篇幅当中，我们将一起走过人类文明的过去、现在和未来。

回顾两年来的创作经历，从最初毛泽东诗词中简简单单的6个字，到最后长达9个小时的纪录片；对于一个相对窄众的领域，创作团队从只知皮毛到成为半专业人士，期间所付出的艰辛努力可想而知。数百本书籍上亿字的资料整理查阅，数百位业内资深人士的采访，十几个国家的联络拍摄，数百分钟的动画特效，千万年的历史时空还原再现，这些原本看似不可完成的任务，在创作团队的共同努力之下，如今都已圆满完成，回头望去，所有的困难不过如此。

关于气候变化的命题，国内外同行做过很多。对于这次创作，其实投资方最初的设想也很简单，就是做一个全球的气候变化考察（其实如果真正把考察做到位的话，这注定也是一部触动人心的作品，但是势必需要拍摄时间的延长和各种特殊手段的协助，比如《海洋》《家园》等作品，而我们的投资仅仅能够走马观花地走走看看而已，所以只好舍弃这一方向），那样的话制作起来也相对简单，类似于央视之前制作的《走进非洲》《两极之旅》之类。而我们最终选择了一条更为艰难的创作方式，我的同事们也一直任劳任怨地和我一起来完成这项似乎难以完成的任务，这是非常难能可贵的。在项目最初的时候，对于遥远的梦想而言，我们所具有的条件相当有限，可以说我们似乎走上了一条不归路，因为在项目运行的大部分时间内，我们是看不到未来的希望的，我们不知道片子能否最终做完，它可能随时会半途而废。我感谢团队中所有坚持下来的成员，没有他们，这部作品不可能与观众见面。

对于相对捉襟见肘的经费而言，创作者无论有多大的想法都必须在金钱面前低头，在此我特别感谢制片人赵琳琳女士，在最艰难的时候，她没有去压制预算压制创作，而是通过各种渠道筹措资金，使这部纪录片得以最终完成。

因为方方面面的困难，摄制组曾经屡次面临解体停滞，其间折磨不足为外人道，尤为感谢我们的领导高峰台长，是他在摄制组崩溃的边缘给予了我们莫大的支持和鼓励。

2012的世界末日也许只是后人对古代玛雅人的一个误读，但是人类如果不能很好地处理人与自然之间的关系，任何一种文明都不可能永远持续下去。《环球同此凉热》希望我们在为人类创造的所谓的巨大物质财富与精神财富欣喜之际，让忙碌的脚步暂时停驻，重新思考：我是谁，我从哪里来，到何处去。我们没有能力给出问题的答案，但是每一次自省，都会让我们更为认真地斟酌自己的每一个选择。我想，这就是《环球同此凉热》的意义。

责任编辑:卓　然
封面设计:徐　晖

图书在版编目(CIP)数据

环球同此凉热/中央电视台,华风气象传媒集团,中央新影集团 编.
　-北京:人民出版社,2013.2
ISBN 978-7-01-011659-4

Ⅰ.①环…　Ⅱ.①中…②华…③中…　Ⅲ.①气候-问题-研究-世界
　Ⅳ.①P461

中国版本图书馆 CIP 数据核字(2013)第 011804 号

环球同此凉热
HUANQIU TONGCI LIANGRE

中央电视台　华风气象传媒集团　中央新影集团 编

人民出版社 出版发行
(100706　北京市东城区隆福寺街 99 号)

北京瑞古冠中印刷厂印刷　新华书店经销

2013 年 2 月第 1 版　2013 年 2 月北京第 1 次印刷
开本:710 毫米×1000 毫米 1/16　印张:18.5
字数:338 千字

ISBN 978-7-01-011659-4　定价:78.00 元

邮购地址 100706　北京市东城区隆福寺街 99 号
人民东方图书销售中心　电话 (010)65250042　65289539